EUL VERLAG

EINZELSCHRIFTEN

Thomas Holtfort
Moderne Finanzanalyse – Von der Fundamentalanalyse zur Biofinance
2., erweiterte Auflage
Lohmar – Köln 2013 ♦ 104 S. ♦ € 38,- (D) ♦ ISBN 978-3-8441-0223-9

Holger Berg
Transitions of Energy Regimes – An Evolutionary Economic Interpretation
Lohmar – Köln 2013 ♦ 352 S. ♦ € 64,- (D) ♦ ISBN 978-3-8441-0225-3

Knut Scherhag (Hrsg.)
Weintourismus und Marketing
Lohmar – Köln 2013 ♦ 192 S. ♦ € 49,- (D) ♦ ISBN 978-3-8441-0230-7

Andreas Kadner
Harmonisierung von internem und externem Rechnungswesen – Kritische Analyse der Harmonisierbarkeit der Einzelabschlüsse deutscher mittelständischer Unternehmen
Lohmar – Köln 2013 ♦ 272 S. ♦ € 58,- (D) ♦ ISBN 978-3-8441-0232-1

Jens Winkel
Institutionenökonomische Analyse des fair value von Investment Properties
Lohmar – Köln 2013 ♦ 228 S. ♦ € 55,- (D) ♦ ISBN 978-3-8441-0234-5

Daniel Johannes Goebel
Regulierungsmanagement in Banken – Eine Analyse von Handlungsfeldern zur Integration qualitativer Aufsichtsmaßnahmen in Bankstrategien am Beispiel der aktuellen Restrukturierungsgesetzgebung
Lohmar – Köln 2013 ♦ 288 S. ♦ € 58,- (D) ♦ ISBN 978-3-8441-0236-9

Richard Vahrenkamp
Von Taylor zu Toyota – Rationalisierungsdebatten im 20. Jahrhundert
2., korrigierte und erweiterte Auflage
Lohmar – Köln 2013 ♦ 272 S. ♦ € 58,- (D) ♦ ISBN 978-3-8441-0237-6

JOSEF EUL VERLAG

Prof. Dr. Richard Vahrenkamp

Von Taylor zu Toyota

Rationalisierungsdebatten im 20. Jahrhundert

2., korrigierte und erweiterte Auflage

EUL VERLAG

Bibliografische Information der Deutschen Nationalbibliothek

Die Deutsche Nationalbibliothek verzeichnet diese Publikation in der Deutschen Nationalbibliografie; detaillierte bibliografische Daten sind im Internet über <http://dnb.d-nb.de> abrufbar.

ISBN 978-3-8441-0237-6
2. Auflage März 2013

Coverbild: Produktionsarbeiter im Fordwerk Dearborn. Wandgemälde von Diego M. Rivera 1932 im Detroit Institute of Arts (Foto privat 2004), freigegeben von der Bridgeman Art Library.

JOSEF EUL VERLAG GmbH
Brandsberg 6
53797 Lohmar
Tel.: 0 22 05 / 90 10 6-6
Fax: 0 22 05 / 90 10 6-88
E-Mail: info@eul-verlag.de
http://www.eul-verlag.de

Bei der Herstellung unserer Bücher möchten wir die Umwelt schonen. Dieses Buch ist daher auf säurefreiem, 100% chlorfrei gebleichtem, alterungsbeständigem Papier nach DIN 6738 gedruckt.

Vorwort zur zweiten Auflage

Die zweite Auflage wurde nötig, als im Jahre 2010 die Dissertation von Damon Yarnell erschien, der auf die Just-in-Time-Lieferungen in Detroit der 1920er Jahre aufmerksam machte (Kapitel 18.2). Das Kapitel 14 zur Kritik der Fordismusdiskussion habe ich überarbeitet und die bislang unbeachteten Innovationen in Fords Autowerk in der Modell T Ära hervorgehoben, so die zahlreichen Montagewerke von Ford im Mittleren Westen der USA wie auch die Laufkarte zur Steuerung des Materialflusses als Vorbote der Kanbankarte. Weiterhin wird in der zweiten Auflage das tschechische Unternehmen Bata als vergessener Vorläufer von Lean Production aus den 1920er Jahren gewürdigt (Kapitel 17.3). Aber anstatt aus der Tschechoslowakei kam Lean Production aus der japanischen Autoindustrie verspätet in den 1980er Jahren zurück nach Westeuropa. Schon zuvor wurden in den 1970er Jahren mit dem Programm „Humanisierung des Arbeitslebens“ der Bundesregierung neue Formen der Arbeitsgestaltung erprobt, was in Kapitel 23 dargestellt wird. Aber ihren Durchbruch erlebte dieser Ansatz erst mit der Übertragung des Toyota Produktionssystems in den Westen. Ferner habe ich die Debatte um Technischen Fortschritt und Beschäftigung in den 1970er Jahren in Kapitel 22 aufgenommen, wie auch die Automationsdebatte zwischen 1955 und 1965 in Kapitel 21. Die zweite Auflage wurde zudem korrigiert und überarbeitet.

Berlin, im Januar 2013 Richard Vahrenkamp

Vorwort zur ersten Auflage

Der vorliegende Band vereinigt Texte, die der Autor zu den Rationalisierungsdebatten im 20. Jahrhundert verfasst hat. Der erste Text in den Kapiteln 1 bis 13 basiert auf dem Primärbericht 090301P06B des Kernforschungszentrums Karls-ruhe aus dem Jahre 1981 mit dem Titel „Taylorismus und Massenproduktion – Historische Entwicklung und konzeptionelle Probleme“, der in der Abteilung für Angewandte Systemanalyse (AFAS) im Zusammenhang mit der sozialwissenschaftlichen Begleitforschung für den Projektträger Fertigungstechnik entstanden ist.[1] Bemerkenswert an dem hier wiedergegebenen – nur leicht überarbeiteten – Text ist, wie die Konzepte der Massenproduktion von Taylor und Ford vom Beginn des 20. Jahrhunderts das Denken bis in die 1980er Jahre geprägt haben. Erst dann entstand ein Wandel. In den 1980er Jahren traten konkurrierende Konzepte auf, welche das Philosophiemonopol von Taylor in Frage stellten und die Produktionsorganisation zu einem spannenden Feld kontroverser Diskussionen machten. Michael Piore und Charles Sabel veröffentlichten 1984 ihre Studie zu Chancen von kleinen Serien. Konzepte des Toyota Produktionssystems wie Dezentralisierung, Insellösungen, Qualitätsmanagement und selbstorganisierende, teilautonome Arbeitsgruppen fanden seit dem Ende der 1980er Jahre eine hohe Beachtung. Kein Theoretiker aus den USA noch aus Europa hatte die Just-in-Time-Zulieferung oder die Fertigungssegmentierung erfunden. Beide Konzepte kamen aus der japanischen Autoindustrie der 1950er Jahre und zeigen die westliche Zentrierung des Taylorismus auf. Lange schon wurde in den 1970er Jahren mit Unterstützung des Programms „Humanisierung des Arbeitslebens“ der Bundesregierung mit teilautonomen Arbeitsgruppen experimentiert. Aber ihren Durchbruch erlebte dieser Ansatz erst mit der Übertragung des Toyota Produktionssystems in den Westen.

Kassel, im September 2010 — Richard Vahrenkamp

---

[1] Ich danke dem Leiter des Instituts für Technikfolgenabschätzung und Systemanalyse (ITAS), Prof. Dr. Armin Grunwald, für die Druckfreigabe.

Inhaltsverzeichnis

Abbildungsverzeichnis

Tabellenverzeichnis

Abkürzungsverzeichnis

Bd. Band
BRD Bundesrepublik Deutschland
DIN Deutsche Industrie Norm
DM Deutsche Mark
EU Europäische Union
Mio. Million
MIT Massachusetts Institute of Technology
RM Reichsmark
VDA Verband der Deutsche Automobilindustrie

1 Die Einleitung im Jahre 1981

Eine Vielzahl von Konzeptionen, mit denen die Wirtschafts- und Sozialwissenschaften das Verhältnis von technischem Fortschritt und sozialem Wandel zu erfassen suchen, sind als ein Produkt der vergangenen gesellschaftlichen Entwicklung gewonnen und im Wissenschaftssystem tradiert worden. Will man heute diese Konzepte anwenden, um die gegenwärtige technische Entwicklung in ihrem Zusammenhang mit der sozioökonomischen zu interpretieren und die zukünftige abzuschätzen, so erscheint eine Überprüfung der Konzepte am vorliegenden Material angebracht – eine Überprüfung, die bisher in den Wirtschafts- und Sozialwissenschaften vielfach unterblieben ist, die aber die Tragfähigkeit der Konzepte aufweisen kann wie auch die vergangenen Kontroversen ordnen und auf diese Weise einen Problemkatalog auch für aktuelle Fragen zusammenstellen kann. Ferner treten in einem derartigen Reviewverfahren die Defizite der Theoriebildung zu Tage, so dass die historische Interpretation einen Anstoß zu neuartigen Konzeptionen vermitteln kann.

In der derzeitigen wissenschaftlichen Erforschung der gesellschaftlichen Konsequenzen der elektronischen Datenverarbeitung wird häufig mit dem Begriff der Taylorisierung der Arbeit operiert, um damit Organisationsprinzipien der Arbeitsorganisation zum Ausdruck zu bringen. Eine Überprüfung der Taylorismusdiskussion soll mit der vorliegenden Arbeit geschehen, wobei der Taylorismus in den Kontext der Massenproduktion gestellt wird, mit der zusammen er entstanden ist.

Obgleich die Technologie und die Organisationsweise der Massenproduktion eine beinahe 100jährige Tradition aufweisen und die Zivilisation der Industriestaaten entscheidend prägen, sind sie erst in jüngerer Zeit Gegenstand von wissenschaftlicher Reflexion.[3]

---

[3] Den Beginn der Forschung in den USA markieren Maier (1970) und Layton (1971). Das Thema Taylorismus ist in den USA bereits früher behandelt worden, von Nadworny (1955), Aitken (1960) und Haber (1964). In Deutschland war Kocka (1969) ein Vorläufer der Forschung, die hier erst im Jahre 1977 in breitem Umfang einsetzte, siehe z.B. Burchardt (1977), Stollberg (1980).

Dieses eigentlich überraschende Forschungsdefizit kann vielleicht mit der Vielzahl der Aspekte erklärt werden, die zu berücksichtigen sind und die sich auch in der Vielzahl der beteiligten Disziplinen ausdrücken: Die Ingenieurs-, die Wirtschafts-, die Sozial- und die Geschichtswissenschaften. Die Fragestellungen gliedern sich einmal in die Punkte der Entstehung, der Verbreitung und der Auswirkungen der Massenproduktion und ferner in "vertikaler" Weise vom Individuum, seinem Arbeits- und Alltagshandeln ausgehend, über das individuelle Schicksal der Innovatoren und Promotoren, über die Unternehmensebene bis hin zur Makroebene, auf der Fragen nach der politischen Steuerung des technischen Fortschritts, dessen Institutionalisierung und Auswirkungen auf Wirtschafts- und Sozialstruktur zu stellen sind. Bei dem Makroaspekt sind ferner der gesellschaftspolitische Aspekt der öffentlichen Debatte und auch Kontroversen über neue Technologien zu berücksichtigen – ein Gegenstand, der mit der Akzeptanzforschung erst am Beginn seiner wissenschaftlichen Institutionalisierung steht. Infolge der hier aufgewiesenen Aufsplitterung des Gegenstandes ist keine übergreifende Theorie, die alle Themen zu integrieren in der Lage wäre, zu erwarten.

Die historische und konzeptionelle Analyse des Taylorismus steht im Mittelpunkt dieser Arbeit (Kapitel 2), wobei auch die aktuelle Taylorismusdiskussion nach einem Raster geordnet wird. Als ein neuartiger konzeptioneller Ansatz wird die Mechanisierungsstrategie hervorgehoben und in das Zielsystem der Unternehmen eingefügt. Die an dieser Strategie sichtbar werdende Technologieorientierung im Wertsystem des Managements wird in Kapitel 3 erneut aufgenommen und historisch interpretiert, um auf diese Weise die These von Sohn-Rethel, das Prinzip der technischen Effizienz sei ein neuartiges Vergesellschaftungsprinzip, in Frage zu stellen und dabei nachzuweisen, dass in diesem Prinzip vielmehr unternehmerische Probleme zum Ausdruck kommen, mit den neuartigen Organisationsformen der Massenproduktion umzugehen. Das erste Kapitel versucht in summarischer Weise ein konzeptionelles Raster zur Erforschung von Taylorismus und Massenproduktion aufzustellen, um daran den Stand der Forschung zu charakterisieren. Dabei werden Punkte, die bisher von der Forschung kaum berücksichtigt worden sind, besonders hervorgehoben, wie die öffentliche Debatte, der Rationalisierungsbegriff und die Elektrifizierung.

2 Stand und Ergebnisse der Forschung

An dieser Stelle soll der Gegenstand eine erste Strukturierung erfahren. Dabei geht es vor allem um konzeptionelle Probleme, in welchen theoretischen Bezugssystemen das Thema überhaupt erfasst werden kann. Diese Frage stellt sich unmittelbar angesichts der erdrückenden Fülle von zeitgenössischer Literatur, die es in einem Raster zu ordnen gilt. Besonders eingehend wird die öffentliche Debatte um Rationalisierung und konzeptionelle Probleme des Rationalisierungsbegriffs erörtert, die bisher wenig Beachtung erfahren haben. Ebenso wird versucht, auf den bislang von der Forschung vernachlässigten Elektrifizierungsprozess einzugehen und zu fragen, in welcher Beziehung er zu Taylorismus und Massenproduktion steht. Die eigentliche Analyse der Taylorismuskonzeptionen wird erst in Kapitel II vorgenommen.

Eine erste Möglichkeit, sich den Rationalisierungsprozessen zu nähern, besteht in dem Ordnen des Gegenstandes. Aber es stellt sich heraus, so soll hier als eine These formuliert werden, dass sich jeder dieser Ordnungsversuche als willkürlich und als keiner theoretischen Kohärenz zugänglich erweist. So verbleibt nur die Möglichkeit, einige Themen und Klassifikationen hier anzusprechen, ohne dass damit eine theoretisch befriedigende Basis zur Entwicklung von Forschungsstrategien gegeben wäre. Der Gegenstand zerfällt auf diese Weise in viele einzelne Fragen, Probleme und Komplexe. Zwei Themenbereiche werden ausführlicher in Kapitel 2 und 3 behandelt. Einmal geht es um eine Aufarbeitung der Taylorismusdebatte und zweitens um die Frage, in welchem Ausmaß das ingenieurswissenschaftliche Effizienzdenken sich gegenüber kapitalistischen Rentabilitätsprinzipien auf der Unternehmensebene durchsetzen konnte.

Eine Möglichkeit der theoretischen Gliederung des Gegenstandes bestände in der Zweiteilung:

- Entstehung von Taylorismus und Massenproduktion in den USA,
- die Verbreitung in Europa.

Die Entstehung von Taylorismus und Massenproduktion in den USA behandeln u.a. die Arbeiten von Katharina Stone (1974) über die Mechanisierung der Stahlindustrie und von Nelson (1975), Kocka (1969) und Burchardt (1977) über Taylors Ideen, deren Entstehung, Akzeptanz und deren Wandel. Es sei hier angemerkt, dass der Ansatz von Stone einen Einwand von Monds (1976) hervorgerufen hat, der Stones Sichtweise als romantische Idealisierung der Produktionsform der Handwerker kritisiert, deren Arbeit doch bereits im Subkontraktorensystem organisiert und auch fragmentiert worden sei. :In der Arbeit von Vahrenkamp (1977) werden die ideologischen Gehalte des Taylorismus aufgedeckt, um dessen kurzschlüssige Einordnung in die Kategorie der Produktivkräfte zu problematisieren und weiter wird auf die spezifische Beschränkungen des Taylorismus hingewiesen – ein Thema, das auch Layton (1971), Burchardt (1977) und Moutet (1975) aufnehmen, so dass in dieser Sicht eine lineare Kontinuität des Taylorismus von Taylor bis hin in die 1920er Jahre schwer aufrecht erhalten werden kann. Dieser Gedanke wird in Kapitel 2 weiter ausgeführt.

Nicht abschließend geklärt werden konnte bisher die innovationstheoretische Frage, welches die Faktoren gewesen sind, welche die neuen Technologie- und Managementkonzepte in den USA zum Entstehen gebracht haben und den USA auf diesem Gebiet einen bis weit in dieses Jahrhundert reichenden Vorsprung gesichert haben. Burn (1931) datiert den Beginn der technischen Überlegenheit auf dem Gebiet des Maschinenbaus der USA über Europa bereits auf die 1850er Jahre. Waren es Arbeitskräftemangel und hohe Löhne, welche den Anreiz zu arbeitssparenden Technologien gaben? Demgegenüber wurde eingewandt, dass die amerikanischen Reallöhne nicht höher als in England waren und dass der Technische Fortschritt infolge des hohen Zinsniveaus eher kapitalsparend gewesen sei. Zu welchem Ausmaß spielt das große Angebot an unqualifizierten Arbeitskräften des breiten Immigrantenstroms eine Rolle bei der Entwicklung der Technologie? Kann das Aufkommen und die Verbreitung der Fertigungsindustrien mit dem Ansatz von Vernon (1966) erklärt werden, der das Entstehen von neuen Technologien mit einer internationalen Spitzenstellung im Pro-Kopf-Einkommen in Verbindung bringt, die neue Bedürfnisstrukturen auf den Märkten für Kapital- und Konsumgüter erzeuge? Eine Übersicht zur Debatte über die innovationstheoretische Erklärung der amerikanischen Führungsrolle gibt Daniels (1975, S. 55-58), siehe auch Rosenberg (1976).

Die Verbreitung der amerikanischen Management- und Technologiekonzepte nach Europa wird von den Autoren Burchardt (1977), Kocka (1969), Fridenson (1978), Layton (1975) und Moutet (1975) behandelt. Die Beiträge von Layton und Moutet sind insofern besonders wertvoll, als sie sich auf das bisher kaum ausgewertete Taylorarchiv stützen. Hierdurch werden unbekannte Aktivitäten Taylors, seine Ideen nach Europa zu verbreiten, und sein enger Kontakt mit Europa sichtbar. Layton (1975) gibt die Einschätzung, dass das Taylor-System – wenn auch in dem engen Rahmen des Positivismus – dem Anspruch der Wissenschaftlichkeit genüge tut, ohne dass diese Qualifikation dessen Verbreitung als industrielle Innovation jedoch gefördert hätte. Demgegenüber trug – wie Layton ausführt – das Versprechen einer raschen Profitsteigerung zu einer schnellen Adaption des pseudowissenschaftlichen Bedaux-Systems in Europa bei. Fridenson (1978) behandelt die Ausbreitung der Fließbandtechnologie in der europäischen Automobilindustrie als einen innovativen Prozess, der vor allem den Bedingungen des Aufbaues eines Absatzmarktes für Automobile in Europa und dessen Beschränkungen unterworfen war und eine Einbeziehung einer großen Zahl von relativ unqualifizierten Arbeitskräften in den industriellen Produktionsprozess und in die manageriale Kontrolle ermöglicht hat, Hinter diesen Arbeiten steht die Frage, welche Faktoren die Ausbreitung der neuen Technologien und der neuen Organisationskonzepte gefördert haben.

Als ein Technologie-Transfer sind die amerikanischen Methoden der Rationalisierung nach Europa übertragen worden. Dieser Vorgang erstreckte sich auf die Periode 1880 bis 1930. Die Europäer haben eine Vielzahl technologischer Erkundungsreisen in die USA unternommen und darüber in Europa berichtet, wie in zahllosen Publikationen der Zeit dokumentiert ist.[4] Unter diesen Reisenden befanden sich Industrielle, Ingenieure und Gewerkschaftsführer. Erforscht und bekannt ist etwa ein intensiver

[4] Die folgenden Autoren geben eine Auswahl aus den Amerika-Berichten: Allgemeiner Deutscher Gewerkschaftsbund (1926), Backert (1926), Birnbaum (1927), Dubreuil (1930), Feiler (1926), Köttgen (1925), Kolb (1904), Mattschoß (1914), Moeller (1904), Perls (1907), Piwowarski (1927), Seubert (1914), Tänzler (1927).

Austausch von Gedanken und Personen zwischen Taylor und führenden Industriellen und Wissenschaftlern in Frankreich, etwa die Verbindung von Taylor zum französischen Automobilfabrikanten Renault (vgl. Moutet, 1975). In Deutschland haben amerikanische Rationalisierungsfachleute vor allem in Berlin gewirkt: Bei Siemens und der AEG, bei Osram (Stollberg, 1980, S. 24 - 26, Kocka, 1969, S. 358) und auch in Verbindung mit dem auf Rationalisierung abzielenden Lehrstuhl für "Werkzeugmaschinen und Fabrikbetriebe" an der Technischen Universität Berlin.[5]

Eine rege Vortragstätigkeit amerikanischer Unternehmer und Ingenieure in Deutschland war ein weiterer Weg, die neuen Konzepte in Europa zu verbreiten. Einer der Direktoren von General Electric, M.W. Alexander (1914), hielt im Jahre 1913 einen Vortrag über die Ausbildung von Arbeitskräften bei General Electric vor dem Deutschen Ausschuss für technisches Schulwesen. Der Chef des in Philadelphia angesiedelten Unternehmens Link Belt Comp., Janes Mapes Dodge, zugleich enger Freund Taylers und Mitglied in der Taylor Society, trug auf der Hauptversammlung des Vereins Deutscher Ingenieure über das Taylor System vor (Dodge, 1913). Auf diese Weise wurden die Ideen Taylors bereits vor dem ersten Weltkrieg in Deutschland verbreitet. Seine Bücher wurden übersetzt, seine Ideen in ingenieurwissenschaftlichen Zeitschriften verbreitet und von den Gewerkschaften in ihren Organen kritisiert (Fuchs, 1914, Woldt, 1913, 1914). Kocka datiert die erste deutsche Publikation zu Taylor auf spätestens das Jahr 1907 (1969, S. 359). Zur Geschichte der deutschen Taylorrezeption siehe Burchardt (1977, S. 69 - 74).

Bei den Fragen nach der internationalen Ausbreitung des Taylorismus treten die unterschiedlichen Adaptionsprozesse in den einzelnen Ländern hervor. Dieser Ansatz des internationalen Vergleichs ist von der Forschung bisher kaum verfolgt worden. Eine Durchsicht der zeitgenössischen Literatur zeigt relativ wenige Titel über den Taylorismus in Großbritannien an, woran man die Vermutung knüpfen kann, dass dort die Ausbreitung des Taylorismus weniger stürmisch verlief als in den USA oder in Deutschland. Diese verzögerte Adaption des Taylorismus in Großbritannien wird

[5] Dieser Lehrstuhl wurde 1904 gegründet und war einzigartig in Deutschland. Er wurde mit dem Ingenieur Georg Schlesinger besetzt – einem der führenden Köpfe der deutschen Rationalisierungsbewegung (Spur, 1979, S. 283)

von Maier (1970, S. 37) und Brown (1977) bestätigt. Während man von der These ausgehen könnte, dass der Taylorismus in den USA rigoroser angewendet worden ist, um mit Hilfe dieses Organisationskonzeptes eine große Zahl von unqualifizierten Arbeitern in die industrielle Produktion einzugliedern, mag dieser Gesichtspunkt in Deutschland weniger zum Tragen gekommen sein, da die deutschen Unternehmer stärker auf die Strategie der betrieblichen Ausbildung gesetzt haben, die dem Facharbeiter eine zentrale Rolle zukommen lässt und diesem eine gewisse Autonomie in der Arbeit gewährt. In Frankreich wiederum ist nach den Analysen des Instituts für Sozialforschung München (ISF 1976) und Maurice u.a. (1979) die hierarchische Strukturierung der Leitungsebenen in der industriellen Produktion stärker ausgebildet als in Deutschland, so dass die im Taylorismus angelegten Aspekte der Entmündigung der Arbeitskräfte und deren Beherrschung mehr in den Vordergrund tritt, während in den USA diese unmittelbare und autoritäre Herrschaftsausübung als typisch europäisch angesehen wurde, wie zahllose zeitgenössische Reiseberichte dokumentieren und die Beziehung zwischen den unteren Hierarchieebenen eher informelle Züge aufwies. Kocka (1969, S. 370) führt die höhere Intensität der Taylorismus-Diskussion in den USA im Vergleich zu Deutschland darauf zurück, dass in den USA die staatliche Verwaltung weniger entwickelt war, so dass sich die Ingenieursbewegung dort stärker mit dem Argument der Modernisierung des Staatsapparates legitimieren konnte.

Die internationale Ausbreitung und Übernahme der modernen amerikanischen Technologiekonzepte ist als ein konfliktreicher Prozess zu begreifen, Die Arbeiter haben nicht ohne Widerstand die Innovationen hingenommen. Diese sozialen Konflikte um den technischen Fortschritt sind von einigen Autoren erforscht worden. Layton (1971), Stone (1974), Haber (1964) und Nadworny (1955) diskutieren, wie die amerikanischen Gewerkschaften den Taylorismus in den Jahren vor 1915 abgewehrt und ihren Kampf auch auf die politische Ebene des Parlaments gehoben haben. Adamic (1930), Brecher (1976) und Mathewson (1931) zeigen auf, dass in den USA der 1920er Jahre das Abwehrhandeln der Arbeiter Formen des passiven Widerstandes angenommen hat. Der konfliktreiche Verlauf in Deutschland ist Gegenstand der Arbeit von Stollberg (1980). Homburg (1978) stellt die Konflikte bei Bosch in das Zentrum ihrer Arbeit. Fridenson (1978) gibt einen internationalen Vergleich über die Reaktionen der Arbeiter und ihrer Organisationen. Er macht auf eine bedeutende soziale Differenzierung der Arbeiterklasse aufmerksam. Die hochqualifizierten Arbeiter sahen im Rationalisierungsprozess keine Bedrohung ihrer Arbeit und ihres Einkommens. Vielmehr eröffneten die neuen Technologien ihnen neue berufliche Chancen in den neuen Funktionen der Planung und Überwachung des Produktionsprozesses (S. 169), worauf ebenfalls Schöck (1977, S. 170) hinweist. Der Adaptionsprozess der neuen Technologien schuf in dieser Perspektive Konflikte auch innerhalb der Arbeiterklassen.

Eine methodische Anmerkung soll den hier abgehandelten Punkt der internationalen Ausbreitung abschließen. Verschiedene Autoren bringen die Rationalisierung in der deutschen Industrie in einen Zusammenhang mit einer Makroperspektive krisenhafter kapitalistischer Entwicklung. Kocka (1969, S. 338) und Homburg (1978, S. 171) diskutieren die Wirkung der "Großen Depression" zu Ende des 19. Jahrhunderts auf das unternehmerische Rationalisierungshandeln und knüpfen damit an die Theorie der Langen Wellen an. Zusätzlich argumentiert Homburg (S. 174) mit konjunkturellen Krisen der Jahre 1901 und 1907. Hingegen wählt Bönig (1980, S. 396) den Ansatz der marxistischen Profitratendiskussion.

Die hier sichtbar werdende Komplexität eines möglichen Rasters zur Erforschung des Gegenstandes entspricht einem gewaltigen Volumen an zeitgenössischer Literatur. Eine britische Bibliographie des Jahres 1920 zählt ungefähr 2500 Titel auf (Cannons 1920). Für die Periode 1890 - 1930 kann man für die USA, Großbritannien, Frankreich, Deutschland und Italien die Zahl von 10 bis 15 Tausend Titel annehmen. Eine vorläufige Orientierung geben die folgenden zeitgenössischen Standardwerke: Einen internationalen Überblick vermittelt Devinat (1927) – eine in mehreren Sprachen erschienene Schrift des Internationalen Arbeitsamtes Genf mit ausführlicher Bibliographie und einem Register über die jeweiligen nationalen Institutionen und Forschungsstellen der Rationalisierung. Das offizielle Kompendium der deutschen Rationalisierungsbewegung ist das "Handbuch der Rationalisierung", herausgegeben vom Rationalisierungskuratorium der Deutschen Wirtschaft (Reuter 1929). Lexikalisch aufgeschlüsselt hat Fritz Giese sein "Handwörterbuch der Arbeitswissenschaften" (1930). Die volkswirtschaftlichen Dimensionen der deutschen Rationalisierungsbewegung werden in zwei Sammelbänden, herausgegeben von der Industrie- und Handelskammer zu Berlin (1928) und von Harms (1929), dargestellt. Aufschluss über den technischen Entwicklungsstand der Industrie und die Arbeitsverhältnisse vermitteln die Schriften des Enquete-Ausschusses (1928 - 1930) und die Berichte der Gewerbeaufsicht, die erstmalig von Stollberg (1980) ausgewertet worden sind. Als wertvolles empirisches Primärmaterial wurden von Wobbe (1976) die regelmäßigen Erhebungen des Deutschen Metallarbeiter-Verbandes ausgewertet. Vor dem ersten Weltkrieg wurde der Entwicklungsstand der Industriearbeit in zwei größeren Untersuchungen dokumentiert. Einmal, unter der Leitung von Schmoller, in den Untersuchungen über die "Entlöhnungsmethoden in der deutschen Eisen- und Maschinenindustrie" des Centralvereins für das Wohl der arbeitenden Klassen (Centralverein 1906 - 1911) und zweitens in den von Max Weber (1908) inspirierten Untersuchungen des Vereins für Sozialpolitik über "Auslese und Anpassung der Arbeiterschaft" (Verein 1910 - 1915).

Allerdings enttäuscht die Durchsicht der Literatur, falls man daraus einen deren quantitativen Umfang entsprechenden Aufschluss über den Stand der organisatorischen und technischen Veränderungen auf der Unternehmensebene erwarten würde. Lediglich ein sehr kleiner Teil der Literatur ist dieser Frage gewidmet. Die hier insgesamt deutlich werdende schlechte Quellenlage über die Veränderung der Unternehmensorganisation und der Industriearbeit wird von vielen Autoren angemerkt. Stollberg (1980, S. 35) stellt fest, dass kein systematisches Datenmaterial über die deutsche Rationalisierungsbewegung vorliegt. Auf die lückenhafte Datengrundlage macht ebenfalls Gisela Gielow (1975) in ihrer Arbeit über das Refa-System aufmerksam, wie auch Hoff (1978, S. 169). Angesichts der lückenhaften Quellenlage ergeben sich offenbar prinzipielle Grenzen für eine generalisierende, über die Darstellung von Einzelfällen weit hinausgehende nachträgliche Rekonstruktion, wozu noch konzeptionelle Probleme hinzutreten, den technischen und organisatorischen Wandel zu erfassen (vgl. Scholz (1977)). Die Quellenlage kann jedoch durch die Aufarbeitung von Archiven, speziell Unternehmensarchiven verbessert werden. Die Arbeiten von Homburg (1978), Kocka (1969a) und Moutet (1975) gehen diesen Weg.

Die zeitgenössische Literatur lässt sich anhand ihres Erkenntnisinteresses und ihres methodischen Vorgehens in drei Kategorien einteilen: in konzeptionelle Arbeiten zur optimalen Unternehmensorganisation, in Beiträge zur öffentlichen Debatte über den Rationalisierungsprozess und schließlich in Darstellungen über den Entwicklungsstand von Unternehmensorganisation und eingesetzter Technologie. Ein großer Teil der zeitgenössischen Literatur gehört der ersten Kategorie an und ist damit normativer Art, wobei zumeist von den Ingenieurswissenschaften oder von der entstehenden Betriebswirtschaftslehre modelltheoretische Betrachtungen über optimale Arbeitsorganisation reflektiert werden und die Empirie lediglich exkurshaft den Status der Affirmation der vertretenden Thesen einnimmt, ohne einen eigenständigen Erkenntnisgegenstand abzugeben. Auch Taylors Schriften über Betriebsorganisation folgen diesem Muster. Diese Art der zeitgenössischen Zeitschriftenliteratur, deren Umfang immens ist, berichtet meistens bloß über Versuche oder gar bloß über Konzeptionen, von deren Realisierung man wenig oder gar nichts weiß. Was ist etwa aus dem Versuch der Taylorisierung im Bankwesen geworden, worüber Mosler (1928, S. 244 f) berichtet? über den Fortgang dieser Versuche ist nichts bekannt. Methodisch unhaltbar wäre es aber, wollte man so vorgehen – wie es vielfach in den Darstellungen über die 1920er Jahre geschieht – aus den Versuchen deren dauerhafte Installation und Institutionalisierung folgern zu wollen. Auf die Diskrepanz zwischen der Diskussion in den Fachzeitschriften und der tatsächlichen Anwendung weist auch Nelson (1975, S. 54) hin.

Sich auf derartige Quellen zu berufen, würde demnach bedeuten, lediglich normative Reflektionen der betreffenden Autoren wiederzugeben, nicht aber ein Bild der Wirklichkeit, womit diese Quellen ihren Rang in der Erforschung der Geschichte der Ideen erhalten. Von manchen Kritikern des Taylorismus ist der methodische Fehler begangen worden, die normativen Quellen als einen Ausweis der Wirklichkeit zu betrachten. Hier ist besonders Braverman (1977) zu nennen, der sich auf Taylors Schriften beruft, als seien sie eine empirische Darstellung, ohne sie historisch zu interpretieren und deren Realitätsgehalt zu überprüfen. Littler (1978) charakterisiert die Taylordebatte damit, dass sie vielfach zu stark auf der Ebene der Ideengeschichte verharre und andere Dimensionen der sozialen Wirklichkeit vernachlässige.

3 Methodische Probleme der Rationalisierungsdebatten

Ein weiterer Teil der zeitgenössischen Literatur gibt Positionen zu Taylorismus und Massenproduktion in der öffentlichen Debatte wieder und betrifft vor allen Dingen Veröffentlichungen der Gewerkschaften, der Arbeitgeber, der Wissenschaften und amtlicher Stellen. Diese Quellen lassen sich recht gut nach Positionen ordnen, da sie sich auf wenige argumentative Grundmuster reduzieren lassen. Jüngst ist ein derartiger Versuch von Stollberg (1980) und Hoff (1978) unternommen worden. Eine Darstellung dieser Debatte wirft jedoch – jenseits der Frage der Beschaffung eines geeigneten Rasters – ihre eigenen methodischen Probleme auf. Als ein wichtiges methodisches Postulat ergibt sich nämlich die Forderung, die Aufnahme des Taylorismus und der Massenproduktion im Wissenschaftssystem und in der Öffentlichkeit zu trennen von den tatsächlichen Veränderungen auf der Unternehmensebene. Die Reflexion der Öffentlichkeit wäre also abzuheben, da die "Rationalisierungsdebatte" nicht in allen Fällen die aktuellen materiellen Veränderungen korrekt widerspiegelt. Diese These lässt sich anhand von zwei Debatten belegen: Die Effektivitätsdebatte in den USA 1911 - 1915 (Haber 1964) und die Automationsdebatte in den USA und in der Bundesrepublik Deutschland 1955 - 1965 (vergl. Kapitel 21). Downs (1972) analysiert den Ablauf der öffentlichen Debatte an einem anderen Gegenstand: der Umweltdebatte.

Diese Debatten als Ausdruck gesellschaftlichen Wandels sind bisher noch nicht ausreichend in ihrer kommunikativen Metafunktion, die als ein Prozess gesellschaftlicher Selbstverständigung interpretiert werden könnte, untersucht worden. Zum Beispiel blieb bisher die Rationalisierungsdebatte in Deutschland der Jahre 1918 - 1930 in diesem Sinne unerforscht. Sehr gut hat Moutet (1975) die beiden Bezugsebenen des Rationalisierungsprozesses unterschieden, indem sie die Aufnahme des Taylorismus in Kreisen der Wissenschaft und in der Öffentlichkeit – hier als negative Reaktion auf die Streiks bei Renault im Jahre 1912 – abhebt von dem Versuch der tatsächlichen Anwendung des Taylorismus in der französischen Industrie.

In vielen Darstellungen über die 1920er Jahre ist vom methodischen Ansatz her diese Differenz zwischen öffentlicher Debatte und "realen" Veränderungen verwischt worden. Man nahm die sehr intensiv geführte öffentliche Debatte zum Anlass, auch auf eine entsprechend intensive Rationalisierungswelle zu schließen. So konnte noch Kuczynski im Jahre 1966 in seinem Standartwerk zur Sozialgeschichte schreiben: "Kein Land der Welt besaß am Ende der Periode der relativen Stabilisierung (d.h. im Jahre 1929 – R.V.) einen so modernen, dem Stand der höchsten Technik entsprechenden Produktionsapparat wie Deutschland "(S. 9). Hier geht Kuczynski von der These einer erfolgreichen und breit greifenden Durchsetzung der Rationalisierung im Wirtschaftsleben aus. Dieser These hält Bönig (1980, S. 394) entgegen, sie beruhe darauf, dass die Historiographie das optimistische Bild, das die Promotoren der Rationalisierung von ihren Erfolgen in der Öffentlichkeit präsentiert haben, lange Zeit unkritisch übernommen haben, und er verweist auf neuere Forschungen, die dieses Bild korrigieren (S. 393, Anmerkung 12). Auch Rüdiger Hachtmannn und Adelheid von Saldern (2009, S. 7) weisen in ihrem Übersichtsartikel zum Fordismus darauf hin, dass „zwischen der Diskursintensität und der praktischen Umsetzung in den Betrieben während der Weimarer Republik ... eine große Lücke (klaffte)". Zum gleichen Ergebnis gelangen auch Schmidt (1993) und Vahrenkamp (1988).

Als ein weiterer Hinweis darauf, dass wahrscheinlich in den 1920er Jahren die Entwicklung weniger dramatisch verlief als gemeinhin angenommen, mag die Überlegung gelten, dass für die Rationalisierung – so soll hier als These vorgetragen werden – eigentlich wenig Zeit blieb: Sie begann im Jahre 1924 und endete mit der Weltwirtschaftskrise im Jahre 1929. Die hier vorgenommene Datierung der "Rationalisierungsperiode" auf die Jahre 1924 bis 1929 soll wie folgt begründet werden. Ober die Datierung des Beginns einer intensiv einsetzenden Rationalisierungswelle im Jahre 1924 besteht in der Literatur weitgehend Einigkeit, siehe etwa Schalldach (1930, S. 10), Brady (1933, S. VIII), Lutz (1975, S. 114), Stollberg (1980, S. 29), ohne dass damit eine anhaltende und stetige Grundtendenz der Rationalisierung in den 30 Jahren vor 1924 in Abrede gestellt würde.

Die Gründe für die ab 1924 einsetzende besondere Rationalisierungswelle sind wirtschaftspolitischer und außenpolitischer Natur. In den Jahren vor 1924 waren die amerikanischen Rationalisierungsmethoden des Taylorismus und der Massenproduktion in Deutschland bekannt geworden. Es hatte darüber eine breite öffentliche Debatte gegeben, und es bestand eine allgemeine Übereinstimmung über die Dringlichkeit, diese Methoden auch hierzulande einzuführen. Diese allgemeine Motivationslage wurde durch zwei Faktoren akzentuiert. Zum einen hatte der erste Weltkrieg die angestrebte Modernisierung des Produktionsapparates in vielen Industriezweigen unterbrochen. Anhand der Stahlindustrie weist etwa Lutz (1975, S. 114) auf diese unterbliebene Modernisierung hin. Zweitens hatte Deutschland aufgrund des Versailler Vertrages hohe Reparationslasten zu tragen. Allein schon aus diesem Grund wurde man sich der Vordringlichkeit der Rationalisierung bewusst. In einer gesellschaftlichen, volkswirtschaftlichen Perspektive würde es nur durch große Produktivitätsfortschritte möglich sein, den hohen Forderungen der Alliierten zu entsprechen. Aber ganz im Gegensatz zur allgemeinen Bereitschaft zur Rationalisierung wurde erst im Jahre 1924 in weitem Umfang damit begonnen. Diese Verspätung hatte zwei Gründe. Erstens konnte die deutsche Industrie infolge der Inflationspolitik mit ihren veralteten Anlagen bis 1923 international konkurrenzfähig bleiben und auf diese Weise die für die Reparationen erforderlichen Devisen erwirtschaften. Zum zweiten begann im Jahr 1924 die Stabilisierung der Reichsmark mit amerikanischen Krediten aufgrund des Dawes-Planes, der Deutschland wieder international kreditwürdig machte und auf diese Weise das zur Modernisierung erforderliche Kapital ins Land brachte. Die Zeitgrenze 1929 als Ende der Rationalisierungswelle anzusetzen, gewinnt insofern Überzeugungskraft, als die im Jahre 1929 einsetzende Weltwirtschaftskrise eine längerfristige Stagnationsperiode einleitete, in der nur noch wenig Investitionen vorgenommen worden sind. Der Modernisierungsprozess wurde abgebrochen – eine These, der Roth (1974, S. 100) widerspricht.

Wenn man nun die Rationalisierungswelle auf die Jahre 1924 bis 1929 einschränkt, so ergibt sich eine Zeitspanne von sechs Jahren, von der noch ein Jahr der schweren Krise 1925/26 abzuziehen ist. Dass aber in der kurzen Zeit von fünf Jahren die Rationalisierung weit greifen konnte, erscheint zweifelhaft. Wahrscheinlich betraf sie nur Spitzenindustrien und Spitzenwerke, die dann einen exemplarischen Wert zugesprochen bekamen.

4 Die gesellschaftspolitische Dimension der Rationalisierungs-debatten

Neben dieser methodischen Anmerkung zur Interpretation der öffentlichen Debatte gibt es noch einen weiteren Punkt, der an ihr bemerkenswert ist und hier hervorgehoben werden soll. Dieses ist die gesellschaftspolitische Dimension des Rationalisierungsprozesses. Diese Makroebene ist zunächst von den einzelbetrieblichen Abläufen zu unterscheiden. Bei Burchardt (1977, S. 77 - 87) wird sehr gut diese Differenz herausgearbeitet, indem er den Werdegang der Verknüpfung von Taylorismus und Gemeinwirtschaft als dritten Weg zwischen Sozialismus und Kapitalismus darstellt. Diese Konzeption wurde zu Ende des ersten Weltkriegs im Reichswirtschaftsministerium und dem Verband Deutscher Ingenieure vertreten. Nach dem Scheitern dieser Konzeption als Regierungsprogramm im Jahre 1919 wurde dann langsam diese gesellschaftspolitische Komponente des Taylorismus zugunsten einer betriebswirtschaftlichen Sicht zurückgedrängt und schließlich ganz aufgelöst. Gleichfalls von Maier (1970) wird die Einbeziehung des Taylorismus in die Gesellschaftspolitik untersucht. Auch Sohn-Rethel (1970) und Mendner (1975) beziehen den Taylorismus mit den Begriffen der Vollvergesellschaftung der Arbeit bzw. dem der reellen Subsumption der Arbeit auf die Makroebene.

Bemerkenswert an den Positionen in der öffentlichen Debatte ist die Makroorientierung der deutschen freien Gewerkschaften (Hoff 1978). Mit der Leitvorstellung der Wirtschaftsdemokratie haben die deutschen freien Gewerkschaften eine Rolle des Promotors der einzelbetrieblichen Rationalisierung eingenommen. Dieser Makrobezug der Rationalisierungsdebatte soll nun hier im Einzelnen verfolgt werden.[6]

Im politischen Denken zu Beginn der Weimarer Republik wurde der Taylorismus aktuell, als es darum ging, neue Gestaltungsformen des Wirtschaftslebens zu entwerfen. Für diesen Zweck gab der Taylorismus ein gesamtgesellschaftliches Modell des Interessenausgleichs ab, das einer Vielzahl politischer Denkrichtung als Ausgangspunkt diente, die von Maier (1970) in seinem Übersichtsartikel folgendermaßen iden-

---

[6] Siehe auch Vahrenkamp 1988.

tifiziert werden: Die antidemokratische Rechte um den Werkbund und um Spengler (S. 44), eine liberale Richtung um Rathenau und von Moellendorff (S. 45 - 48) und die sozialdemokratische Arbeiterbewegung (S. 48 - 53). Von Burchardt (1977) wird ergänzend der Verein Deutscher Ingenieure hervorgehoben, der mit dem tayloristischen Gesellschaftsmodell professionelle Hoffnungen verband. Das Grundmodell dieses tayloristischen Gesellschaftsverständnisses sah vor, die Klassenkonflikte politisch und ökonomisch zu entschärfen. Als neutraler Sachverwalter der konfligierenden Interessen sollte die soziale Gruppe der Ingenieure eingesetzt werden, die politische Kontroversen als technische Fragen der Optimierung umzuinterpretieren und so zu entschärfen hatte. Auf diese Weise sollte die Politik von harten Klassenauseinandersetzungen frei gehalten werden. Zugleich sollten die Ingenieure die entscheidenden Träger des technischen Fortschritts werden, da sie über die Methoden der Produktivitätssteigerung professionell verfügten und diese Mittel der Produktivitätssteigerung einsetzen, um die Produktion mit dem Ziel zu erhöhen, den Verteilungskonflikt zu entschärfen; jede Klasse sollte einen Einkommenszuwachs erzielen können, ohne damit eine andere Klasse zu benachteiligen. Indem das Grundmodell auf diese Weise einen Ausweg aus dem Nullsummen-Verteilungskonflikt der traditionellen politischen Theorien wies, erhielt es eine besondere Attraktivität in der damaligen Debatte (Maier 1970).

Da sich im Taylorismus diese Modellvorstellungen beispielhaft verdichtet haben, wurde er zu einem zentralen Punkt in der politischen Diskussion in Deutschland um das Jahr 1920. Rathenau und von Moellendorff hatten das Grundmodell zu einer politischen Theorie der Gemeinwirtschaft ausgearbeitet, wobei sie die Erfahrungen der Klassenkooperation und der Rohstoffbewirtschaftung während des ersten Weltkrieges systematisiert haben (Maier 1970, S. 45 - 48, Burchardt 1977, S. 80 - 87, Feldmann 1966, Novy 1978, S. 132 - 138). Von der sozialdemokratischen Arbeiterbewegung[7] wurde die Theorie der Gemeinwirtschaft in wesentlichen Punkten übernommen und ab 1925 unter dem Stichwort „Wirtschaftsdemokratie“ zu einer Zielvorstellung sozialdemokratischer Politik erhoben. Die Verbindung von Taylorismus und Wirtschaftsdemokratie wurde bereits beispielhaft von Reichsarbeitsminister Bauer in

[7] Dieser Terminus wird von Luthard (1978) benutzt.

einem Erlass von 19. März 1919 hergestellt, in dem es heißt: Das Taylorsystem "stieß innerhalb der kapitalistischen Wirtschaftsordnung bei den Arbeitnehmern auf Widerstand. Die Arbeiterschaft befürchtete, dass nicht sie, sondern der Kapitalist die Früchte der veränderten Arbeitsweise ernten würde. Nachdem die Demokratisierung Deutschlands einen ausreichenden wirtschaftlichen Einfluss der Arbeiterschaft sichergestellt hat, werden diese Einwände nicht nur hinfällig, sondern es verwandeln sich alle Rationalisierungsmöglichkeiten, einschließlich derer für die menschliche Arbeit, in eigenste Angelegenheiten der Arbeiterschaft" (zitiert nach Pietsch, 1919, S. 590).

Ein allgemeines Kennzeichen der Politik der Wirtschaftsdemokratie bestand darin, dass sie auf oberen Systemebenen angesiedelt war und eine basisdemokratische Ergänzung vermissen ließ. Das erfolgreiche Zurückdrängen der Rätebewegung bezeugt dies ebenso wie die Repräsentanz der freien Gewerkschaften in übergeordneten wirtschaftspolitischen Koordinationsgremien, wie dem Reichswirtschaftsrat, dem Reichskohlenrat, dem Reichskalirat, in der Zentralarbeitsgemeinschaft, bei der Post und bei der Bahn. Programmatisch wird die Orientierung der Wirtschaftsdemokratie auf Zentralinstanzen in der Konzeption zusammengefasst, die Fritz Naphtali im Jahre 1928 dem ADGB-Kongress vortrug (Stollberg, 1980, S. 77) und in seinem Buch "Wirtschaftsdemokratie" (1928) niedergelegt hat[8]: Ziel der Wirtschaftsdemokratie sei

- der wachsende Einfluss des demokratischen Staates auf die Wirtschaft die Sozialpolitik,
- Repräsentanz der Gewerkschaften in wirtschaftlichen Ausschüssen auf allen Ebenen.

---

[8] Dieser Bezug auf hoch angesiedelte Zentralinstanzen und die mangelnde Einbindung der betrieblichen Ebene wird von Kuda, der im Jahre 1977 das Buch von Naphtali neu herausgegeben hat, bestätigt und als ein Grund für das Scheitern des wirtschaftsdemokratischen Konzepts angeführt. Er schreibt (in: Naphtali, 1928, S. 17): "Ein zweiter Grund für sein Scheitern aber ist im Konzept der Wirtschaftsdemokratie selbst angelegt. Es ist die Beschränkung auf die abstrakte Forderung nach einer Verbindung zwischen Fernzielen und Tageskampf. Es ist der Verzicht auf die Einbeziehung der organisierten Arbeitnehmer selbst und ihrer konkreten betrieblichen Erfahrungen in die strategische Konzeption der Wirtschaftsdemokratie. Gewollt war der Übergang von der Aktion der Arbeitnehmer mit der Organisation als Mittel zu der Aktion der Arbeitnehmervertreter für die Organisation als Zweck. Bewirkt wurde der Abschluss einer theoretischen Diskussion anstelle des Beginns einer praktischen Auseinandersetzung um die Demokratisierung der industriellen Verfügungsgewalt".

Das Ziel der Wirtschaftsdemokratie bestand darin, eine Harmonie ökonomischer Interessen zu erzielen, indem das Sozialprodukt unter der Leitung von demokratisch legitimierten Zentren planmäßig erzeugt und unter Ausschaltung des als überflüssigen Kostenfaktors betrachteten Handels dauerhafte und billige Produkte an die Konsumenten verteilt werden (Schalldach 1930, S. 94 f). Insgesamt lag dieser Vorstellung ein mechanistisches Gesellschaftsmodell zugrunde, in dem die Prozesse relativ konfliktfrei ablaufen. Die Gesellschaft wurde als eine Maschine begriffen, die störungsfrei zu laufen habe. Von Kocka (1969) wird die Virulenz dieses Modells bereits an der ingenieurswissenschaftlichen Literatur über betriebliche und gesamtgesellschaftliche Organisation nachgewiesen, die vor dem Jahre 1910 erschienen ist. Eine Mechanik der Produktivkraftentfaltung sollte diesen Zustand erreichen, indem Rationalisierung als permanenter Prozess letzten Endes den Zustand der Planwirtschaft erreicht. Die Konzentrationsbewegung in der deutschen Industrie wurde als eine Bewegung auf dieses Ziel hin verstanden. Im organisierten Kapitalismus wurde die freie Konkurrenz zunehmend durch überbetriebliche Abstimmungsprozesse ersetzt. Dieser Prozess der Kapitalkonzentration wurde von der sozialdemokratischen Arbeiterbewegung als eine volkswirtschaftliche Rationalisierung verstanden, die es voranzutreiben gelte, da sie als letztes Ziel die Ausschaltung der Konkurrenz besitze (S. auch Kammer 1928, S. 19). Die den zu beobachtenden Konzentrationsprozess in der deutschen Industrie reflektierende Theorie des organisierten Kapitalismus (Naphtali 1928, Kapitel 1) gab auf diese Weise die Begründung für die Erwartung ab, eine Mechanik der Produktivkraftentwicklung führe zum Ziel der Wirtschaftsdemokratie.

Dieser Vorstellung entsprechend definierte Kautsky im Jahre 1920 den Sozialismus als eine Organisierung der Produktion und des Absatzes durch Zusammenwirken der Arbeiter und der organisierten Konsumenten auf der Grundlage wissenschaftlicher Erkenntnis (Stollberg 1980, S. 88). Als einen Übergang zum Sozialismus verstand Preller den intensiven technisch-organisatorischen Fortschritt der Stabilisierungsperiode ab 1924. Er schrieb im Jahre 1927: "Man kann dem Verein Deutscher Ingenieure nur danken, dass er, mag es auch unbewusst geschehen sein, die Erkenntnis dieses sozialistischen Werdens durch seine Beiträge zum Thema der Fließarbeit erleichtert hat. An dem, der sich solche Erkenntnis zu Eigen macht, ist es, das Streben der Fließarbeit nach Planwirtschaft zu seinem Teil fördern zu helfen. Aufgabe der

Sozialisten wird es dann sein, aus solcher noch kapitalistischen Planwirtschaft sozialistische Gemeinwirtschaft zu gestalten" (zitiert nach Stollberg 1980, S. 90).

Problematisch an der Theorie der Wirtschaftsdemokratie bleibt ferner das ungeklärte Verhältnis von Individuum zu übergeordneten Systemebenen. Eine extreme Interpretation der Positionen der Wirtschaftsdemokratie liefe darauf hinaus zu sagen, die Wirtschaftsdemokratie entmündige das Individuum, insbesondere im Arbeitsprozess. Diese Entmündigung wird bei Schalldach klar herausgearbeitet, wenn sie die Konsequenzen der Wirtschaftsdemokratie für den Industriearbeiter folgendermaßen zusammenfasst: "Durch objektiv wissenschaftliche Methoden werden die Fähigkeiten des einzelnen Arbeiters erkannt, und jeder wird an den Platz gestellt, der für ihn geeignet ist. So kann in allen Fällen eine optimale Leistungsfähigkeit erzielt werden" (1930, S. 94, Hervorhebung im Original). Dieser Gedanke, der die Autonomie des Individuums vollständig missachtet, könnte ebenso gut von Taylor selber stammen und weist wieder auf das tayloristische Grundmodell der Wirtschaftsdemokratie zurück. Nur von wenigen ist der Widerspruch einer taylorisierten Produktion mit entmündigten Arbeitern und dem demokratischen Anspruch des Sozialismus klar erkannt worden. Bei Schalldach (a.a O., S. 95) wird er vorsichtig angedeutet. Hingegen stellt Eliasberg in seiner Rezension zum Taylorismus in Rußland diesen Widerspruch klar heraus, indem er schreibt: "Dieser dressierte Arbeiter soll nun allerdings auch die wirtschaftlichen Zusammenhänge Russlands und der ganzen Welt überschauen und die Bedeutung seiner eigenen Arbeit für Russland und die Weltwirtschaft erkennen. Und diese Einsichten sollen ihm den Impuls zur Arbeit geben. Ein psychologischer Menschentypus, den zu verwirklichen, wie die Erfolge zeigen, auch in Russland bisher nicht gelungen ist. Denn – entweder man drillt den Menschen, oder man wendet sich an seine Selbsttätigkeit, seine Einsicht, seine Verantwortung: beides zusammen ist aber nicht möglich und auch in Amerika nie versucht worden" (1925, S. 546). Als einen Ausweg aus diesem Dilemma gibt Schalldach dem taylorisierten Arbeiter den Ratschlag, in die Phantasiewelt auszuweichen: "Er muss sich in Gedanken immer wieder die Bedeutung seines Schaffens innerhalb des Ganzen klar machen" (1930, S. 95, Hervorhebung im Original). Diese Therapie ist zweifellos paradox, wenn sie von der Arbeiterbewegung getragen werden sollte, deren Gesellschaftsbild doch auf dem mit einem materialistischen Anspruch verbundenen Marxismus beruht.

Die Politik der sozialdemokratischen Arbeiterbewegung, auf den oberen Systemebenen den Rationalisierungsprozess zu unterstützen, lief Gefahr, sich den individuellen Arbeiterinteressen zu entfremden. Dieses Versagen, die Rationalisierungspolitik auf der Makroebene mit den individuellen Interessen ihrer Mitglieder auf Betriebsebene abzustimmen, wird von Wobbe (1976) untersucht. Die negativen Auswirkungen der Rationalisierung auf den individuellen Arbeiter wurden zwar von den freien Gewerkschaften erkannt, die aber daraus nicht eine Position gegen die Rationalisierung aufbauten. Das individuelle Schicksal von Arbeitslosigkeit infolge von Rationalisierung wurde als der Preis für den gesellschaftlichen Fortschritt begriffen. Auch wurde die Gefahr monotoner Arbeit in den mechanisierten Industrien gesehen, aber dafür auf einen Ausgleich in der Freizeit gesetzt, die durch die Rationalisierung wachsen sollte. Zu wenig Beachtung fand die Schwächung der Positionen der Arbeiter und ihrer Vertretung in Betrieb, die mit dem Einzug wissenschaftlich-analytischer Methode des Taylorismus einherging. Auch wurde von den freien Gewerkschaften zu wenig Sorge für eine Schulung der Arbeitnehmervertreter in den neuen Taylormethoden getragen, worauf der ehemalige scharfe Kritiker des Taylorismus, Richard Woldt, immer wieder hinwies (Stollberg 1980, S. 104). Im Jahre 1927 spricht Olk von einer Krise der Rationalisierung, da die Rationalisierung auf Unternehmensebene den Forderungen der Gewerkschaften nicht entspricht, worauf Wobbe (1976, S. 109) hinweist, der ferner kritisch anmerkt, der Deutsche Metallarbeiter-Verband habe sich von den neuen Technologien in einem Maße faszinieren lassen, dass er die betrieblichen Probleme der Arbeiter nicht mehr richtig wahrnahm (S. 122). Stollberg gelangt zur Einschätzung, dass eine freigewerkschaftliche Diskussion der mit der Rationalisierung verbundenen Dequalifizierung kaum geführt worden ist (1980, S. 94). Eine gewerkschaftliche Mitbestimmung an den unternehmerischen Versuchen und Maßnahmen, die Arbeitsintensität zu steigern, konnte nicht durchgesetzt werden, wie Wobbe am Beispiel der Bandarbeit nachweist (S. 126). Insgesamt wird hier eine unzureichende betriebliche Abstützung der freigewerkschaftlichen Politik auf den oberen Systemebenen erkennbar, die zu einem starken Rückgang ihrer Mitgliederzahl seit 1923 beitrug.

5 Taylorismus als Gesellschaftstheorie bei Sohn-Rethel

Bei dem hier behandelten Thema des gesellschaftspolitischen Bezugs der Rationalisierung ist eine Würdigung der Position Sohn-Rethels (1970) naheliegend, der in den vergangenen 10 Jahren einen erheblichen Einfluss auf die Taylorismusdiskussion gehabt hat und diese eigentlich auch erst neu belebt hat.

Sohn-Rethel zieht, bevor er eigentlich die Entstehung und die Methoden des Taylorismus anhand von Taylors eigenen Texten darstellt, aus dem Taylorismus den Schluss, er lasse den Kapitalismus in ein neues Entwicklungsstadium treten, indem er eine einheitliche Zeitordnung herstelle: „...die Taylorschen Neuerungen wurden zur Grundlage der modernen mechanisierten Massenproduktion... Das fragliche Resultat ... war die ... Herausbildung einer neuen Ökonomie", die vom Gesetz der Synchronisierung der Teilvorgänge beherrscht werde (1970, S. 138). In dem beides, Maschinenfunktionen und Menschenarbeit, auf das gleiche Zeitmaß reduziert werden kann, entsteht die Vollvergesellschaftung der Arbeit (S. 160). Mit dieser neuen Entwicklungsstufe des taylorisierten Kapitalismus, so argumentiert Sohn-Rethel weiter, sei die Vorbereitung des Sozialismus gegeben: "... die gesellschaftlichen Produktionsverhältnisse können grundlegend verändert werden auf dem Boden des jetzt gegebenen Entwicklungsstandes der materiellen Produktivkräfte" (S. 158).

Für diese These führt er drei Argumente an: Erstens verschärfe der Taylorismus die Entfremdung in der Arbeit und mache dadurch Herrschaft erkennbar und auch angreifbar (S. 157 f). Dieses ist gewissermaßen das subjektive Moment der Umwälzung. Zweitens habe sich der Kapitalismus von seinem liberalen Stadium entfernt und sei zum organisierten Kapitalismus geworden, indem planerische Elemente die Koordination über den freien Markt teilweise ersetzen. "Die Marktökonomie beherrscht die gesellschaftliche Reproduktion nicht mehr" (S. 141). Diese Entwicklung sei Folge des erreichten Entwicklungsstandes der Produktivkräfte, der ja nach der oben dargestellten Auffassung von Sohn-Rethel eine Entfaltung tayloristischer Prinzipien sei. "Der moderne Produktionsbetrieb ist im Zuge seiner industriellen Entwicklung unfähig geworden, sich strukturell an die Marktbewegungen anzupassen" (S.

140 f). Dies ist die objektive Begründung für die Forderung, das Marktsystem abzuschaffen und den Sozialismus aufzubauen. Das dritte Argument weist darauf hin, dass der Entwicklungsstand der Produktivkräfte es auch tatsächlich möglich macht, die gesellschaftliche Koordination ohne den Markt zu bewerkstelligen. Es ist die Vollvergesellschaftung der Arbeit. Die tayloristische Zerlegung von Arbeit und Maschinentakt auf der betrieblichen Mikroebene in kleinste Zeitanteile lasse diese Koordination problemlos werden. Die Aufgaben übergeordneter Systemebenen ergeben sich durch Aggregation der unteren Ebenen. Dieser Aggregationsansatz reiche bis zur höchsten Ebene. "Innerhalb eines solchen Betriebes weiß jeder einzelne Arbeiter an seinem Arbeitsplatz, ob er die hier verlangte Durchschnittsarbeit oder zu viel oder zu wenig Arbeit in der Zeiteinheit leistet. Für den einzelnen Betrieb ist das offenkundig. Dieselbe Maßgabe kann sich aber auch über eine ganze Industrie, ein ganzes System arbeitsteilig verbundener Werke erstrecken und schließlich über das gesellschaftliche Produktionsganze, ohne dass es der marktökonomischen Vermittlung und des Umwegs über das Wertgesetz bedürfte" (S. 161 f).

Soweit sei hier der Gedankengang Sohn-Rethels rekonstruiert. Nun sollen hier einige Einwände gegen diese Position formuliert werden. Der erste Einwand geht dahin, dass der Ansatz von Sohn-Rethel in keiner Weise originell ist. Vielmehr waren die Auffassungen vom Taylorismus als Modell gesamtgesellschaftlicher Rationalität zu Ende des ersten Weltkrieges weit verbreitet, als es darum ging, neue Gesellschaftsstrukturen zu entwerfen. Dieser Gedankengänge waren sowohl beim Verein Deutscher Ingenieure, bei der liberalen Gruppe um Rathenau und Moellendorff und auch in der Arbeiterbewegung virulent, worauf oben bereits hingewiesen worden ist. Der zweite Einwand zielt dahin, dass Sohn-Rethel die damalige Diskussion um den Taylorismus nicht dargestellt und analysiert hat, sondern die damaligen Ideen als seine eigenen heutigen ausgibt. Als dritter Einwand kann formuliert werden, dass Sohn-Rethel das gesellschaftliche Koordinationsproblem als ein technisches Problem begreift. Hier wird das dahinter stehende tayloristische Grundmodell der Gesellschaft sichtbar; die Gesellschaft als reibungslos laufende Maschine, in der keine Konflikte auftreten. Der "gesellschaftliche Gesamtarbeiter" ist in den Worten von Sohn-Rethel zu einer "mathematisch berechenbaren Struktur geworden" (S. 160) – ein Verständnis der Gesellschaft, das auch von der Ingenieursbewegung getragen worden war.

Auffallend ist auch, dass Sohn-Rethel das Koordinationsproblem auf ein Ausführungsproblem eines zuvor beschlossenen Planes reduziert (161). Wenn man bedenkt, dass in den Wirtschafts- und Sozialwissenschaften das Problem, die Systemebenen zu koordinieren, theoretisch noch nicht befriedigend geklärt werden konnte, so erscheint die Auffassung von Sohn-Rethel als eine grobe Vereinfachung, die oberen Systemebenen als eine technische Zusammenfassung kleinerer Zeitanteile unterer Systemebenen zu begreifen. Sohn-Rethel als ein Theoretiker der 1920er Jahre – in dieser Formel lässt sich die Kritik an seiner Position zusammenfassen. Diese Sicht wird von den Ausführungen über die Betriebsökonomie in Kapitel 3 unterstützt werden.

6 Kritik des Rationalisierungsbegriffs in den 1920er Jahren

Als ein besonderes konzeptionelles Problem stellt sich der Rationalisierungsbegriff heraus, ohne dass dieser Punkt in den Darstellungen über die 1920er Jahre bisher ausreichend beachtet worden wäre. Zweifellos war der Rationalisierungsbegriff in der öffentlichen Debatte der 1920er Jahre zentral. Er betraf nicht alleine den Sektor der industriellen Produktion und die Wirtschaftspolitik, sondern strahlte auf das ganze gesellschaftliche Leben aus und führte bisweilen zu grotesk anmutenden Übersteigerungen, die daran abzulesen sind, dass das Rationalisierungspostulat auch auf die individuelle Lebensführung bezogen worden ist. Eine der führenden Gestalten der deutschen Rationalisierungsbewegung, Otto Kienzle, hatte dieses Postulat vertreten (Kienzle 1928). In den Strömungen der Kunst wird der Rationalisierungsgedanke vom Funktionalismus getragen. Im politischen System finden antidemokratische Entwürfe Resonanz, die auf Effizienzsteigerung des gesellschaftlichen Prozesses setzen. Die italienischen Faschisten können mit Mussolinis Parole von der "Produktivität" die gesellschaftliche Schicht der Technischen Intelligenz anziehen. Dieser Einfluss des Effizienzdenkens auf die politischen Ideen ist von Maier (1970) untersucht worden. In den USA gehen von einer Bewegung, die sich den bezeichnenden Namen Technocrats gegeben hat, Angriffe auf das als irrational empfundene Marktsystem aus (Klein 1973, Elsner 1957). In die gleiche Richtung zielt Veblen (1921) mit seinem Buch "Der Ingenieur und das Preissystem", das eine beträchtliche Resonanz fand. Die Übersteigerung des Rationalisierungsgedankens war jedoch zumindestens in Deutschland nicht einhellig, wo die konservative Kulturkritik Gegenpositionen bezog, wie Bönig (1980, S. 393f) anmerkt.

Da sich mit diesen Hinweisen der Rationalisierungsbegriff als ein gängiges Deutungsmuster für eine Vielzahl unterschiedlicher gesellschaftlicher Entwicklungsprozesse herausstellt, erscheint es fraglich, ob dieser Begriff ohne weitere Klärung für eine Analyse von Taylorismus und Massenproduktion geeignet ist. Die hier sichtbar werdende mangelnde Präzision des Rationalisierungsbegriffs ist bisher in den Darstellungen über die 1920er Jahre kaum beachtet worden. Eine Kritik des Rationalisierungsbegriffs ist zwar nicht grundsätzlich neu – so hat etwa Pentzlin bereits im Jahre

1969 diesen Begriff als unwissenschaftlichen Sammelbegriff charakterisiert (Spalte 1393) – diese Kritik hat sich allerdings in der Diskussion nicht durchsetzen können.

Ein möglicher Zugang, den Rationalisierungsbegriff zu präzisieren, besteht darin, die von ihm angesprochenen Inhalte zu trennen. Ein derartiger Versuch soll hier vorgestellt werden. Dieser Versuch wird auf die betriebliche Ebene beschränkt und spart einen Bezug zur Makroebene und insbesondere zu Max Webers kultursoziologischem Begriff der Rationalisierung der Gesellschaft aus.

Geht man davon aus, dass mit dem Rationalisierungsbegriff vier Aspekte angesprochen sind, nämlich unternehmerische Motive, welche den Rationalisierungsprozess auslösen, und unternehmerische Ziele, die mit der Rationalisierung verfolgt werden, unternehmerische Methoden der Rationalisierung und schließlich die sich einstellenden Effekte der Rationalisierung, so erkennt man an der Debatte, dass in ihr alle Gesichtspunkte durcheinandergehen. Aus der Aufgliederung des Rationalisierungsbegriffs in Motive, Ziele, Methoden und Effekte lassen sich Unterschiede des Verwendungskontextes in der Rationalisierungsdebatte ablesen. In der aktuellen gewerkschaftlichen Diskussion stehen die Effekte der Rationalisierung im Vordergrund. Rationalisierung wird als "Vernichtung von Arbeit" gesehen: Reduktion der verfügbaren Arbeitsplätze oder Minderung der Qualität der Arbeit. Hingegen werden von den Vertretern der Unternehmen eher die Ziele der Rationalisierung betont, die stets auf die kaum falsifizierbare abstrakte Formel der Sicherung des Überlebens des Unternehmens am Markt hinauslaufen. Vertreter der Organisationswissenschaften verstehen unter Rationalisierung insbesondere deren Methoden, während die Innovationsforschung die Motive der Rationalisierung untersucht.

Problematisch wird der Begriff von Rationalisierung bereits bei der Einschränkung auf die Ziele, die in unterschiedliche und divergierende Elemente zerfallen, so dass die Verfolgung des einen Ziels eine Entfernung von einem anderen bedeuten kann Obgleich die Betriebswirtschaftslehre diese Zielkonkurrenz herausgearbeitet hat (Vahrenkamp 2008, S. 196) ist dieser Punkt in der Rationalisierungsdebatte nicht ausreichend beachtet worden. Vielmehr liegt ihr häufig die Annahme eines widerspruchsfreien Prozesses zugrunde. Demgegenüber ist aber zu berücksichtigen, dass selbst bei verhältnismäßig leicht quantifizierbaren Zielen, wie Senkung der Kosten (Stückkosten, Gemeinkosten usw.), Erhöhung des Gewinns sowie Erhöhung der Rentabilität Konflikte auftreten können. Eine Senkung der Stückkosten ist nämlich nicht selten mit einer Steigerung der Fixkosten begleitet und hat damit möglicherweise eine Senkung der Kapitalrentabilität zur Folge. Dieser Anstieg des Fixkostensockels ist in den 1920er Jahren von Schmalenbach (1928) zur Diskussion gestellt worden, und auch eine spätere empirische Untersuchung deutet auf dieses Fixkostenproblem hin (Ifo 1970, S. 120).

Wenn man ein anderes Bündel von Rationalisierungszielen betrachtet, die man als qualitative, operative Ziele oder auch Ziele der Betriebsökonomie bezeichnen kann, so lassen sich Konflikte mit den quantitativen Zielen der Rationalisierung ausmachen. Zu den betriebsökonomischen Zielsetzungen lassen sich die Punkte Geschwindigkeit und Flexibilität der Produktion und Qualität der Produkte gruppieren, und eine Durchsetzung einer dieser Zielsetzungen kann gleichwohl einen oder gar alle quantitativen Indikatoren des Unternehmenserfolges verschlechtern.

Die aufgeführte Breite des Rationalisierungsbegriffs zeigt sich ebenfalls, wenn man sich den Methoden der Rationalisierung zuwendet. Man unterscheidet gemeinhin zwei Formen der Rationalisierung: Die Technisierung, die den Einsatz technischer Mittel zur Erreichung der oben angeführten Ziele der Rationalisierung verfolgt, und zweitens die Organisierung, die gemeinhin die Formen der Arbeitsteilung als Abspaltung minder qualifizierter und minder bezahlter Teilarbeiten und der Arbeitsintensivierung durch Leistungsvorgaben und Leistungskontrollen annimmt. Eine besondere Form der Arbeitsintensivierung liegt dann vor, wenn sie nicht von technisch-organisatorischen Mitteln unterstützt wird, die andererseits arbeitsentlastend wirken. Dann kann eine Steigerung der Produktion nur durch eine Erhöhung der Arbeitsverausgabung erzielt werden. Kern nennt diese Form der Rationalisierung die "barbarische" Form (1978, S. 413). Man kann annehmen, dass diese barbarische Form der Rationalisierung nur zeitweilig in Momenten der Schwäche der Arbeiterbewegung oder ungünstigen Arbeitsmarktentwicklungen durchsetzbar ist, wie sie in den 1920er Jahre generell gegeben war (vgl. Schöck 1977).

Über den engen betrieblichen Rahmen hinaus weist eine Methode der Rationalisierung, die mit dem Konzept der Technisierung und Organisierung nicht mehr hinreichend gefasst werden kann. Es handelt sich dabei um Prozesse der Kapitalkonzentration, welche auf Zusammenlegung und Stilllegung von Betrieben sowie eine Konzentration im angebotenen Produktspektrum abzielen. Vor allem in der angelsächsischen Literatur der 1920er Jahre wurden unter dem Begriff der Rationalisierung hauptsächlich Prozesse der Kapitalkonzentration verstanden (MacGregor 1927, Gregory 1930). In der deutschen Diskussion wurden diese Prozesse als volkswirtschaftliche Rationalisierung begriffen. Im Vergleich zu den eher innovatorisch angelegten Konzepten der Technisierung und der Organisierung als Methode der Rationalisierung verhält sich die Methode der Kapitalkonzentration zu diesen Methoden eher kontingent und trägt daher einen für die ökonomische Krise typischen konservativen Zug (vergl. Reckendrees 2000, S. 374-388). Von Maier (1974 a) wird auf den technologisch defensiven Charakter der Kartellierung – eine besondere Form der Rationalisierung um die Jahrhundertwende und in den 1920er Jahren – hingewiesen und darauf aufmerksam gemacht, dass diese Prozesse vor allem in den grundstofforientierten Industrien vor sich gingen. Diese Industrien befanden sich auf Grund ihrer geringen Produktdifferenzierung in einem engen Weltmarktverbund und sahen sich einer schwach expandierenden Nachfrage gegenüber. Angesichts dieser globalen Strukturprobleme erschien der Übergang zum "organisierten Kapitalismus" beinahe zwangsläufig. In Deutschland markiert die Gründung des Rheinisch-Westphälischen Kohlensyndikats im Jahre 1893 den Beginn dieses Prozesses (Muthesius 1943).

Bei der Analyse der Rationalisierungsziele könnte die Innovationstheorie hilfreich sein, welche das unternehmerische Handeln mit spezifischen betrieblichen und gesellschaftlichen Problemsituationen in Zusammenhang bringt. Ohne hier auf die Innovationstheorie näher eingehen zu wollen, so soll doch eines angemerkt werden. Das innovatorische Handeln eines klassischen Schumpeterschen Unternehmers, der Investitionen mit dem Ziel der Expansion der Produktion und der Schaffung neuer Märkte vornimmt – Beispiel Ford – ist ganz etwas anderes, als die Kartellierung und Vertrustung eines ganzen Industriezweiges, welches ein reaktives Handeln zur Bewahrung des Status quo darstellt. Beide Formen des Handelns über den Rationalisierungsbegriff identifizieren zu wollen, scheint kaum sinnvoll zu sein. Die Rationalisierungsziele und Rationalisierungsmotive in den 1920er Jahren weisen ein großes Spektrum auf und lassen sich daher nicht auf eine kurze Formel bringen. So ist etwa für Deutschland der durch den Versailles Vertrag gestaltete außenpolitische Rahmen in vielen Punkten von unmittelbarem Einfluss auf das Innovationsgeschehen. Dieser Umstand lässt sich an der Rationalisierung der Eisenbahn deutlich machen (Brady 1933, S. 252 - 259, Schalldach 1930, S. 138 - 152, Dorpmüller 1928, S. 260 – 294, Peters 1996):

Die Bahn stand insofern unter einem besonders starken Rationalisierungsdruck, als sie nach den Bestimmungen des Dawes-Plans jährlich über 600 Mio. Reichsmark zu erwirtschaften hatte. Eine ganze Reihe von organisatorischen und technischen Maßnahmen trug dazu bei, dieses Ziel zu erreichen. Zunächst wurden die Bahnen in das Eigentum des Staates überführt und in einer Organisation in privater Rechtsform zusammengefasst und im Jahre 1924 aufgrund des Londoner Abkommens aus der Verwaltung des Reichs ausgegliedert ("Reichsbahn-Aktien-Gesellschaft"). Damit wurde die Reichsbahn zum größten Unternehmen ganz Europa. Im weiten Netz der bahneigenen Produktions- und Werkstättenbetriebe griff die Rationalisierung in Form von Stilllegungen und Durchorganisation. Mit tayloristischen Verfahren der Zeitnahme wurde eine besonders intensive Kontrolle der Arbeit ausgeübt. Zum Teil wurden die Zeitvorgaben zentral von Berlin aus für die ganze Republik festgelegt. Die Reichsbahn bietet eines der wenigen dokumentierten Beispiele dafür, wie die Taylorsche Idee der Unterweisungszettel, auch tatsächlich angewandt worden ist. Die Leistungssteigerung der Werkstätten wird daran erkennbar, dass die durchschnittliche Dauer für eine Lokomotivenreparatur von 110 Tagen auf 26 Tagen gesenkt werden konnte (Peters 1996). Von den technischen Maßnahmen ist die Automatisierung der Bremsen zu nennen, die zu einer Einsparung von 1/3 des Zugbegleitpersonals führte. Das Personal der Bahn wurde um die beträchtliche Zahl von 300.000 Personen abgebaut und erreichte im Jahre 1928 wieder den Vorkriegsstand von 700.000 bei gleichzeitiger Arbeitszeitverkürzung und Leistungssteigerung der Bahn um 20 - 30 %.

Angesichts dessen hier aufgewiesener mangelnder Präzision erscheint der Rationalisierungsbegriff schwerlich als ein geeigneter Ausgangspunkt der Analyse des strukturellen Wandels der Kapitalakkumulation und der sie begleitenden sozialen Prozesse und Formen zu sein – ein Ausgangspunkt, den viele zeitgenössische und nachträgliche Interpretationen wählen. Stollberg (1980) unterscheidet positive und negative Konsequenzen der Rationalisierung für die Arbeiterschaft. Bauer (1931) identifiziert den Rationalisierungsbegriff global mit dem der Kapitalakkumulation und spricht demnach von Rationalisierungskonjunktur und darauf folgenden Rationalisierungskrisen (S. 188). Als „Fehlrationalisierung“ bezeichnet er eine privatwirtschaftliche Investition, deren soziale Kosten den resultierenden privaten Gewinn übersteigen. Hier erhält der Rationalisierungsbegriff sogar noch eine wohlfahrtstheoretische Interpretation.

Ebenso problematisch wie der Rationalisierungsbegriff scheint auch der Versuch zu sein, die Auswirkungen der Rationalisierung in Deutschland in den 1920er Jahren aufzeigen zu wollen. Die Nachwirkungen des ersten Weltkrieges haben in vielfältiger Weise die "normale" wirtschaftliche Entwicklung gestört, so dass es schwierig wäre, diese Störungen von den Rationalisierungsfolgen trennen zu wollen. Am Beispiel der USA ließe sich wahrscheinlich eindeutiger dieser Versuch unternehmen. Die folgenden Störfaktoren lassen sich identifizieren. Zu erinnern sind an die aus dem Versailler Vertrag resultierenden Reparationsforderungen der Alliierten, die zu einem Entzug dringend benötigter Grundstoffe und Devisen aus der deutschen Volkswirtschaft geführt haben. Große Teile der Kohlengruben gingen Deutschland verloren. Die politische Unsicherheit im Rhein-Ruhr-Distrikt infolge der Anwesenheit von alliierten Truppen induzierte eine partielle Verlagerung von Industriekapazitäten nach Mitteldeutschland. Die wirtschaftliche Lage wurde weiter dadurch verschlechtert, dass deutsche Regierungen mit den Mitteln einer Wirtschaftspolitik der Austerity das Ziel verfolgten, die Alliierten von der Sinnlosigkeit ihrer Reparationsforderungen zu überzeugen. Die hieraus und den direkten Kriegsfolgen resultierende Verarmung breiter Volksschichten veranlasste viele Frauen, in den Arbeitsmarkt einzutreten und trug dort zur Erhöhung des Arbeitskraftangebotes bei (Schöck 1977), so dass bereits dadurch etwa der Indikator der Arbeitslosigkeit nur bedingt Rationalisierungsfolgen anzuzeigen vermag.

7 Elektrifizierung und Massenproduktion

An der Debatte über Mechanisierung und Taylorisierung fällt auf, dass bei dem Versuch, objektive Faktoren für die Veränderung der Industriearbeit zu bestimmen, die Rolle der Produktivkraft Elektrizität wenig Beachtung gefunden hat, obgleich sich am Prozess der Elektrifizierung einige bedeutsame Punkte ausmachen lassen. Hinzuweisen ist etwa auf eine Veränderung industrieller Standorte, die sich von den Orten der Kohlegewinnung emanzipieren können und über Fernleitungen die Energie zugeführt bekommen. Diese Differenzierung industrieller Standorte – worauf Bauer (1931) aufmerksam macht und die auch zu einer verstärkten Industrialisierung Mitteldeutschlands geführt hat – zieht eine Differenzierung des Proletariats nach sich: Im Kohle- und Stahlrevier der Ruhr eine Konzentration eines sozial entwurzelten Proletariats einerseits und eine weite Verteilung einer in ländlichen und lokalen Traditionen verankerten proletarischen Schicht von Arbeitern und Bauern andererseits. Die zweite Wirkung der Elektrizität ist auf dem Prozess der Kapitalkonzentration zu beziehen. Von manchen Autoren eher beiläufig erwähnt als systematisch studiert wird die These vorgetragen, der Elektromotor sei für die Bedürfnisse der kleinen Unternehmen eine adäquate Antriebsform und habe auf diese Weise den als unaufhaltsam erscheinenden Prozess der Kapitalkonzentration abgebremst zugunsten einer Differenzierung der Betriebs- und Unternehmensgrößenklassen (Salin 1960). Falls diese These zutrifft, zeigt sie, dass der gesellschaftliche Entwicklungsprozess nicht eindimensional auf Großbetriebe hin verlaufen ist, wie es in den 1920er Jahren eine weitverbreitete Ansicht gewesen war.

Drittens sind von der Elektrifizierung Konsequenzen für die betriebliche Organisation der Arbeit zu erwarten. Nicht allein, dass der Materialtransport auf elektrischem Wege einfacher zu mechanisieren ist als bei einer zentralen Dampfkraft. Auch der Übergang zu Fließfertigung, welche die Anordnung der Arbeitsmaschinen von der Folge der Bearbeitungsschritte abhängig macht anstatt von völlig anderen Prinzipien der mechanischen Zuführung von Antriebsenergie aus einer zentralen Quelle, könnte, so soll hier gefragt werden, von der Elektrifizierung begünstigt worden seien. Allerdings könnte auch die These richtig sein, dass Fließfertigung und Elektrifizierung zwei

Entwicklungen sind, die voneinander unabhängig sind und lediglich den Zeitraum ihres Auftretens gemeinsam haben. Die Abbildung der Zündermontage bei Bosch im Jahre 1925, die Bosch und Durst (1925) über die Einrichtung von Fließfertigung geben, zeigt jedenfalls das System der zentralen mechanischen Kraftzuführung an, die aber auch von einem elektrischen Gruppenantrieb stammen könnte. Von Spur (1979, S. 141) wird nämlich der Hinweis gegeben, dass vor der Stufe der elektrischen Einzelantriebe der elektrische Gruppenantrieb stand.

Die hier angesprochenen besonderen betriebswirtschaftlichen Vorteile des elektrischen Antriebs werden von Du Boff (1967) dargestellt und damit die Ausbreitung dieser Technologie in den USA erklärt. Dabei stützt er sich auf eine Interpretation der Industriestatistik über Motorenantriebe, kann aber wegen dieser beschränkten empirischen Datengrundlage keine eigentlich überzeugenden Belege für die betriebswirtschaftliche Überlegenheit der Elektrizität beibringen. Nelson (1975, S. 21 - 24) diskutiert ausführlicher die besonderen betriebswirtschaftlichen Vorzüge der Elektrizität und bringt deren Anwendung in einen Zusammenhang mit den neu entstehenden Großunternehmen. Er weist ferner darauf hin (S. 187), dass Taylor die Bedeutung des elektrischen Einzelantriebs nicht erkannt hat.

Bisher ist auch noch nicht die Frage ausreichend untersucht worden, ob der elektrische Antrieb für die notwendige Stetigkeit des Maschinenbetriebs gesorgt hat, ohne welche eine Messung der einzelnen Operationszeiten – der methodische Ausgangspunkt der Arbeitswissenschaften – wohl schwer vorstellbar wäre. Zumindest weisen die Ausführungen von Frey (1919) – eines Mitarbeiters der Hoxie-Studie (Hoxie 1918) – auf die enormen Probleme hin, überhaupt reproduzierbare Werte für einzelne Zeitmessungen zu erhalten. Auch diese Probleme der methodischen Grundlegung der Arbeitswissenschaften sind bisher weitgehend unerforscht geblieben. Taylor selbst war sich zwar bewusst, dass die Zeitmessung der methodisch schwächste Punkt seiner Konzeption war, worauf Nelson (1975, S. 58) aufmerksam macht. Dieser Punkt ist insofern besonders überraschend und von besonderer Ironie, als doch die Stoppuhr nach der Einschätzung von Nelson (S. 59) der einzige originelle Beitrag Taylors zu der damaligen breiten Strömung des "Systematic Management" gewesen war, aber schließlich doch nicht den mit ihr verbundenen Anspruch der strengen Wissenschaftlichkeit einlösen konnte.

Gielow (1975, S. 12) erblickt in der Stetigkeit des elektrischen Antriebs eine Voraussetzung für die Massenproduktion und sieht dadurch auch Bedingungen für arbeitswissenschaftliche Optimierung als gegeben an. In den hier angedeuteten drei Dimensionen – der Standorte, der Betriebsgrößenklassen und der Arbeitsorganisation – lassen sich, auch jenseits des Elektrifizierungsprozesses, bereits in den 1920er Jahren Ansätze zu einer Differenzierung der sozialen Ausgestaltung industrieller Arbeit sichtbar machen, welche in der Differenzierungsthese von Kern und Schumann (1970, S. 23 ff) kulminieren. Demnach hat in den 1920er Jahren die Intensivierung der Industrialisierung nicht eine entsprechende Vereinheitlichung der Arbeiterklasse zur Folge gehabt. Und sofern Faktoren darauf hingewirkt haben, diese Einheit zu befördern, haben die neuen Konzepte der Betriebsorganisation diese Einheit für das Individuum weniger erfahrbar werden lassen. Das Individuum wurde zunehmend in der Arbeit isoliert und im Betrieb marginalisiert. Die Verantwortlichkeit wurde den Arbeitern entzogen und auf eine formalisierte Verwaltungsorganisation übertragen. Littler (1978) charakterisiert diese Veränderungen als eine Management-Strategie, den Kontakt des Individuums mit dem Betrieb zu minimieren. Damit entfielen Interessiertheit an dem Betriebsgeschehen und dessen erlebbares Verständnis. Mit dieser betrieblichen Strategie der Technisierung und Organisierung der Arbeit von "oben" wurden direkte Zusammenarbeit der Individuen in Gruppen und Kollektiven stark reduziert und deren Arbeit eher auf die Maschinen gerichtet. Bahrdt charakterisiert diese Arbeitssituation am Gegenstand der Bürosäle als einen Prozess der "sozialen Entstrukturierung" (1972, S. 52 f). Zu fragen wäre nun, ob das Aufweichen gemeinsamer Erfahrungen in der Arbeit Konsequenzen hat für das kollektive Handeln und die Einheit der Arbeiterklasse. Zieht die Differenzierung der Arbeiterklasse auch einen Verlust an Einheitlichkeit in Bewusstsein und Aktionen nach sich?

8 Strukturierung der Taylorismusdiskussion

Taylorisierung und Mechanisierung der Arbeit sind zentrale Begriffe, mit denen die Auswirkungen des technischen Fortschritts auf die Industriearbeit vielfach analysiert werden. Mit dem Aufkommen der EDV und ihrer Anwendung im Bereich geistiger Arbeit wird häufig in Analogsetzung zur Industriearbeit gleichfalls auf die beiden Begriffe Taylorisierung und Mechanisierung Bezug genommen, um die Organisationsprinzipien geistiger Arbeit zu analysieren. So sprechen Hermann und Teschner (1979) von der Taylorisierung geistiger Arbeit angesichts der zunehmenden Investitionen an fixem Kapital im Bereich von industrieller Forschung und Entwicklung. Der Debatte um den Taylorismus sind vor allem von Sohn Rethel (1970) Anstöße gegeben worden, der allerdings über den betrieblichen Rahmen hinausgeht und dem Taylorismus eine gesellschaftstheoretische Interpretation gibt. Ebenso stellt Mendner (1975) mit dem Begriff der reellen Subsumtion sein Taylorismuskonzept in einen gesellschaftstheoretischen Rahmen. Taylorisierung in Verbindung mit einer Theorie der Betriebsökonomie dient der Autorengruppe Brandt u. a. (1978) vom Institut für Sozialforschung der Johann-Wolfgang-Goethe Universität Frankfurt als theoretischer Ausgangspunkt ihrer industriesoziologischen Computer-Studie. Man kann also die durchaus berechtigte These aufstellen, das Thema Taylorismus habe in den vergangenen 10 Jahren immer mehr Bedeutung erlangt.

In diesem Kapitel soll die sich abzeichnende Diskussion um den Taylorismus in verschiedener Hinsicht geordnet werden. Die gesellschaftstheoretische Dimension der Diskussion wird hier ausgespart, da sie bereits in Kapitel 1 behandelt worden ist. Da dieser Versuch, die Diskussion zu ordnen, neu ist und sich daher auf keine Vorarbeiten stützen kann, erscheint zunächst die Vorgehensweise legitim, nacheinander verschiedene Aspekte der Diskussion aufzugreifen. Dieses geschieht, indem als Ausgangspunkt der Versuch unternommen wird, das orthodoxe Modell des Taylorismus nach Taylors eigenem Verständnis zu rekonstruieren, das aber sicherlich angesichts der Breite des Verständnisses des Terms "Taylorismus" kontrovers bleiben wird, das aber methodisch die Vorteile bietet, auf Taylors eigene Texte zurückgreifen zu können und dadurch eine Basis für die Entwicklung weiterer Interpretationen zu schaffen. Auch wird mit diesem Vorgehen vermieden, zu einer relativ willkürlichen Zusammenstellung zu gelangen, die in die Diskussion bloß Verwirrung hineintrüge, wie es etwa bei Litt]er (1978) geschehen ist, der sein Taylorismusmodell durch Rückgriff auf einen amerikanischen Survey über Job design konstruiert hat.

Das orthodoxe Modell des Taylorismus dient als Ausgangspunkt für die Ordnung und Fortführung der Taylorismusdiskussion. Zunächst geht es um eine kritische Würdigung des orthodoxen Taylorismus und dessen ideologischen Inhalte. Dann werden Widerstände betrachtet, die einer raschen Ausbreitung des orthodoxen Taylorismus entgegenstehen eine Betrachtungsweise, welche die besonderen Schwächen des orthodoxen Taylorismus freilegt. In einem weiteren Schritt werden Taylorismus und Mechanisierung als unterschiedliche Strategien betrieblicher Rationalisierung miteinander verglichen. Dieser Vergleich ist insofern naheliegend, als die 1920er Jahre als eine Zeit der Durchsetzung der Mechanisierungsstrategie in der Sichtweise von Maier (1970) als Durchsetzung des Fordismus zu charakterisieren ist und als mit dieser Mechanisierungsstrategie zugleich eine Abkehr vom orthodoxen Taylorismus einherging. Das historische Material bietet daher die Möglichkeit, diesen Strategievergleich vorzunehmen. Die folgenden Themen dieses Kapitels wenden sich der Diskussion der Mechanisierungsstrategie in der Literatur zu und geben eine Übersicht zur heutigen Bedeutung des Taylorismus, der nach der Auflösung des geschlossenen Modells des orthodoxen Taylorismus nur noch in einzelnen Elementen vorliegt. Diese Elemente werden abschließend in fünf Varianten des Taylorismus-Verständnisses geordnet, die sich auf die Bedeutung stützen, die in der vorliegenden Literatur dem Term "Taylorismus" beigegeben werden.

8.1 Das Modell des orthodoxen Taylorismus

Es war der sozio-ökonomische Kontext einer rapiden Industrialisierungsphase, in dem Taylor zu Ende des 19. Jahrhunderts ein Konzept entwickelte, die aus dem Gleichgewicht geratene Organisation der industriellen Betriebe wieder herzustellen. Dabei war eines seiner vorrangigen Ziele, die Arbeitsproduktivität zu steigern. Ausgehend von der positivistischen Annahme, dass das Arbeitshandeln der Individuen quasi naturgesetzlich von festen Regeln bestimmt werde, die mit wissenschaftlich-experimentellen Methoden zu ergründen seien, zielte Taylor auf eine Intensivierung individueller Arbeitsleistung ab. Über diese individuelle Ebene hinausgehend beinhaltete Taylors Konzept der "wissenschaftlichen Betriebsführung" zugleich eine Systematisierung und Strukturierung der betrieblichen Abläufe und deren Organisation und Steuerung.

Versucht man die Elemente des Taylorismus zu identifizieren, wie sie Taylor selbst vor allem in seinen Schriften (1913) und (1914) propagiert hat, so lassen sich diese Elemente nach den folgenden sechs Gesichtspunkten analytisch ordnen:

1. Ein differenziertes System der Kostenerfassung der einzelnen betrieblichen Abläufe. Bei Taylor (1914) kommt dies in seiner Forderung nach einer Materialbuchhaltung und nach monatlichen Kostenberechnungen zum Ausdruck (§ 130, § 132).

2. Vorgängige Kenntnis des Managements vom Produktionsprozess, die durch die Methode der Beobachtung und Analyse der Arbeitsvorgänge erworben wird. So schreibt Taylor (1913, S. 125): "Man studiere die genaue Reihenfolge der grundlegenden Operationen, welche jeder einzelne dieser Leute immer wieder ausführt, wenn er die fragliche Arbeit verrichtet". Eines der wesentlichen Instrumente zur Erfassung der Arbeit ist die Messung der erforderlichen Zeit: "Man messe mit der Stoppuhr die Zeit, welche zu jeder dieser Einzeloperationen nötig ist" (S. 126).

3. Rationale Rekonstruktion des Produktionsprozesses durch das Management mit Hilfe von Planungsprozessen, die sich vor allem nach dem Kriterium der technischen Effizienz zu richten haben. Die Planungsinstanz im Unternehmen soll das von Taylor geforderte Arbeitsbüro sein (1914, S. 53).

4. Optimale Vorbereitung des rekonstruierten Produktionsprozesses, die durch eine rationale Anordnung der einzelnen Operationen und deren Integration in den Gesamtprozess durch Bereitstellung von abgestimmtem Material, Arbeitsmittel und Maschinen sichergestellt werden soll. Die Qualifizierung "optimal" bezieht sich bei Taylor im Wesentlichen auf Kriterien der technischen Effizienz. Taylor fordert, alle

Arbeitsgeräte einem systematischen Studium zu unterwerfen (1913, S. 126). Ein besonderer Funktionsmeister, Taylor nennt ihn Arbeitsverteiler, überwacht die Reihenfolge und die Integration der einzelnen Prozesse (S. 133).

5. Anpassung der Arbeitskräfte an den Gesamtprozess mit den Methoden der Auslese der besten Arbeiter, deren Unterweisung und Kontrolle durch Funktionsmeister und durch Schaffung eines Lohnanreizes durch Prämien mit überdurchschnittlicher Höhe, wodurch eine Abgabe der Arbeitsleistung gemäß der Planung des Managements sichergestellt werden soll.

6. Funktionale Arbeitsteilung des Managements (Funktionsmeister).

Allerdings reicht es nicht aus, den Taylorismus durch die Aufzählung dieser sechs Elemente charakterisieren zu wollen. Vielmehr hat Taylor diese Elemente zu einem System zusammengefasst mit dem Ziel, den Klassenkonflikt in den industriellen Arbeitsbeziehungen abzubauen und die Produktivität zu steigern. Voraussetzung für die Funktionsfähigkeit des gesamten Ablaufes war demnach die Akzeptanz einer sozialpartnerschaftlichen Ideologie auf Seiten des Managements und der Arbeiter, einer Ideologie, die nach Taylors Ansicht nur durch eine geistige Revolution herbeigeführt werden kann (1912, S. 313), welche den überkommenen Klassenkonflikt überwinden sollte. Die Grundeinstellung einer sozialpartnerschaftlichen Ideologie sollte allen Beteiligten die genaue Einhaltung der wissenschaftlich fundierten Vorschriften und ein reibungsloses Zusammenwirken der in fest umgrenzten Rollen und Funktionen geteilten Arbeit möglich machen. Mit dieser Verbindung von wissenschaftlicher Analyse, funktionaler Arbeitsteilung auch auf Seiten des Managements und ideologischer Formierung hat Taylor ein Modell der systemhaften Integration von Management und Arbeitern geschaffen. Dieses Modell kann als orthodoxer Taylorismus bezeichnet werden.

An dem hier vorgestellten Modell des Taylorismus lässt sich nun die recht breite Diskussion um den Term "Taylorismus" verfolgen. Einmal geht es dabei um die Einschätzung des Modells selber, dessen ideologischen Implikationen, dessen gesellschaftlicher Herkunft und dessen spezifischen Beschränkungen. Zum zweiten kann man die Akzeptanz des Modells in der industriellen Wirklichkeit überprüfen. Drittens soll das Modell des Taylorismus verglichen werden mit dem Modell der Mechanisierung. Viertens soll die heutige Bedeutung des Taylorismus dargestellt werden. Die derzeitige Debatte um den Taylorismus kann dann im fünften Punkt analysiert werden, in dem fünf verschiedene Modelle des heutigen Verständnisses präsentiert werden, um daran die Debatte zu ordnen.

8.2 Einschätzung des Modells des orthodoxen Taylorismus

Bei dem Versuch, das Modell des orthodoxen Taylorismus einzuschätzen, sollen die folgenden Punkte angesprochen werden, ohne dass dabei die historischen Entstehungsbedingungen des Taylorismus genau analysiert werden sollen (vgl. hierzu Vahrenkamp 1977). Der erste Punkt, der zu einer Einschätzung des Modells beiträgt, ist der ideologische Gehalt des Taylorismus. Darauf haben besonders die Autoren Moutet (1975), Maier (1970), Kocka (1969), Burchardt (1977) und Layton (1971) aufmerksam gemacht, indem sie den Taylorismus als eine Extension ingenieurswissenschaftlicher Methoden auf Fragen der Fabrikorganisation interpretieren. Damit erscheint der Taylorismus als eine Professionalisierungsstrategie der Ingenieure, die unter dem Anspruch des Expertentums und der wissenschaftlichen Schlichtung von Klassenkonflikten Einfluss in den Unternehmen zu erlangen suchten. Für diese These spricht, dass der Taylorismus von Ingenieuren entwickelt und vertreten worden ist. Taylor war Ingenieur. Der Taylorismus wurde zur Domäne der Ingenieure. Es waren Betriebsingenieure, welche den Refa gründeten. Für die These spricht auch das auffallende Sendungsbewusstsein der Refabewegung – ein Zeichen starker ideologischer Orientierung. Man versuchte, die Zeitstudientechniken auch in fernliegende Bereiche auszudehnen, wie Büro, Bergbau und Hüttenbetriebe. Von Kocka (1969, S. 368-372) wird diese Professionalisierungsinterpretation gestützt. Er weist auf die Bestrebungen der Ingenieure in Deutschland um die Jahrhundertwende hin, eine breitere gesellschaftliche Anerkennung und vermehrten Einfluss zu erlangen. Auf überbetrieblicher Ebene dokumentierte sich dieser Anspruch im neuerworbenen Promotionsrecht der Technischen Hochschulen und in der Forderung nach Zugang für Ingenieure zum höheren Staatsdienst. Im Betrieb wurden die Fragen der Wirtschaftlichkeit und der Organisation neue Arbeitsfelder von Ingenieuren, die sich bis dahin auf technische Fragen allein beschränkt hatten. Der Verein Deutscher Ingenieure begann, sich privatwirtschaftlichen und organisatorischen Problemen zuzuwenden, und gab seit dem Jahre 1908 die Monatsschrift "Wirtschaft und Technik" heraus (Kocka, 1969, S. 347-369). Von Mattschoss (1930) wird in seinem Übersichtsartikel das Produktionsmanagement als neu entstandenes, professionelles Feld der Ingenieure ausgewiesen – eine Sichtweise, die auch Noble (1977, S. 310-318) teilt.

Die entstehende ingenieurswissenschaftliche Organisationslehre basierte auf einer funktionalen, technischen Systemvorstellung vom Unternehmen und vom Staat – beide wurden mit einer Maschine verglichen – die auf die Erzielung von hoher Effizienz auszurichten sei. Betriebliche und gesellschaftliche Konflikte nahmen in dieser Vorstellung nur noch den Rang von Fehlern und Störungen ein, dies es auszuschalten gilt. Diese Sichtweise tritt sehr deutlich hervor in der in den 1920er Jahren auch in deutscher Ausgabe erschienenen Schrift der amerikanischen Ingenieursverbände über Verlustquellen in der Industrie (Hoover 1922). In diesem als irrational empfundenen gesellschaftlichen Konfliktfeld seien – so lautet die Schlussfolgerung aus diesen Vorstellungen – die Ingenieure die geeigneten Mittler, die Kraft ihrer Sachkunde diese Konflikte "richtig" zu lösen wissen. Kocka (1969) bringt das Entstehen dieser Vorstellungen mit objektiven Änderungen der Führungsprinzipien in den entstehenden Großunternehmen in Zusammenhang. Die persönliche Anordnung des Unternehmers und die auf Unterordnung und Gehorsam basierenden Regelungen werden zurückgedrängt zugunsten von durch Sachkompetenz abgegrenzten, fixierten Rollen im arbeitsteiligen Systemzusammenhang.

Von Burchardt (1977, S. 81-87) wird die von Kocka vorgetragene Professionalisierungs-Interpretation des Taylorismus fortgeführt. Nachdem die gesellschaftspolitischen Zielsetzungen einer Reform der Wirtschaftsverfassung, für die der Taylorismus eine geeignete Leitvorstellung abgegeben hatte, zu Beginn der Weimarer Republik letztlich gescheitert waren, trat stärker der betriebliche Bezug des Taylorismus in den Vordergrund. Im Jahre 1919 gründete der Verein Deutscher Ingenieure die "Arbeitsgemeinschaft deutscher Betriebsingenieure", welche die Themen Betriebswirtschaftslehre und insbesondere den Taylorismus zu ihrem Programm machte und damit auf Unternehmensebene den Ingenieuren neben der Technik neue Felder einer Professionalisierung zuführte. Ferner zeigt Lutz (1975, S. 169) an der deutschen Stahlindustrie der 1920er Jahre, wie junge Betriebswirtschaftler und Wirtschaftsingenieure ihre eigene oft noch schwache Stellung als Rationalisierungsexperten zu festigen suchten, indem sie Zeitstudientechniken in die Hütten eingeführt haben.

Diese Professionalisierungs-Interpretation des Taylorismus wird bestätigt, wenn man sich den spezifischen Beschränkungen des Modells zuwendet. Bereits frühzeitig ist von der Soziologie vorgebracht worden, dass Taylor sich zu einseitig auf die technischen Aspekte des Produktionsprozesses fixiert habe, ohne die sozialen Strukturen der Arbeit ausreichend zu berücksichtigen (vgl. Dahrendorf 1962, S. 38). Nelson (1975, S. 59) weist ebenfalls auf diese spezifischen Beschränkungen des Modells des Taylorismus hin.

Umstritten bleibt allerdings die Bedeutung dieser spezifischen Beschränkungen. Eine Position sieht in diesen Beschränkungen Hindernisse für eine konkrete Realisierung des Modells (Haber 1974, Vahrenkamp 1977, Burchardt 1977). Anstelle der konkreten Realisierung sieht die andere Position die Bedeutung des Taylorismus in den Prinzipien von Taylor, "Das moderne Management entstand auf der Grundlage dieser drei Prinzipien" – so fasst Braverman diese Position zusammen (1977, S. 99), bei der es weniger um die konkrete Ausformung der Prinzipien als um deren Kontinuität geht. Diese Auffassung wird außer von Braverman auch von Volpert (1977) und von Littler (1978) vertreten. Littler wendet sich insbesondere gegen eine „geistesgeschichtliche" Interpretation, die von der zeitlichen Abfolge der Management-Philosophien des Taylorismus, des Industrial Betterment, des Human Relations etc. ausgeht und darin eine Überwindung des Taylorismus erkennen will, dessen Ideologie gescheitert sei (186 f). Ja, Littler spitzt seine These sogar noch weiter zu. Zwar sei es richtig, dass der Taylorismus spezifische Beschränkungen aufweise. Aber diese Beschränkungen seien nicht ein Grund für dessen Scheitern sondern für dessen Erfolg.

Zur Einschätzung des Modells sind ferner dessen als weltfremd erscheinende Züge oder gar widersprüchliche Elemente anzuführen. Etwa das Element zwei des Modells, die exakte Kenntnis des Managements vom Produktionsprozess, erfordert langwierige Untersuchungen, die zu verwirklichen in der Praxis problematisch sein kann. Als eine weitere Folgerung ergibt sich, dass die genaue Kenntnis des Management vom Produktionsprozess einerseits und die sich daraus ergebende exakte Vorplanung der Arbeit andererseits eine qualifikatorische Enteignung der Arbeiter impliziert, die zu deren Widerstand gegen den Taylorismus führen und dadurch den Taylorschen Systemabschluss der Interessensharmonie in Fragen stellen muss.

Am dritten und vierten Element des Taylorismus ist die Betonung der technischen Effizienz auffallend, von der aus noch keine Beziehung zu der im ersten Element angesprochenen Kostenstruktur von Taylor hergestellt wird. Hier offenbart sich eine einseitige Fixierung Taylors auf die Technik, die von seinem ingenieurwissenschaftlichen Anspruch verständlich wird, die aber nicht widerspruchsfrei in der kapitalistischen Realität des Profit- und Kostendenkens aufgehen kann.

Vielfach ist die Frage nach der Originalität des Taylorismus gestellt worden, etwa von Moutet (1975, S. 46) und Burchardt (1977, S. 89). In der Arbeit von Vahrenkamp (1977) wird diese Frage insofern nachgegangen, als Gründe für den dauerhaften Ruhm von Taylor gesucht werden. Die Frage nach der Originalität des Taylorismus ist insofern von Bedeutung, als beinahe alle Elemente des Modells des Taylorismus bereits vor Taylor wie auch unabhängig von Taylor in der industriellen Welt existiert haben, wie etwa Prämienlohn oder Vorkalkulation. Für die industrielle Entwicklung in Deutschland wird dieser Sachverhalt etwa von Stollberg (1980) nachgewiesen. Nach der Einschätzung von Nelson (1975, S. 59) ist die Zeitstudientechnik der einzige originelle Beitrag Taylors zu den Elementen des Taylorismus. Alle übrigen Elemente sind bereits von der Managementbewegung der Zeit Taylors ("Systematic Management") übernommen worden. Ausgehend von einem fragmentarischen, sich auf dessen Elemente beziehenden Verständnis von Taylorismus ist daher bereits sehr früh in Zweifel gezogen worden, ob der Taylorismus überhaupt originell sei. "Scientific Management ist ein hochtrabender Titel für eine alte und wohlvertraute Sache", schreibt die führende Britische Zeitschrift "The Engineer" im Jahre 1913 (Brown 1977, S. 158). Ist also von den einzelnen Elementen her betrachtet der Taylorismus kaum als originell zu bezeichnen, so ist dessen Originalität eher in Taylors Systemabschluss zu suchen, der mit den Stichworten wissenschaftliche Methode, Formalisierung der Organisation und ideologische Versöhnung der Klassen zu kennzeichnen wäre. Diese Auffassung wird auch von Burchardt (1977, S. 89) geteilt.

Von Littler (1978) und Kieser und Kubicek (1978) wird der Beitrag Taylors zur Rationalisierung der betrieblichen Organisationsstruktur hervorgehoben. Die Beziehungen des Arbeiters zur Organisation werden vom indirekten Status, der durch das Subkontraktorensystem gegeben war, umgewandelt in eine direkte Beziehung der Lohnarbeit. Eine Formalisierung der Personalwirtschaft wird begründet. Allerdings zielt die Rationalisierung Taylors nicht allein auf die einfache Handarbeit ab, wie es von einer weitverbreiteten Interpretation angenommen wird, sondern ebenso auf das Management, dessen Strukturen ebenfalls formalisiert werden. Ausgegrenzte Funktionsbereiche und feste Rollen lösen die traditionelle ganzheitliche Aufgabe des Meisters in segmentierte Managerarbeiten auf.

Eine methodische Anmerkung soll die Einschätzung des Modells beenden. Eine genaue Analyse des Taylorschen Systems macht deutlich, dass der einzige originelle Beitrag Taylors zu den Elementen des Modells, die Verwendung der Stoppuhr, methodische Probleme aufwirft, welche Taylors Forderung nach Wissenschaftlichkeit untergraben. Ist einerseits die Stoppuhr ein Symbol der strengen Wissenschaftlichkeit, das Anleihen an der Autorität eines physikalischen Laboratoriums macht und dadurch auch eine Garantie für die Wissenschaftlichkeit der Methode darzustellen scheint, so machen sich doch andererseits bei der Messung von Arbeitszeiten gravierende Probleme bemerkbar. Es stellte sich heraus, dass die erhobenen Arbeitszeiten nicht der Forderung nach reproduzierbaren Werten hinreichend genügen, also damit eine wesentliche Bedingung des naturwissenschaftlichen Experiments verletzt worden ist. Nelson weist darauf hin (1975, S. 58), dass Taylor sich darüber im Klaren war, dass die Zeitmessung der methodisch schwächste Punkt seiner Konzeption war. Auch in den späteren Jahren waren die enormen Probleme der Zeitmessung noch nicht überwunden, worauf Frey (1919) hinweist – einer der Mitarbeiter an dem amtlichen Hoxie-Report (Hoxie 1918).

8.3 Die Verbreitung des Taylor-Modells

Wenn wir uns nun der Akzeptanz des Modells des Taylorismus in der industriellen Welt zuwenden, so müssen wir ungeachtet der breiten öffentlichen Resonanz, welche das Taylorsystem gefunden hat, doch eine überraschend geringe Akzeptanz feststellen. Diese These wird von Vahrenkamp (1977) vertreten und begründet und von Moutet (1975) modellhaft am Beispiel der Autofabrik Renault demonstriert. Untersucht man die Gründe für die geringe Akzeptanz, so lässt sich insgesamt sagen, dass infolge des hohen Anspruchs Taylors nach technischer Optimalität und infolge der spezifischen Beschränkungen des Modells dessen Realisationsbedingungen nicht günstig waren. Im Einzelnen lassen sich die folgenden Hauptargumente gegen eine Realisation des Modells aufführen: Das tayloristische Expertentum schränkt die die unternehmerische Autonomie ein und verändert Machtstrukturen vor allem im oberen Management. Diese Infragestellung der hergebrachten Machtstrukturen ließ aber das Modell für das Management als wenig attraktiv erscheinen. Das zweite Argument bezieht sich auf die Langwierigkeit. Die Umstellungen auf das Taylorsystem dauern mehrere Jahre. Diese Langwierigkeit ist eine entscheidende Forderung Taylors, wie Moutet (1975) an Hand von auch bisher unveröffentlichen Quellen vielfach darstellt. Damit erscheint aber der Umstellungsprozess mit einem hohen Risiko verbunden zu sein, ohne dass ein so hoher Gewinn in Aussicht stehen würde, der dieses Risiko gerechtfertigt hätte. Diese Sichtweise wird auch von Homburg (1978) geteilt. Der Hinweis auf das relativ hohe Risiko wird von ihr (S. 178) als ein Argument dafür vorgebracht, dass der Taylorismus sich nur langsam verbreitete. Auch Gottl-Ottlilienfeld (1923) nimmt diesen Gedanken auf, wenn er in einer Modellrechnung nachweist, wie gering die Gewinnsteigerung des Taylorsystems ausfallen würde (S. 126). Layton (1975) unterstützt diese Sicht insofern, als er den großen Erfolg des Bedaux-Systems auf dessen rasche Einführbarkeit und die damit verbundenen kurzfristigen Aussichten auf Gewinnsteigerungen erklärt. Die schlechte Akzeptanz des Modells des Taylorismus wird auch von Nelson (1975, S. 75) unterstrichen, wenn er darauf hinweist, dass der größte Widerstand gegen die Einführung des Modells vom Management ausging. In seiner Untersuchung konnte er sich auf 46 industrielle Unternehmen der USA stützen, die in der Zeit 1903 - 1917 das Modell eingeführt haben und von denen aber nur 29 Unternehmen aufgrund der lückenhaften Quellenlage ausgewertet werden konnten. Kocka (1969, S. 354-356) weist darauf hin, dass in Deutschland vor 1914 die Unternehmer gegenüber den Positionen der "wissenschaftliche Betriebsführung" Misstrauen hegten, das ihre eigene Position im Unternehmen in Frage zu stellen schien. Auch wurde die abstrakte Machbarkeit einer Organisation in Zweifel gezogen. Für die 1920er Jahre zeigt Burchardt (1977, S. 56), dass zwar der Akkord in den Unternehmen wieder eingeführt worden ist, aber eine generelle tayloristische Reorganisierung aus verschiedenen Gründen unterblieb. Einmal war der Taylorismus durch dessen Verbindung mit dem Gedanken der Gemeinwirtschaft bei den Unternehmen wirtschaftspolitisch diskreditiert. Zweitens bestand infolge der Demobilisierung ein reichliches Angebot an Arbeitskräften zur Verfügung, so dass in betriebswirtschaftlicher Sicht kaum Veranlassung dafür bestand, den Einsatz des Faktors Arbeit tayloristisch zu optimieren.

An der Frage der Verbreitung ist ferner auffallend, dass besonders konsequente Formen, das orthodoxe Taylormodell zu realisieren, häufig in staatsnahen Unternehmen anzutreffen sind. Hier drängt sich die Frage auf, zu welchem Ausmaß das orthodoxe Taylormodell Organisations- und Handlungsgrundsätze staatlicher Verwaltungen übernommen hat. Von den staatsnahen und taylorisierten Unternehmen sind in der Literatur folgende bekannt und zum Teil erforscht worden:

- Staatliche Waffenfabriken Watertown, USA (vgl. Aitken 1960)
- kommunale Betriebe der Stadt Philadelphia, USA (vgl. Layton 1971)
- und die Deutsche Reichsbahn (Peters 1996, siehe oben Seite 29).

9 Taylor-Modell und Mechanisierung

An dieser Stelle soll dem Taylor-Modell der Rationalisierung der Arbeit ein Modell der Mechanisierung der Arbeit gegenübergestellt und Beziehungen aufgezeigt werden. Eine Rechtfertigung für diesen Ansatz lässt sich in einer sozialgeschichtlichen Einordnung des Taylor-Modells finden, aus der dann die These abgeleitet werden kann, dass heute weniger das orthodoxe Taylor-Modell als vielmehr der Taylorismus unter den Bedingungen der Mechanisierung die Industriearbeit prägt und deswegen aktuelle Fragen des Taylorismus nicht losgelöst vom Maschineneinsatz diskutiert werden können.

Die Interpretation des orthodoxen Taylor-Modells im sozialökonomischen Kontext der Jahrhundertwende ist von Kocka (1969), Burchardt (1977), Vahrenkamp (1977) vorgenommen worden und dabei von Vahrenkamp aufgezeigt worden, dass Taylor als ein Theoretiker der handwerklichen Kleinproduktion in Werkstätten verstanden werden kann. Probleme des Maschineneinsatzes werden von den Elementen des Taylor-Modells kaum berührt. Für die typischen Produktionsprobleme der Massenproduktion bietet jedoch das orthodoxe Taylor-Modell keine geeigneten Lösungen an, die vielmehr eher mit der Mechanisierungsstrategie erzielt werden konnten und hier anhand des Mechanisierungsmodells diskutiert werden sollen. Mit dieser Vorgehensweise lässt sich gewissermaßen eine Transformation der tayloristischen Prinzipien in solche der Mechanisierung verfolgen. Ein Vergleich beider Strategien erscheint auch insofern vordringlich, als bisher in der Debatte um den Taylorismus Aspekte der Mechanisierung weitgehend vernachlässigt worden sind, obgleich die hohe Bedeutung der Mechanisierung unbestritten ist. Beinahe losgelöst davon ist der Taylorismus behandelt worden.

Der Vergleich beider Modelle soll in Beziehung zur Organisation der Arbeit entwickelt werden, indem die Aspekte der Systemintegration und des Verhältnisses des Individuums zur Organisation behandelt werden. Eine Rechtfertigung für diesen Ansatz lässt sich aus einer Durchsicht der aktuellen Diskussion über den Taylorismus gewinnen, die im später folgenden Abschnitt "Varianten der Taylor-Interpretation" vorgenommen wird. Offenbar sind die beiden Aspekte Systemintegration und das Verhältnis des Individuums zur Organisation die beiden zentralen Punkte, um welche die Diskussion geführt wird.

Der Integrationsaspekt fragt danach, in welcher Weise die Integrationsleistung der einzelnen Abläufe überwiegend zustande kommt

- mit den Mitteln der Arbeitsorganisation oder
- durch die Zusammenfassung einzelner Maschinen zu einem integrierten System.

Mit dem Integrationsaspekt ist zugleich das strategische Produktionswissen angesprochen, das überhaupt erst die Konstitution und Verfügung des Produktionsvorgangs ermöglicht. Zu fragen ist nach der Platzierung und der Existenzweise des strategischen Produktionswissens, das einmal in der Arbeitsorganisation selber verankert oder aber im Maschinenpark vergegenständlicht sein kann. Das Verhältnis des Individuums zur Organisation bestimmt sich

- durch den Grad der spezialisierten Arbeitsteilung, in welche dessen Arbeit eingefügt wird;
- durch die Festigkeit seiner Anbindung an gewisse Maschinen, die zu bedienen sind;
- durch die Formen der Leistungskontrolle, der es unterliegt und die entweder durch Einbindung seiner Arbeitsleistung in einen von ihm unabhängigen Maschinentakt hergestellt werden kann oder mit organisatorischen Mitteln erzielt wird, wie direkte Aufsicht oder mit Leistungsentlohnungssystemen als indirektem Steuerungsinstrument;
- durch das Ausmaß seiner Beteiligung an der Gestaltung und Koordination der Arbeitsabläufe und an der Festlegung der Produktionsziele (Partizipation).

Mit diesem Kategorienschema kann nun das Modell des Taylorismus verglichen werden mit anderen Konzeptionen der Produktionsorganisation: dem Subkontraktorensystem als Organisationsform der Handwerker und zeitlichem Vorläufer des Taylorsystems einerseits und mit den verschiedenen Formen der Arbeit unter den Bedingungen des Maschineneinsatzes andererseits. Dabei gilt weithin die Montagearbeit an einem Fließband als das Paradigma der Industriearbeit schlechthin. Allerdings besitzen, betrachtet von der durch das quantitative Beschäftigungsvolumen gegebenen Bedeutung, die anderen Arbeitsformen ein höheres Gewicht. Die folgende Tabelle stellt einen Vergleich der verschiedenen Formen her.

	Integration		**Individuum - Organisation**			
	Abläufe	**Technologie-wissen**	**Speziali-sier-ung**	**Anbindung an Maschi-ne**	**Leistungs-Kontrolle**	**Partizipat-ion**
Werkstatt-fertigung	(informelle)	(informelle)	gering	gering	(informelle)	hoch
Subkontrakt orensystem	Organisati-on	Organisation (Wissen an Basis)	gering	gering	Organisati-on	hoch
Werkstatt-fertigung	Organisati-on	Organisation	mittel bis hoch	mittel	Organisati-on	niedrig
Taylor-system	Organisati-on	(Wissen im Management)	mittel bis hoch	mittel	Organisati-on	niedrig
Prozess-industrie	Maschine	Organisation und	gering	gering	maschinell	niedrig
		Maschine				
Massenpro-duktion in Fertigungs-industrie	Organisati-on und	Organisation und	sehr hoch	sehr eng	Organisati-on und	niedrig
Fertigung in Einzelteilen	Maschine	Maschine	sehr hoch	sehr eng	Maschine	niedrig
Massenpro-duktion in Fertigungs-industrie	Organisati-on	Organisation und	sehr hoch	sehr eng	Organisati-on	niedrig
Montage in Gruppen-akkord	Organisati-on	Maschine	sehr hoch	sehr eng	Organisati-on	niedrig
Massenpro-duktion in Fertigungs-industrie	Maschine	Organisation und	sehr hoch	sehr eng	Maschine	niedrig
Montage mit Fließband	Maschine	Maschine	sehr hoch	sehr eng	Maschine	niedrig

Tabelle 10.1: Modell der Mechanisierung

Die einzelnen Qualifizierungen der Tabelle sind als vorläufig zu betrachten, da deren empirische Absicherung durch das sozialgeschichtliche Material noch aussteht. Dieses kann hier nicht geleistet werden. Die letzten vier Formen der Tabelle (Prozessindustrie, Massenproduktion von Einzelteilen, von Montage in Gruppenakkord, von Montage an Fließband) sollen als das **Modell der Mechanisierung** zusammengefasst werden. An der Tabelle erkennt man Veränderungen, die das Modell des Taylorismus gegenüber der Form der Werkstattfertigung mit Subkontraktorensystem. Die Organisationsstruktur wurde formalisiert, die Arbeitsteilung und Bindung an die Maschine erhöht, die Partizipation abgebaut. Das strategische Technologiewissen ging von der Basis der Organisation ins Management über.

Kann man das Modell des Taylorismus demnach durch eine Formalisierung der Organisation charakterisieren, so tritt im Modell der Mechanisierung die Bedeutung der Organisation zugunsten maschineller Lösungen zurück. Bei dem Paradigma des Modells der Mechanisierung – der Fließbandmontage – werden die Integrations- und die Kontrollleistungen durch die Einbindung der Arbeitskräfte in den Maschinentakt gelöst. Beibehalten vom Modell des Taylorismus hat das Modell der Mechanisierung den niedrigen Partizipationsgrad und den hohen Grad an Arbeitsteilung und Maschinenbindung, der sogar noch verstärkt worden ist – mit Ausnahme der Prozessindustrie.

Unter dem Aspekt der Enteignung von Qualifikationen der Handarbeit haben beide Modelle – jedenfalls bei den hier in Frage stehenden niedrigen Mechanisierungsstufen des Übergangsprozesses von "Handwerkern" zur Industrie in den sogenannten Fertigungsindustrien – ähnliche Konsequenzen. Spezifische Handarbeiterqualifikationen werden aus der Kompetenz der Arbeiter gelöst und transferiert: Bei Taylor in das Management, das zeitliche Abfolge der Arbeitsoperationen, die Wahl geeigneter Werkstoffe und Werkzeuge sowie Maschinen dem einzelnen Arbeiter vorschreibt. Im Falle der Mechanisierungsstrategie werden zumindest einzelne Elemente des Arbeitshandelns von der Maschine übernommen, etwa die zeitliche Struktur oder die Koordination einzelner Bewegungen der Werkzeuge.

Der bis hier dargestellte modellhafte Vergleich von Taylorismus und Mechanisierung soll an dieser Stelle um eine historische Perspektive erweitert werden, welche die Überlegenheit der Mechanisierungsstrategie gegenüber dem Taylorismus aufzeigen soll. Mit der Einführung der Massenproduktion wurden in Deutschland der 1920er Jahren beide Strategien aktuell, die als fortschrittliche und bewährte Methoden der Rationalisierung, insbesondere die Fliessarbeit, aus den USA übernommen werden sollten. So lautete die Forderung in der gesamten deutschen Gesellschaft und wurde von staatlichen Stellen, von Unternehmerseite und auch – mit gewissen Einschränkungen – von den Gewerkschaften erhoben. Angesichts der Breite und Ernsthaftigkeit des deutschen Rationalisierungswillens besaßen beide Strategien gute Voraussetzungen zu deren Durchsetzung. Allerdings ist im Laufe der 1920er Jahre die Bedeutung der Taylorisierungsstrategie zugunsten der Mechanisierungsstrategie zurückgegangen. „Taylor" wurde von „Ford", der als Symbolfigur der Mechanisierung galt, verdrängt. So kennzeichnet eine zeitgenössische Beobachterin diese Umschichtung (Schalldach 1930, S. 37). Besonders deutlich wird die Umstellung der Strategien der deutschen Unternehmer bei Woldt (1925) herausgearbeitet. Bis zum Abschluss der Inflationsperiode konnte die deutsche Industrie international konkurrenzfähig bleiben, ohne Rationalisierungsinvestitionen in großem Stil vorzunehmen. Beherrschendes Mittel der Produktionssteigerung war die Intensivierung der Arbeit, wofür der erfolgreiche Kampf der Unternehmer gegen den Acht-Stunden-Tag ein hervorstechendes Merkmal ist. Der eigentliche Rationalisierungsschub mit umfangreichen technischen Neuerungen setzte erst ab dem Jahre 1921 ein. Über diese Datierung besteht bei den Beobachtern weitgehend Einigkeit, wie oben dargestellt worden ist. An dieser Stelle soll die These von der Überlegenheit der Mechanisierungsstrategie erläutert werden, welche den Wandlungsprozess von Taylor zu Ford erklären kann. Zuerst wird die Überlegenheit anhand von betriebswirtschaftlichen und organisationssoziologischen Erwägungen aufgezeigt und anschließend werden einige empirischen Analysen zusammengestellt, welche auf eine starke Technologieorientierung des Managements hindeuten und somit Belege dafür abgeben, dass die Mechanisierungsstrategie zusätzliche Impulse von der Unternehmensleitung erhalten hat, ohne dass dieses Verhalten theoretisch weiter erklärt werden könnte. Die Einführung von Fliessarbeit in Deutschland wurde besonders von Bönig (1993) erforscht.

Auf die besonderen Schwierigkeiten, die sich bei der Einführung des Taylorsystems ergeben, ist bereits oben in dem Abschnitt 'Verbreitung des Modells des Taylorismus“ hingewiesen worden. Haben sich durch diese Schwierigkeiten die Einführungsbedingungen für den Taylorismus als ungünstig erwiesen, so sehen diese Bedingungen für die Mechanisierungsstrategie aber günstig aus. In betriebswirtschaftlicher Sicht lassen sich dafür die folgenden Argumente anführen. Erstens sind Maschinen im Prinzip einfacher zu beschaffen und jedermann zugänglich im Vergleich zu Arbeitern der Spitzenklasse (Gottl-Ottlilienfeld a.a.O.). Zweitens kann das Management mit dem Einsatz von Maschinen eine Vielzahl von Zielen verfolgen, ohne sich auf ein bestimmtes Konzept dauernd festzulegen, wie Kapazitätsausweitung, Kostensenkung oder auch Autonomie gegenüber hochqualifizierten Arbeitskräften. Bei einer Veränderung der ökonomischen Rahmenbedingungen kann das Management mit einer Änderung der Ziele reagieren, die es mit dem Maschineneinsatz verfolgt. Diese Zielflexibilität scheint jedoch beim Taylor-System nicht vorzuliegen. In längerfristiger ökonomischer Betrachtung scheinen für den Taylorismus – dies ist das dritte Argument – gewisse Grenzen des Produktivitätsfortschritts vorzuliegen, die bei der Mechanisierungsstrategie in dieser Weise nicht auszumachen sind. Durch Übergang zu höheren Stufen der Automation ist eine Steigerung der Produktivität möglich. Aber die Leistungsfähigkeit auch von erstklassigen Arbeitern findet eine natürliche Grenze, die nicht überschritten werden kann. Dieser Grundgedanke ist vom Management klar erfasst und auf der Allgemeinen Betriebstechnischen Tagung in Leipzig im Jahre 1926 von Franz Mäckbach, dem Vorsitzenden des Ausschusses für Fließarbeit, so formuliert worden, dass es unmöglich sei, die Steigerung der Produktivität "aus den Muskeln des Arbeiters" herausholen zu wollen (Olk 1926, S. 189).

Aus einer organisationssoziologischen Sichtweise erscheint die Mechanisierungsstrategie ebenfalls die überlegene zu sein. Während einzelne Organisationssegmente eigene Interessen entwickeln können, die vom Management in Rechnung zu stellen sind, fällt bei der Mechanisierungsstrategie diese Rücksicht fort. Der Durchgriff des Managements auf die Basis wird dadurch verbessert. Allerdings ist diese Sichtweise der Mechanisierung in der Organisationssoziologie bisher weder erforscht noch überhaupt erkannt worden und kann daher hier nur als vorläufige These stehen.

Soweit aus empirischen Untersuchungen bekannt ist, gibt es eine gewisse Evidenz für die Dominanz der Mechanisierungsstrategie. Einen Beleg für die Überlegenheit der Mechanisierungsstrategie bietet die deutsche Stahlindustrie. Obgleich diese Industrie als Prozessindustrie andere Planungs- und Steuerungsprobleme aufweist als die Fertigungsindustrie der Metallverarbeitung, sollte in den 1920er Jahre auch dort dem weitgesteckten Anspruch der Rationalisierungsbewegung folgend der Taylorismus als Zeitmessung eingeführt werden. Nach dem Material von Lutz (1975, S. 175-180) ist aber dieser Versuch fehlgeschlagen, wofür Lutz folgende Gründe geltend macht: Erstens erfordert die Aufstellung von Zeitakkorden einen außerordentlich hohen Aufwand an empirischen Untersuchungsarbeit, der in keiner Relation zu dem niedrigen Anteil der Lohnkosten an den Gesamtkosten steht. Zweitens ist eine hohe Qualität der Arbeit für die Hütten wichtiger als deren Schnelligkeit. Und drittens – und dieses Argument zeigt die Überlegenheit der Mechanisierungsstrategie – boten die technischen Anlagen die Möglichkeit, mit Hilfe der technischen Betriebsstatistik die Arbeitsleistung zu erfassen. Die aufwendigen Zeitstudientechniken wurden überflüssig. Die Alternative Taylorismus-Mechanisierung diskutiert ebenfalls Homburg (1978, S. 178) in ihrer Darstellung der Rezeption des Taylorismus in Deutschland und zieht aus der Analyse der zeitgenössischen Stimmen den Schluss von der Überlegenheit der Mechanisierungsstrategie.

Ferner lässt sich aus dem empirischen Material, das nun angeführt wird, die These einer generellen Technologieorientierung des Management ableiten, der gegenüber Aspekte des Taylorismus sekundär bleiben und die zu einer Favorisierung neuer technologischer Möglichkeiten der Produktion führt, sobald die technologische Entwicklung hierzu die Perspektive eröffnet. Beispiele hierzu sind in der frühen Geschichte der Automobilindustrie zu finden. Nicht allein Henry Ford setzte auf Mechanisierung. Dem gleichen Muster folgte – nach der Analyse von Moutet (1975) – Renault, der eine tayloristische Optimierung der Arbeit den Einsatz neuer Maschinen hinten anstellt. In den 1920er Jahren ist die neue Technologie der Büromaschinen ein weiterer Beleg für die generelle Technologieorientierung des Managements, das eine soziale und sogar ökonomische Integration der neuen Technologie in das Unternehmen als weniger vordinglich betrachtet hatte als deren eigentliche Installation.

Pirker (1970) hat am Prozess der Einführung von NC-Maschinen in den 1950er Jahren ebenfalls eine starke Technologieorientierung des Managements feststellen können, die er als ein autonomes Handlungsmotiv kennzeichnet, ohne auf ökonomische Kalküle reduzierbar zu sein. Ein Vorherrschen von technologischen Orientierungen lassen sich auch aus der empirischen Untersuchung von Piore (1968) ableiten, der aufzeigt, dass die Besetzung neu installierter Maschinen mit Personal ein nachrangiges Planungsproblem für das Management darstellt, das vornehmlich auf die Einführung neuer Technologien fixiert sei.

Zusammenfassend lässt sich feststellen, dass sowohl aus theoretischen Erwägungen wie auch aufgrund empirischer Evidenz die Mechanisierungsstrategie als die gegenüber dem Taylorismus dominante Strategie des Managements sich im 20. Jahrhundert erwiesen hat. "Technische Optimierung" gab damit den Ausgangspunkt für die "ergonomische Optimierung" und führte so zu einem Verlust der Unabhängigkeit der Strategie des Taylorismus, die nun nur noch in Beziehung zum jeweiligen Stand der Entwicklung des Maschinensystems begriffen werden kann. Diese Unterordnung der Strategie des Taylorismus unter die der Mechanisierung führt zu einem Verlust seiner ursprünglichen Funktion, ein System sozialer Kontrolle und Integration der Arbeit abzugeben. Taylorismus wurde damit reduziert zu Techniken der Zeit- und Bewegungsstudien und nimmt so die Rolle eines nach geordnetem Optimierungskalkül ein, ohne Integrationskräfte auszuüben. In dieser Weise wird der Durchsetzungsprozess des Taylorismus ebenfalls von Homburg (1978) interpretiert. Sie schreibt, dass das Taylor-System ... "nahezu völlig auf seine arbeitsintensivierende Komponente reduziert" ... worden sei (S. 179). Auch Burchardt (1977, S. 87) interpretiert die Verbreitung in dieser Weise. Der Taylorismus wurde in den 1920er Jahren seines gemeinwirtschaftlichen Beiwerks entkleidet. Übrig blieben einzelne Komponenten, die der betrieblichen Rationalisierung dienten.

10 Taylorismus und Mechanisierung – Zum Stand der Diskussion

Ohne in der Taylorismus-Debatte eine vorrangige Bedeutung zu besitzen, wird in der Literatur das Verhältnis von Taylorismus und Mechanisierung von manchen Autoren behandelt. Moutet (1975) stellt in seinem Beitrag sehr klar die beiden Alternativen Taylorismus versus Mechanisierung am Beispiel Renault heraus. Ebenfalls Volpert (1977) vergleicht den Taylorismus mit der Mechanisierung, wenn er darauf hinweist, dass das Fließband die maschinelle Vergegenständlichung der Zwangsgesetze darstellt, welche Taylor noch mit rein organisatorischen Mitteln durchsetzen wollte (S. XXVII). Diese Beziehung von Taylorismus und der durch das Fließband bestimmten Arbeitsorganisation in der Diskussion wird auch bei Mendner (1975, S. 163) angesprochen, der "die Fließbandproduktion als Organisationsprinzip des Taylorismus per excellence" bezeichnet. Allerdings wird es historisch falsch, wenn Mendner weiter behauptet, Taylor habe als erster das Fließband als Organisationsprinzip menschlicher Arbeit entwickelt und bereits in den Schlachthöfen von Chicago angewendet[9] (S. 135). Diese Sicht wird von den Quellen in keiner Weise gestützt. Vielmehr hat Taylor selber keinen Beitrag zur Einführung der Fließbandarbeit geleistet, und als generelle Einschätzung lässt sich sagen, dass sein Werk mehr auf die Analyse der Arbeit und weniger auf technische Entwicklungen gerichtet war, wie auch von Bravermann (S. 91) angemerkt wird. Sohn-Rethel (1970) betrachtet die moderne Massenproduktion in einer Weise, als ginge sie auf Taylor zurück. Der kontinuierliche Arbeitsprozess, also auch Fließfertigung und Fließband, sind Konsequenz der folgerichtigen Anwendung der Taylorschen Prinzipien. Die Taylorschen Neuerungen wurden zur Grundlage der modernen mechanisierten Massenproduktion, die ihrerseits zum Ausgangspunkt für den Sprung zur Automation wurde ..." (S. 138). Diese Sichtweise wird allerdings nicht durch den historischen Ablauf bestätigt, vielmehr handelt es sich um ein populäres Bild des Taylorismus, das nach der Einschätzung von Haber (1964, S. 26) in jeder Hinsicht falsch ist. Schmiede und Schudlich (1976, S. 286) weisen die Auffassung zurück, Taylorismus und Mechanisierung als alternative unternehmerische Strategien zu sehen. Vielmehr ständen diese Strategien in einem

[9] Zu den Methoden der Rationalisierung in den Schlachthöfen in Chicago mit Arbeitsteilung und Monorailhängebahnen siehe die ausgezeichnete Darstellung von Cronon 1991, Kapitel 5.

komplementären Verhältnis. Diese These von Schmiede und Schudlich hängt ab vom Verständnis des Terms Taylorismus, der bei ihnen weniger klar ist. Ist mit Taylorismus das Modell im engeren Sinne gemeint, so ist die These nicht zu halten. Geht es um Zeitmessung allein, so zeigt das Beispiel Ford, dass die Mechanisierungsstrategie auch unabhängig vom Taylorismus verfolgt werden kann, also keine strenge Komplementarität vorliegt. Sofern man von Komplementarität sprechen kann, ist dann die tayloristische Zeitmessung als zusätzliche Strategie zur Mechanisierung zu verstehen.

Über die Beziehung zum Fließband hinaus ist vielfach eine nach starren Gesetzen operierende Arbeitsorganisation mit maschinellen Abläufen in Verbindung gebracht worden. Eine nach den Regeln des klassischen Militärwesens und nach mechanistischen Grundsätzen organisierte Arbeit wird in ihrem zwanghaften Ablauf als Maschine angesehen. Diese Interpretation vertritt etwa Mumford (1977, S. 223 ff) im Hinblick auf die Organisation der Sklavenarbeit zum Zwecke des Baus von Pyramiden im alten Ägypten – ein Gesichtspunkt, der für die vorliegende Betrachtung wenig einbringt, da er nicht von der modernen Industriearbeit ausgeht, die hier implizit unterstellt ist.

In einem weiteren Strang der Diskussion wird das Verhältnis von Arbeitsteilung und Mechanisierung angesprochen. Eingebunden in den historischen Prozess der Organisationsentwicklung wird die Intensivierung der Arbeitsteilung erstens als Vorläufer der Mechanisierung verstanden oder umgekehrt zweitens als deren Konsequenz. Bei der ersten Auffassung finden wir zwei Varianten. Entweder wird angenommen, die Arbeitsteilung sei notwendiger Vorläufer der Mechanisierung, so dass nur über eine vorgängige Ausdifferenzierung der Arbeitsteilung die Mechanisierungsstrategie möglich sei, oder aber man begreift die Mechanisierung als eine notwendige Konsequenz einer Ausdifferenzierung der Arbeitsteilung. Bei der ersten Variante wird die Arbeit geteilt mit der Absicht des nachfolgenden Maschineneinsatzes, während die zweite Variante den Vorrang der Arbeitsteilung ausdrückt, so dass der Maschineneinsatz einen nicht antizipierter Abschluss des Prozesses der stets feineren Arbeitsteilung darstellt. Die erste Variante werden von Brödner (1979, S. 70), Heman und Teschner (1979) und Kühn (1979, S. 37f) behandelt. Herman und Teschner formulieren als

These, dass die "arbeitsorganisatorischen Rationalisierungen ... Ansatzpunkte EDV-spezifischer Technisierungen vorbereiten und freilegen" (S. 9). Kühn fasst ebenfalls als These:

"Arbeitsteilung und Formalisierung der Arbeit sind Voraussetzungen für den Maschineneinsatz" (S. 37). Das Argument, das diesen Zusammenhang von geteilter Arbeit und Mechanisierung herstellt und von den genannten Autoren nur andeutungsweise expliziert wird, geht davon aus, dass Maschinen nur gewisse Teilprozesse der Arbeit erledigen können. Um diese Teile dem Erfinder, Ingenieur und Organisationsgestalter sichtbar zu machen, damit er die entsprechende Maschine erfinden und einführen kann, ist zuvor die Arbeit zu teilen. Von Pirker (1963) wird ein derartiger Zusammenhang von Arbeitsteilung und Mechanisierung bestritten und polemisch als eine "tayloristische Legende" bezeichnet (S. 49), deren Methode er vorwirft, aus abstrakten Prinzipien zu deduzieren: ..." der unmittelbar gesetzte kausale Zusammenhang von Rationalisierung und Mechanisierung ergibt sich nicht aus dem sozialgeschichtlichen Material, er ergibt sich aus den tayloristischen Grundlagen" (S. 29). Cooley (1976, S. 310) sieht nur einen allgemeinen Zusammenhang von Mechanisierung und Taylorismus, ohne diesen zu spezifizieren: stets begleitet der Taylorismus die Mechanisierung. Arbeitsteilung als Konsequenz des Technikeinsatzes – also die obengenannte zweite Auffassung – sehen die Autoren Briefs (1979, S. 422) und Kühn (1979, S. 38).

Die hier vermittelte Übersicht zu den Thesen zum Verhältnis von Arbeitsteilung und Mechanisierung zeigen eine große Spannweite von als möglich unterstellten Zusammenhängen auf. Offenbar ist diese Fragestellung zu abstrakt, um präzise beantwortet werden zu können. Eine Klärung wird wahrscheinlich nur der Bezug zum "sozialgeschichtlichen Material" (Pirker) herbeiführen können.

11 Die heutige Bedeutung des Taylorismus

Die Frage nach der praktischen Anwendung des Taylorismus hat auch auf dessen Wandel einzugehen. Das Modell selber war kaum zu realisieren. Dagegen wurden die Derivate des Modells realisiert, die zumeist darin bestanden haben, den Taylorschen Systemgedanken aufzulösen und lediglich einzelne Elemente einzuführen (Homburg 1978, S. 187, Burchardt 1977, S. 87). Als praktisch anwendbar erwiesen sich die Lohnformen des Akkords oder sogar auch des Prämienlohns verbunden mit einer Leistungsfestsetzung, die über eine Anwendung der Zeitmessung erfolgt ist, ohne dass damit der Taylorsche Anspruch auf eine soziale Integration der Arbeiter in das Unternehmen erhoben worden wäre. Selbst für eine ausreichende Koordination der Prozesse an den einzelnen Arbeitsplätzen – eine wichtige Forderung Taylors – ist nicht in allen Fällen gesorgt worden, wie Moutet (1975) am Beispiel Renault ausführt, der den Taylorismus lediglich als eine neue Form der Entlohnung betrachtet hatte. Brown (1977) und Schmiede/Schudlich (1976) weisen darauf hin, dass eine breite Einführung des Prämienlohns in England und in Deutschland in den 1920er Jahren am Widerstand der Arbeiter gescheitert ist. Fasst man nun die Mechanisierungsstrategie als dominant gegenüber dem Modell des Taylorismus auf, so hieße dann unter den Bedingungen der Mechanisierung der Term Taylorismus die Erhebung von Leistungsmaßstäben mit der Stoppuhr und einer Form der Akkordentlohnung. Dies ist offenbar auch das populäre Verständnis von Taylorismus.

Neben Formen der Leistungsentlohnung ist noch in einer weiteren Hinsicht eine Kontinuität des Taylorismus in den 1920er Jahren und auch später zu beobachten. Das Bestreben der praktischen Organisationsgestaltung jener Zeit war darauf gerichtet, die Persönlichkeit des einzelnen Arbeiters aus dem Ablauf zu eliminieren und ihn auf eine Funktion zu reduzieren, gewissermaßen ihn als eine Maschine zu betrachten. Diese Strategie der Entpersönlichung des Taylorismus ist eine Konsequenz des Transfers von Kompetenz und Qualifikation von der Arbeiterschaft in das Management und ist besonders von Gottl-Ottlilienfeld (1923, S. 150) hervorgehoben worden. Bahrdt (1972, S. 51) gibt ein eindringliches Beispiel für die Strategie der Entpersönlichung aus dem Bereich der Büroarbeit der 1920er Jahre. Eines der ersten Leitprinzipien der Arbeitsorganisation schien dort die Herstellung einer unbedingten Disziplin und in der Verbannung aller persönlichen Reservate bestanden zu haben. Taylorismus hieß also hier die Verbannung der Persönlichkeit aus der Arbeit. Die modernen, auf Taylor folgenden Management-Philosophien haben diese Auffassung geändert und die Persönlichkeit und deren Verflechtung in das soziale Netz der Kleingruppenbeziehungen mit ins Kalkül einbezogen, wie Baritz (1961) an Hand seiner Geschichte der industriellen Verwertung der Sozialwissenschaften darstellt. Inwieweit aber diese geänderte Auffassung lediglich Modelle geblieben sind, die im Wissenschaftssystem erarbeitet worden und ohne breite Realisation geblieben sind, und möglicherweise erst heute mit den Humanisierungsstrategien in die Praxis kommen, ist eine Frage, die noch beantwortet werden müsste.

Die heutige Bedeutung des Taylorismus wird auch daran klar, dass seit der Zeit Taylors sich eine eigene Wissenschaftsdisziplin, die Organisationslehre, entwickelt hat, die sich auf dessen Prinzipien beruft (Kieser und Kubicek 1977, S. 28) und die Ausarbeitung formaler Organisationsstrukturen zu ihrem Gegenstand hat. Die im vorangegangenen Abschnitt konstatierte Verbannung der Persönlichkeit aus der Arbeit findet in der Organisationslehre ihre axiomatische Begründung in der Forderung, eine Stellenplanung unabhängig von den Personen vorzunehmen.

In einer weiteren Hinsicht ist der Taylorismus noch heute aktuell. Es geht um das Prinzip der Aneignung von Qualifikationen und Erfahrungen der Arbeitskräfte durch das Management. Dieser Transfer von Kenntnissen ist stets dann von Bedeutung, wenn das Management seine Verfügung über den Produktionsprozess intensiver gestalten will. Dieses ist der Fall bei der Einführung von Maschinen in den Produktionsprozess (Beispiel: EDV im Büro) oder einer Steigerung des Automationsgrads. Voraussetzung der Mechanisierungsstrategie ist eine Kenntnis dessen, was mechanisiert werden soll. Diese Kenntnis kann aber – nach der Ansicht der Organisationsgestalter – bloß über eine Beobachtung und Analyse der spezifischen Qualifikationen der lebendigen Arbeit gewonnen werden. Das Prinzip der Qualifikationsaneignung als ein Schritt im Prozess der Automation ist in der Literatur durchaus bekannt. Grochla (1976, S. 481) weist in seiner Arbeit über die Einführung der EDV in Organisationen auf die "Istanalyse" hin, die darüber Auskunft geben soll, "wie das bestehende System arbeitet, d.h. welche Inputs innerhalb welcher Prozeduren unter Zuhilfenahme welcher Ressourcen zu welchem Output verarbeitet werden". In ihrer Studie über Automation in Prozessindustrien zeigen Mickler u.a; (1975, S. 121) den Aneignungsprozess im Bereich industrieller Arbeit auf. Die hier vorliegende Sichtweite gibt den Taylorismus als eine Innovationsstrategie des Managements zu erkennen.

Von Littler wird die These vom Erfolg des Taylorismus vertreten, wie oben im Abschnitt über die Einschätzung des Modells angemerkt worden ist. Wenn der Taylorismus erfolgreich ist, so ist ihm generell eine hohe Bedeutung auch für die heutige Zeit zuzubilligen. Zu fragen wäre aber hier, ob tatsächlich der Taylorismus erfolgreich war wie Littler meint. Eine Antwort auf diese Frage soll hier im Hinblick auf zwei Aspekte gegeben werden, dem der materiellen Produktion und dem der Managementlehre. Zunächst ist darauf hinzuweisen, dass die Aussage, der Taylorismus habe in der materiellen Produktion Erfolg gehabt, lediglich eine These darstellt, die aber in der Industriegeschichte dieses Jahrhunderts tatsächlich niemals methodisch sauber überprüft worden ist. An dieser Stelle soll diskutiert werden, wie weit eine derartige Überprüfung reichen könnte. Versteht man unter Taylorismus das Modell des Taylorismus im strengen Sinne, so zeigten die Ausführungen zu dessen Akzeptanz dessen Scheitern an, nicht aber dessen Erfolg. Wenn man sich auf ein weniger enges Verständnis von Taylorismus bezieht und dabei der wahrscheinlich weit verbreiteten Einschätzung folgt, er bezeichne die fragmentierten Formen der Industriearbeit unter den Bedingungen fortschreitender Mechanisierung, so ist zu fragen, wie dann Erfolg überprüft werden könnte. Feststellen kann man zuerst, dass der Taylorismus vorhanden ist und daher mit den Systembedingungen verträglich ist. Fragwürdig wird aber der Schluss von der Existenz auf dessen Erfolg oder gar Optimalität in betriebswirtschaftlichem Sinne. Der Mythos des Erfolgs rührt sicherlich zu einem guten Teil aus der einseitige Geschichtsschreibung der Promotoren über den Taylorismus her, die sehr stark dessen erfolgreiche Praktikabilität hervorhebt, aber kaum von Misserfolgen berichtet. Im strengen Sinne ist aber keine besondere Überlegenheit des Taylorismus aus dieser Historiographie abzuleiten, da niemals in ernsthafter Weise alternative Modelle der Arbeitsorganisation überprüft worden sind. Versucht man den Erfolg des Taylorismus am Indikator Arbeitsproduktivität zu überprüfen, so kann man von zwei alternativen Hypothesen ausgehen: 1. Der Taylorismus ist erfolgreich. 2. Der Taylorismus ist ein Misserfolg.

Bei der Prüfung der ersten Hypothese steht man vor dem Zurechnungsproblem, da unbestreitbar ist, dass neben den tayloristischen Organisationsprinzipien ebenso der in den Maschinen verkörperte technische Fortschritt einen Beitrag zum Anstieg der Produktivität leistet. Die hier angesprochene Beziehung von Taylorismus zu Mechanisierung ist im vorhergegangenen Abschnitt „Taylorismus und Mechanisierung" näher behandelt worden, An dieser Stelle kann von dort die These der Überlegenheit der Mechanisierungsstrategie gegenüber der Taylorisierungsstrategie übernommen werden, so dass von dieser These ausgehend geschlossen werden kann, dass der Anstieg der Produktivität in der Hauptsache auf die effizienteren Maschinen zurückzuführen ist. Damit aber geht selbst bei der Annahme des Erfolgs des Taylorismus dessen Anspruch einer besonderen Überlegenheit verloren. Die hohe Produktivität der Maschinen gibt aber auch der zweiten Hypothese, der Taylorismus sei ein Misserfolg, eine gewisse Plausibilität: Bedeutet Misserfolg eine Senkung der Arbeitsproduktivität, so gleicht die überlegende Produktivität der Maschinen diesen Verlust aus und wendet ihn in den positiven Bereich. Der Taylorismus erschiene dann erfolgreich, obwohl er ein Misserfolg wäre. In der Literatur findet sich eine gewisse Evidenz für diese These. Einige von der offiziellen Taylorismus-Historiographie abweichende Publikationen zeigen die kontraproduktiven Wirkungen des Taylorismus auf die Arbeiter in den USA auf, deren Reaktionsweisen durch Streik, Sabotage und Leistungszurückhaltung gekennzeichnet sind, (Brecher 1972, Adamic 1930, Mathewson 1931).

Von einem theoretischen Zugang zum Taylorismus-Konzept herkommend bezweifeln Kieser und Kubicek (1978, S. 135 f), ob man überhaupt sinnvoll die Frage des Erfolgs des Taylorismus stellen kann. Sie kennzeichnen den Taylorismus als ein technologisches Aussagensystem, das die entscheidenden theoretischen Prämissen nicht expliziere sondern versteckt enthalte, wie

- steigende Arbeitsteilung habe eine steigende Arbeitsproduktivität zur Folge, und
- allein mit monetären Anreizen sei der Arbeiter zu höchsten Leistungsabgaben zu motivieren (homo oeconomicus Hypothese).

Ein wie immer zu bemessener Erfolg des Taylorismus sei dann aber zu einem großen Teil auf Bedingungen zurückzuführen, die im technologischen Aussagensystem des Tayorismus gar nicht enthalten seien. Diese Erfolgsbedingungen seien durch die Beziehung von einer unqualifizierten Arbeiterschaft zu den dequalifizierenden Arbeitsplätzen gegeben. Von einer auf einer niedrigen kulturellen Stufe stehenden und am Existenzminimum lebenden Arbeiterschaft sei zu erwarten, dass sie die dequalifizierende Arbeit toleriere und auf ökonomische Anreize am stärksten mit Leistungsverausgabung reagiere. Fallen aber diese Bedingungen weg, so könne der Taylorismus kein Instrumentarium anbieten, die Änderungen zu verarbeiten.

In eine andere Richtung, den Erfolg des Taylorismus zu beurteilen, weist der Bezug auf die im Wissenschaftssystem angesiedelte Managementlehre. Dort werden Aussagen über die nach gewissen Kriterien auszuweisende zweckmäßige Gestaltung von Unternehmen getroffen. Gemeinsam erarbeitet und vertreten werden diese Aussagen von der Wissenschaft (Organisationslehre als Spezialgebiet der Betriebswirtschaftlehre) und den praktizierenden Managern. Die Aussage der Managementlehre gründet sich vornehmlich auf Prinzipien (Kieser und Kubicek 1977, S. 28 f) und liefert demnach eine bestimmte Sicht des Unternehmens, ohne damit aber einen methodisch gesicherten Rahmen zu dessen Gestaltung abzugeben. Die apriorische Festlegung auf Prinzipien verhilft der Managementlehre sogar zu einer Immunisierung gegenüber einer empirischen Überprüfung ihrer Aussagen und kann daher nur beanspruchen, eine unverbindliche Möglichkeitsanalyse darzustellen, ohne Begründungen für das Funktionieren der Organisation zu liefern (Kieser und Kubicek 1978, S. 137). Der Rückzug aufs Formale und Prinzipielle der Managementlehre kommt darin zur Geltung, dass sie nicht das ganze Unternehmen zu ihrem Gegenstand erhebt, sondern nur den Teilaspekt der formalen Organisationsstruktur, die als Funktion und Ergebnis managerieller Tätigkeit begriffen werden (a.a.O., S. 138). Dieses Denken betont die Stellung des Managers im Unternehmen, indem es diesen als den autonomen Gestalter der Organisation begreift. Das von Pirker (1963) kritisierte Omnipotenzdenken der Managementlehre hat hier seinen Ursprung. Insofern stellt die Managementlehre in hohem Maße ein Selbstbild des Managements dar, ohne dass darin bereits Aussagen über die Realität des Unternehmens impliziert seien mögen.

In dieser Sicht erfährt die These Bravermans, die tayloristischen Prinzipien bestimmten das moderne Management, dadurch eine Interpretation, dass sich sagen lässt, die moderne Managementlehre werde von den Taylorschen Prinzipien bestimmt. Diese Interpretation wird durchaus von der Organisationslehre getragen und unterstützt, die sich auf Taylor als einen ihrer Begründer beruft (Kieser und Kubicek 1977, S. 28).

Die Frage ist nun, welche Schlüsse aus der tayloristischen Orientierung der Managementlehre zu ziehen sind. Hieraus Rückschlüsse ziehen zu wollen auf die konkrete Situation der Arbeiter – so wie es Braverman tut – ist zumindest unmittelbar kaum möglich, da die Managementlehre vornehmlich ein Selbstbild des Managements abgibt, aber keine Analyse der Realität. Sich auf die Managementlehre zu berufen, heißt also, sich auf einer ideologischen Ebene zu bewegen, die aber eine Analyse der Realität nicht ersetzen kann. Das tatsächliche Ausmaß an empirischen Gehalt der Managementlehre bliebe dann zu überprüfen.

Dieses Verwechseln der Analyseebene lässt sich durch die weite Verbreitung und das jahrzehntelange Bestehen der Managementlehre und deren Ausstaffieren mit Versatzstücken der Realität erklären, womit Bedeutung und Realitätsfülle suggeriert werden. Das durchaus erfolgreiche überleben der Managementlehre kann man als einen wechselseitigen Prozess der Anerkennung und Verstärkung begreifen. Auszugehen ist vom Bild des Managers als autonomer Gestalter der Organisation. Hierdurch erhält die Managementlehre eine beachtliche Attraktivität als Selbstbild für das Management, wodurch die jahrzehntelange Popularität dieser Lehre unter dem Management erklärt werden kann. Ein weiterer Faktor für das Überleben dieser Lehre ist das enge Zusammenspiel von Wissenschaft und Praxis. Kieser und Kubicek (1978, S. 140) machen darauf aufmerksam, dass sich die Organisationslehre am Wertsystem des Managements orientiert, um dadurch ihre Akzeptanz beim Management zu erhöhen, mit der Folge, dass das Selbstbild des Managements gestärkt wird, indem es sich das Ansehen der Wissenschaft zunutze machen kann.

Von den Kritikern des Taylorismus wird die Managementlehre indirekt in ihrer Bedeutung gestärkt, indem die Kritik an den Prinzipien der Managementlehre ansetzt und dabei implizit voraussetzt, diese stellten gewissermaßen ein Kondensat der betrieblichen Realität dar, ohne deren ideologischer Gehalt zu beachten. Sehr deutlich wird dieses methodische Vorgehen bei Braverman (1978) und Sohn-Rethel (1970), die völlig unkritisch Taylors eigene Texte heranziehen. Littler (1978) legt für seine Analyse einen amerikanischen Survey über Job Design aus den 50er Jahren zugrunde und belegt seine Thesen mit Material, das er unkritisch aus der Managementlehre übernimmt.

12 Varianten der Taylorismus-Interpretation

An dieser Stelle soll der Versuch unternommen werden, die weite Verbreitung und das weitgefasste Verständnis des Taylorismus zu systematisieren. Dabei knüpft dieses Vorhaben an die aktuelle Diskussion über den Taylorismus an, die mit dem Einzug der EDV in den Bereich geistiger Arbeit neu aufgekommen ist. Die zusammengestellten Autoren beziehen sich daher auch vornehmlich auf diesen Technologiebereich. Es handelt sich um Braverman (1977), Briefs (1979), Cooley (1976, 1979a, 1979b), Herman und Teschner (1979), Kühn (1979), Littler (1978), Neef (1979). Geordnet wird die Diskussion mit einem analytischen Raster von fünf Varianten, die der Diskussion folgen und deren Schwerpunkt einfangen. Die ersten beiden Varianten zielen auf die Organisationsebene ab, indem sie Strukturen der Arbeitsorganisation erfassen. Die dritte Variante operiert auf der Handlungsebene und gibt die Konsequenzen des Taylorismus für das Individuum wieder. Die vierte Variante beschreibt die ökonomische Dimension des Taylorismus als Leistungsabforderung. Schließlich wird auf der Organisationsebene in der fünften Variante eine Strategie der Innovation verfolgt.

12.1 Taylorismus als Arbeitsteilung

Diese Sicht legt den Schwerpunkt der Interpretation auf die Zerlegung von Arbeitsvorgängen. Die theoretische Formulierung des Prinzips der Arbeitsteilung geht auf Adam Smith zurück. Vielfach wird axiomatisch unterstellt, Arbeitsteilung bringe Produktivitätfortschritte. Dieses ist ein verbreitetes Verständnis der Organisationslehre, ohne jedoch im strengen Sinne empirisch gesichert sei. Zumeist wird die Arbeitsteilung in ihrer extremen Form der hoch segmentierten Arbeit behandelt und diese Form als Taylorismus angesehen. Allerdings geht die Forderung nach extremer Arbeitsteilung nicht auf Taylor zurück, sondern ist vielmehr die Arbeitsform der mechanisierten Massenproduktion von hoch standardisierten Gütern und ebenso typisch für die klassische Manufaktur.

Extreme Arbeitsteilung als Taylorismus zu bezeichnen, ist weit verbreitet. Littler (1978, S. 188) sieht in der extremen Arbeitsteilung einen Grundsatz der tayloristischen Arbeitsorganisation "general principle of maximum fragmentation", wogegen aber Kelly (1978) völlig zutreffend einwendet, dabei rekonstruiere Littler ein Taylorismus-Bild eines amerikanischen Surveys über Job Design aus den 50er Jahren, nicht aber Taylor. In den Zusammenhang mit dem Maschineneinsatz stellen Kühn (1979) und Briefs (1979) die Arbeitsteilung. Kühn vertritt die These von einer Verstärkung der Arbeitsteilung, die vom Maschineneinsatz ausgehe (S. 38), wobei er implizit mit einem Kubicek-Zitat seine Argumentation mit dem Taylorismus-Konzept in Verbindung bringt. Ebenso sieht Briefs in Kontext des Taylorismus eine Zunahme monotoner und repetitiver Arbeit durch den Ersatz von Maschinen (hier: EDV, S. 422). Auch Cooley (1979 b, S. 2) sieht einen Zusammenhang von Einführung kapitalistischer Technik und fortschreitender Arbeitsteilung. Allerdings spezifiziert er diesen Zusammenhang nicht näher. Fortschreitende Arbeitsteilung ist bei Hermann und Teschner (1979) bloß eine unter anderen Methoden der Rationalisierung, wobei sie unkritisch eine Argumentation der Organisationslehre übernehmen. Cooley sieht in der extremen Arbeitsteilung ein bedeutendes Prinzip des Taylorismus – eine Ansicht, die von Braverman (1977) wahrscheinlich deswegen nicht übernommen wird, weil er eng an Taylors Originaltexten anlehnend argumentiert und extreme Arbeitsteilung tatsächlich nicht zu Taylors Forderungen gehört.

12.2 Taylorismus als Trennung von Planung und Ausführung der Arbeit

Dieses Verständnis von Taylorismus erscheint formal unter die erste Variante der Arbeitsteilung subsumierbar, da die Trennung von Planung und Ausführung der Arbeit bloß eine besondere Form der Arbeitsteilung darstellt. Hier aber soll der Akzent auf die unterschiedlichen Qualitäten der Arbeit – die Planung und die Ausführung – gelegt werden.

Das Prinzip, Planung und Ausführung der Arbeit zu trennen, geht in seiner theoretischen Formulierung auf Taylor zurück und wird heute noch vielfach als ein Axiom der Organisationslehre angesehen, das mit dem Argument der Fortschritte der Produktivität gerechtfertigt wird, ohne jedoch empirisch gesichert zu sein. Hermann und Teschner (1979) bezeichnen die Trennung von Planung und Ausführung als eine generelle Rationalisierungsmaßnahme. Aber sie verzichten darauf, diese Sicht zu problematisieren. Kühn (1979) sieht in der Herausbildung einer Planungsinstanz einen Schritt zur Hierarchiebildung und spricht damit den Herrschaftsaspekt industrieller Arbeit an (S. 30). Das Hierarchisierungsargument wird aber bei ihm nicht weiter verfolgt. Briefs (1979, S. 422), Braverman (1977, S. 94) und Littler (1978, S. 188) sehen in dieser Form der Arbeitsteilung eines der fundamentalen Prinzipien des Taylorismus. Hierüber besteht also weitgehende Übereinstimmung. Die Tendenz zur Intensivierung der Vorplanung wird ebenfalls von Neef (1979) und Cooley (1979 a, S. 18) betont. Beide Autoren betrachten sie als ein Kennzeichen des Taylorismus.

12.3 Taylorismus als Verlust von Autonomie in der Arbeit

Ist bei den vorhergegangenen Varianten der Ausgangspunkt der Konstruktion die Organisation der Arbeit gewesen, so geht es bei dieser Variante stärker um die Auswirkungen des Taylorismus auf den einzelnen Arbeitnehmer. Insofern umfasst diese Variante die beiden anderen. Verlust an Autonomie kann Folge einer extremen Arbeitsteilung sein (Variante 1), sie kann Folgen von genauen Vorschriften der übergeordneten Planung, d.h. der Standardisierung der Arbeit, sein (Variante 2). Sie kann ebenso resultieren aus einer engen Anbindung der Arbeit an einen Maschinentakt. Hier ergeben sich unmittelbare Verbindungen zur Mechanisierungsstrategie. Hermann und Teschner (1979) sehen einen Verlust der Autonomie und der Selbstorganisation der Ingenieursarbeit als Folge der Rationalisierung geistiger Arbeit, die auf der Ebene des Arbeitshandelns als Formalisierung von Richtlinien und Verfahrensweisen erscheinen und Elemente der Regelhaftigkeit und Vereinheitlichung in die konkrete Arbeit hineintragen. Ebenfalls Briefs (1979) vertritt die These von der Standardisierung der Arbeit, die in Vorgabe und Richtlinien eingebettet sei (S. 422). Cooley (1979 a, S. 17) meint, dass die Technische Intelligenz immer weniger die Inhalte ihrer Arbeit bestimmen können und immer mehr in den Produktionsprozess integriert würde. In ihrem Arbeitstempo würden sie von Maschinen bestimmt. Einen Zusammenhang von Formalisierung der Arbeit und Maschineneinsatz stellen Neef (1979, S. 13) und Kühn (1979, S. 37) her: Beide sehen in der Formalisierung der Arbeit, also deren enge Einbindung in den Ablauf bestimmende Vorschriften, eine Voraussetzung für die Mechanisierung. Zu fragen bliebe hier, ob nicht auch in Hinblick auf die Formalisierung der Einwand von Pirker (1963) angebracht ist, den er in Hinsicht auf die Arbeitsteilung vorgebracht hat: der so gesehene Zusammenhang von Formalisierung und Mechanisierung gehöre in den Bereich der von der Organisationslehre gepflegten tayloristischen Legenden.

In der völligen Einschränkung der Autonomie der Arbeit durch Vorschriften des übergeordneten Managements sieht Braverman (1977, S. 97) einen bedeutenden Grundsatz des Taylorismus (Taylors "drittes Prinzip").

12.4 Taylorismus als Leistungskontrolle

Diese Variante beschreibt die ökonomische Dimension des Taylorismus. Eines der Ziele des Managements besteht in einer möglichst intensiver Leistungsverausgabung der Arbeitskräfte. Die geplante Produktivitätsleistungen der Varianten eins, zwei, drei lassen sich nur bei einer entsprechenden Verausgabung der Arbeitskräfte auch tatsächlich erreichen. Insofern finden diese Modelle ihre ökonomische Ergänzung in der Variante vier. Zur Sicherstellung dieses Leistungsniveaus dient ein System der Leistungskontrolle, das mit direkten Kontrollmethoden operiert, wie Zeitvorgaben für einzelne Stücke und Zeitmessungen für einzelne Operationen wie auch mit indirekten Methoden des Leistungsanreizes (Akkord und Prämienentlohnungssysteme).

Dieser Kontrollaspekt des Taylorismus wird von Briefs (1979, S. 420 ff) besonders betont und erscheint damit das Hauptziel des Managements zu sein. Bei Braverman (1977) bleibt der Kontrollaspekt ein wenig im Hintergrund seiner Ausführungen, vielmehr legt er das Gewicht stärker auf den Vorplanungsaspekt. Zwar erhebt er die Kontrollabsichten des Managements sogar zu einem Prinzip des Taylorismus (S. 98), führt aber dieser Gedanken nicht weiter aus. Hermann und Teschner (1979) sprechen lediglich das Potential von Kontrollmöglichkeiten an, das mit der Technisierung geschaffen wird. Sie verzichten aber auf eine Darstellung der konkreten Formen. Auch bei Cooley findet der Aspekt der Leistungskontrolle wenig Beachtung. Vielmehr wird bei ihm eine enge Einbindung der Arbeitskräfte an die Leistungsvorgaben des

Managements implizit angenommen. Bei Kühn (1979) fehlt die Darstellung des Kontrollaspekts überhaupt. Littler gibt eine bemerkenswerte Interpretation der Leistungsentlohnungssysteme. Er wendet ein, die weithin verbreitete Auffassung, ein wesentliches Element des Taylorismus sei die Leistungsentlohnung, messe den leistungsbezogenen Lohnformen einer zu hohen Bedeutung bei. Grundsätzlich sei nämlich die Höhe der Entlohnung von zwei Dimensionen bestimmt: einmal die reine Dauer der Arbeitszeit und zweitens die verausgabte Leistung. Bemerkenswert sei nun nicht die Tatsache, dass der Taylorismus die Zeitdimension in die Leistungskategorie einkleide. Soziologisch interessant sei vielmehr, in welcher Weise die Gewichtung bei den Dimensionen vor sich gehe. Littler vertritt dann die These, das Neue am Taylorismus sei dessen verfahrensmäßige Formulierung der Erhebung und Festlegung von Leistungsnormen (S. 196 f).

Lutz (1975) und Schmiede/Schudlich (1976) weisen auf die verschiedenen Formen der Institutionalisierung der beiden Dimensionen Zeit und Leistung hin, indem sie den Taylorismus als einen Versuch des Managements interpretieren, die Leistungsdimensionen von der Zeitdimension abzukoppeln ("Trennung von Leistungs- und Lohnpolitik", Lutz 1975, S. 162). Während die Lohnsätze zwischen Gewerkschaften und Unternehmen auf übergeordneter Ebene ausgehandelt werden, verbleibt die Festlegung der Arbeitsleistung auf der Mikroebene der Arbeitsorganisation. Ob allerdings das ehrgeizige Ziel der betrieblichen Rationalisierungsfachleute erreicht worden ist, die Motivation der Arbeiter von monetären Größen zu lösen und ganz auf Leistungsziele festzulegen (Lutz, 1975, S. 171), erscheint angesichts der instrumentellen Orientierung der Arbeiterschaft fraglich. Und offen ist auch noch die Frage, wieweit die Leistungspolitik tatsächlich abkoppelbar ist von der Lohnpolitik und insbesondere, wieweit die tayloristischen Leistungserwartungen gehen können. Man könnte nämlich vermuten, dass der tayloristische Zugriff auf Leistungsreserven abhängt von der Verfassung des Arbeitsmarkts. Wahrscheinlich hat sich gerade deshalb in den 1920er Jahren eine autonom erscheinende betriebliche Leistungspolitik entwickeln können, weil die Arbeitsmarktlage für die Arbeitskräfte relativ schlecht war und sie deshalb keine adäquaten Gegenkräfte entwickeln konnten. Diese Sichtweise wird von Schöck (1977) insofern unterstützt, als sie darauf hinweist, wie die große Bedrohung, die in den 1920er Jahren von der Arbeitslosigkeit ausging, die Unternehmen in die Lage versetzt, "...die Arbeitsintensität gewaltig zu steigern" (S. 172). Den gleichen Gedanken verfolgt Brown (1977, S. 353 ff), der Leistungspolitik und Arbeitsmarkt in Beziehung setzt. So erscheint es zweifelhaft, ob in Zeitperioden eines knappen Arbeitsmarktes die Autonomie der betrieblichen Leistungspolitik hinsichtlich des Arbeitsmarktes aufrecht erhalten werden kann.

12.5 Taylorismus als Innovationsstrategie

Wird Technikeinsatz als einen Übergang zu einer höheren Stufe der Mechanisierung begriffen, so ist die Aneignung von Qualifikationen der lebendigen Arbeit durch das Management eine Bedingung für eine Mechanisierung weiterer Arbeitsfunktionen. Diese Variante des Taylorismus stellt sich als ein methodisches Prinzip des Mechanisierungsprozesses dar der oben auf Seite 58 beschrieben wurde, und zieht auf diese Weise Verbindungen zur Mechanisierungsstrategie. Allerdings wird dieser Aspekt des Taylorismus, dessen Verbindung zu innovierender Mechanisierung, in der Literatur selten gesehen. Von den betrachteten Autoren weist allein Briefs (1979, S. 421) darauf hin, wenn er schreibt: Es wird "... das Wissen der menschlichen Produzenten aus deren Köpfen geholt und in die breite Palette der genannten Systeme (gemeint sind EDV-System – R.V.) hineingelegt…“.

13 Technische Effizienz und ökonomische Rentabilität – Zur Kontroverse um die Produktionsökonomie

Sohn-Rethel hat mit seinen Arbeiten "Geistige und körperliche Arbeit" (1970) und "Die ökonomische Doppelnatur des Spätkapitalismus" (1972) eine breite öffentliche Aufnahme gefunden, die auch weit ins Wissenschaftssystem hineingereicht hat und dort etwa zu einer Grundlegung industriesoziologischer Konzepte geführt hat (vgl. Brandt u.a. 1978). In diesem Kapitel soll eine seiner Thesen diskutiert und einer historischen Überprüfung unterzogen werden. Es geht dabei um die Interpretation, die Sohn-Rethel dem Wandel des Kapitalismus gibt, der nicht mehr die ökonomischen Beziehungen alleine über den freien Markt regeln könne, sondern zu Mitteln der Marktregulierung greifen müsse, um die Kapitalverwertung abzusichern. Dieser Wandel des Kapitalismus ist in keiner Weise kontrovers, sondern ein seit ungefähr 100 Jahren zu beobachtender Prozess, der in den 1920er Jahren mit der Formel des Übergangs vom liberalen Kapitalismus zum organisierten Kapitalismus umschrieben worden war (Naphtali 1928).

Sohn-Rethel führt den Übergang zum organisierten Kapitalismus auf die Entwicklung der Produktivkräfte zurück, die auf eine Herausbildung einer "Produktionsökonomie" abzielen. Mit dem Terminus Produktionsökonomie bezeichnet Sohn-Rethel ein neues ökonomisches Prinzip, das im Konflikt liege mit dem klassischen Vergesellschaftungsprinzip des liberalen Kapitalismus, den Zusammenhang der einzelnen Produzenten über den freien Markt herzustellen. Das neue Prinzip der Produktionsökonomie habe den Übergang zum organisierten Kapitalismus erforderlich gemacht und sei das Vergesellschaftungsprinzip des Sozialismus, der sich mithin in diesem neuen Prinzip ankündige. Das Vergesellschaftungsprinzip der Produktionsökonomie sei so zu verstehen, dass es den gesellschaftlichen Zusammenhang der Produzenten, die Sohn-Rethel sowohl auf individueller wie auch auf Unternehmensebene ansiedelt, aus der Marktvermittlung herauslöse und statt dessen durch einen Plan als eine technische Relation herstelle.

Eine Konkretisierung des Prinzips der Produktionsökonomie erblickt Sohn-Rethel in zwei Entwicklungen des organisierten Kapitalismus. Zum ersten nennt er den Taylorismus, dessen Ziel, die einzelnen Prozesse zeitlich abzustimmen, es möglich macht, einen zentralen Plan mit dem betrieblichen Mikrogeschehen in Einklang zu bringen, wie oben auf Seite 23 bereits ausgeführt worden ist. Zweitens sieht Sohn-Rethel im säkularen Trend des Anstiegs des Fixkostensockels der Industrie einen weiteren Ausdruck des betriebsökonomischen Prinzips, da der hohe Fixkostensockel es ökonomisch erforderlich macht, der Gefahr einer Unterauslastung der Kapazitäten, die vom freien Markt ausgeht, zu begegnen, indem abgestimmtes Verhalten am Markt das Konkurrenzverhalten ersetzt.

Einwände gegen die Position Sohn-Rethels.

Die Einwände, die gegen Sohn-Rethels Interpretation des organisierten Kapitalismus vorgebracht werden können, sollen nun hier diskutiert werden. Sie lassen sich dahingehend zusammenfassen, dass Sohn-Rethel die praktische Bedeutung des orthodoxen Taylorismus vollkommen überschätzt hat und dem Streben nach technischer Effizienz im Zielsystem der Unternehmen einen zu hohen Rang beigemessen hat.

Als ein methodischer Einwand kann geltend gemacht werden, dass Sohn-Rethel den Taylorismus nicht sozialgeschichtlich sondern in einer ideengeschichtlichen Weise behandelt, indem er Taylors eigene Texte heranzieht, ohne die Chancen der praktischen Anwendung des orthodoxen Taylorismus genau zu überprüfen. Eine derartige Überprüfung könnte dann eine Bewertung von Taylors Argumentationsstruktur abgeben und so ihre absolute Geltung als Kennzeichen des Spätkapitalismus oder gar als einer in einer bestimmten Weise vor sich gehenden Vorbereitung des Sozialismus in Frage stellen. Weiter fällt als eine methodische Schwäche von Sohn-Rethels Ansatz auf, dass die kommunikative Metafunktion der Taylorismusdebatte in der Zeit von 1910 bis 1930 von ihm gar nicht erkannt worden ist. Die Debatte wurde geführt in den Medien der ingenieurswissenschaftlichen Zeitschriften und der gesellschaftspolitischen Organe, deren Inhalt in starker Weise normative, modellhafte Züge aufwies, und bewegte sich damit auf einer programmatischen Ebene öffentlicher Reflexionen, ohne jedoch in strengem Sinne an tatsächliche Änderungen der Industriearbeit gebunden zu sein. Zwar ist es begreiflich – so ist hier einzuräumen –, dass Sohn-Rethel diese Reflektionsebene als einen Ausweis realer Veränderungen verstanden hat, indem man sich vergegenwärtigt, dass von vielen Gesellschaftstheoretikern der 1920er Jahre der Taylorismus im Rahmen der Entfaltung der Produktivkräfte gesehen wurde und insofern eine positive Einschätzung erfuhr – insbesondere auch in der Sowjetunion (Eliasberg 1925). Allerdings gilt es auch, die ideologische Reflektionsebene der Taylorismusdebatte zu analysieren. Dieses hat jedoch Sohn-Rethel versäumt. Dann wäre an Stelle einer vorfixierten Einordnung des Taylorismus in das Produktivkraftraster zu fragen, ob nicht etwa der Taylorismus eine Projektion der auf das Maschinensystem bezogenen ingenieurswissenschaftlichen Methoden auf den Bereich des Unternehmens insgesamt darstellt. Von einer derartigen Blickrichtung aus ließe sich dann weiter fragen, ob nicht etwa der Taylorismus die professionellen Interessen der Ingenieuren zum Ausdruck bringt, welche in der Zeit 1900 bis 1930 Fragen der optimalen Betriebsorganisation aufgegriffen und methodisch bearbeitet haben, wie oben ausgeführt worden ist.

Eine Festlegung Sohn-Rethels auf einen genauen Begriff des Taylorismus ist kaum möglich, da er zwar Wandlungen des Taylorismus einräumt, aber doch von gleichbleibenden Prinzipien spricht und sogar zur pointierten Schlussfolgerung gelangt, er meine jedes Antreibersystem (1970, S. 154). Hier ist aber einzuwenden, dass Antreiberei zu unspezifisch für die jeweilige Entwicklung des Kapitalismus ist und daraus keine transitorischen Entwicklungen der Gesellschaft abgeleitet werden können. An die praktische Durchsetzung von Antreibersystemen lassen sich auch kaum – so lässt sich einwenden – gesellschaftstheoretische Deutungen anbinden, sondern der Grad der Durchsetzung signalisiert im Bereich der Wirtschaftspolitik lediglich die jeweilige Stärke der Arbeiterbewegung.

Ferner kann man sich fragen, ob es methodisch zulässig ist, die beiden Tendenzen, welche durch die beiden Personen Taylor und Schmalenbach symbolisiert werden, der Taylorismus und der sekulare Trend zur Erhöhung des Fixkostenanteils in der Kostenstruktur der Industrie, durch den Begriff der Produktionsökonomie auf einen

Nenner bringen zu wollen. Schließlich ist Taylor eher als ein Theoretiker der Werkstattfertigung zu verstehen, der vorherrschenden Organisationsform des Maschinenbaus und in geringem Maße auch der Stahlverarbeitung in Walzwerken, die durch ein stets wechselndes Produktionsprogramm bei kleinen Stückzahlen gekennzeichnet sind und deswegen auch – zumindestens in den 1920er Jahren, worauf sich Sohn-Rethel bezieht – durch einen verhältnismäßig niedrigen Mechanisierungsgrad und relativ hohes Gewicht an handwerklicher Erfahrung sich auszeichnen. Taylorismus in der praktischen Anwendung des Maschinenbaus ist dann als ein Versuch zu verstehen, einen pragmatischen Ansatz für die betriebswirtschaftlichen Kalkulationsprobleme zu finden, zu deren Lösung wegen der Vielfalt und des raschen Wechsels des Produktionsprogramms auf keine empirischen Erfahrungswerte zur Schätzung von Zeit und Kosten zurückgegriffen werden kann, und statt dessen mit einem normativen Modellansatz die Vielzahl der Kostendimensionen auf wenige Größen reduziert wird. Taylorismus hieße also hier ein Kalkulationsmodell, das eine Vorplanung und Steuerung der Produktion impliziert. Dieses Kalkulationsmodell kann sogar auch ohne Rückgriff auf den Taylorismus beschrieben werden und ist auch unabhängig von ihm um die Jahrhundertwende entstanden (Kocka 1969, Stollberg 1980).

Von diesem Problemkreis ist das Fixkostenproblem, das vor allem in der Grundstoffindustrie virulent ist, zu unterscheiden. Der Übergang zu größeren Erzeugungseinheiten vollzieht sich, um dem durch die globale Konkurrenz ausgeübten Druck zur Kostensenkung zu entsprechen, indem durch große Einheiten die Stückkosten gesenkt werden. Diese Bedingungen lassen sich weniger durch den Begriff des Taylorismus erfassen, da das Kalkulationsproblem infolge der Homogenität der Grundstoffe weniger bedeutsam ist, als vielmehr durch das Fixkostenproblem: Der hohe Fixkostensockel kann nur bei hoher Auslastung der Kapazitäten derart auf die Stückkosten verteilt werden, dass die Stückkosten konkurrenzfähigen Bedingungen entsprechen. Produktionsökonomie herzustellen, hieße also in diesem Zusammenhang, für einen hohen Auslastungsgrad zu sorgen.

Diese beiden hier aufgewiesenen betriebliche Problembereiche, der Taylorismus und die Fixkosten, erscheinen jedoch als zu heterogen, um sie als Indikatoren zu interpretieren, die gemeinsam auf den wachsenden Einfluss des neuen Prinzips der Betriebsökonomie hinweisen. Sohn-Rethel geht sogar so weit zu behaupten, Taylor und Schmalenbach hätten dasselbe gemeint: Die Inflexibilität der Kostenstruktur bildet "... schon bei Taylor die Grundlage für seine Zielsetzung ..." (1972, S. 30) – eine sehr fragwürdige Taylor-Interpretation!

Für die Grundstoffindustrie ist die Bedeutung des von Sohn-Rethel angesprochenen Fixkostenproblems wohl kaum zu bezweifeln. Der seit den 90er Jahren zu beobachtende Konzentrationsprozess in diesem Wirtschaftszweig deutet darauf hin. Zu fragen bleibt aber, ob das Fixkostenproblem in anderen Wirtschaftszweigen ebenso virulent geworden war, so dass es die freien Märkte außer Kraft setzen konnte.

13.1 Technische Effizienz als Unternehmens-Strategie – Eine historische Interpretation

Das Fixkostenproblem soll hier in einem allgemeineren Rahmen diskutiert werden als die Frage, welche handlungsleitenden Motive das Zielsystem der Unternehmen bestimmt haben. Ausgegangen wird von der These, dass das Streben nach technischer Effizienz einen starken Impuls für das unternehmerische Handeln in der Zeit 1890 bis 1930 dargestellt hat. Technische Effizienz als Zielgröße konnte in Einzelfällen sogar ein eigenständiges Handlungsmotiv werden, das die Frage der Kapitalrentabilität zweitrangig werden ließ. Diese These wird in Verbindung mit dem Fixkostenproblem gebracht und soll anhand der Forschungsergebnisse belegt werden.

Das Fixkostenproblem soll zunächst im Rahmen dieser Tendenz, technische Effizienz anzustreben, interpretiert werden. Technische Effizienz als Unternehmensstrategie bedeutet etwa, den Weg der vertikalen Integration von der Rohstoffgewinnung bis zur Endproduktfertigung zu beschreiten und alle Prozesse in einem Unternehmen auch technisch zu vereinigen und abzustimmen. Diese vertikale Unternehmensstruktur impliziert dann ein hohes Maß an fixgebundenem Kapital. Das Abstimmungsproblem lässt das Ausmaß des im Unternehmen gebundenen fixen Kapitals weiter ansteigen. Sofern nämlich das Unternehmensziel verfolgt wird, alle Erzeugungsstufen gleichmäßig auszulasten, sind weitere Kapitalanlagen zur technischen Abstimmung der einzelnen Prozesse erforderlich. Der Fixkostenanstieg als Konsequenz der Strategie, nach technischer Effizienz zu streben, ist von Schmalenbach (1928) zutreffend erkannt worden. Auf diese Passage in dem Text von Schmalenbach stützt sich auch Sohn-Rethel. Er schreibt (1972, S. 31): "Das Prinzip der gleichmäßigen Beschäftigung führt in Ansehung unterbeschäftigter Anlagenteile die Betriebsleiter dazu, den Betrieb solange zu vergrößern, um diese nicht ausgenutzten Anlagen besser zu beschäftigen". Was Sohn-Rethel das "Prinzip der gleichmäßigen Beschäftigung nennt", kann in diesem Kontext als das Prinzip der technischen Effizienz verstanden werden, um auf diese Weise das Fixkostenproblem von Sohn-Rethel in das Prinzip der technischen Effizienz einzuordnen.

Nun sollen hier Belege für das Streben nach technischer Effizienz in der Unternehmensgeschichte zusammengestellt werden, um daran dann eine Bewertung der Position Sohn-Rethels vorzunehmen. Das Streben nach technischer Effizienz in der industriellen Produktion auch unter Bedingungen, welche die Rentabilität des eingesetzten Kapitals in Frage stellen, war – so die These von Karl Hardach (1974, S. 171) – ein internationales Phänomen in der Zeit 1890 bis 1930. Hardach stellte für das westliche Unternehmertum eine starke technische Orientierung fest und erblickte darin "ein gewisses irrationales Element", da das "Streben nach technischer Bestleistung" nicht stets in Übereinstimmung mit den Faktorkosten sich befand.

Obgleich die technische Orientierung des US-amerikanischen Unternehmertums bisher noch nicht ausreichend erforscht ist, so lässt sich zumindest der Fall Henry Ford als Beleg dafür anführen. In den 1920er Jahren wurde die Ford Motorcompanie zu einem nahezu autarken Großunternehmen, das alle Stufen von der Rohstofferzeugung bis zur Endproduktherstellung vereinigte und nach technischen Optimalitätsprinzipien koordinierte (Ford 1925), womit Ford zu einem Anziehungspunkt für die internationale Community der Ingenieure wurde (Nevins, 1954, S. 508). Zweifellos war das von Ford mit Stolz der Öffentlichkeit präsentierte Verfahren des Abfall-Recycling, das er in seinen Werken betrieb, ein Musterbeispiel technischer Effizienz. Ob es auch ökonomisch rentabel war, ist bisher ungeklärt und könnte angesichts des Rohstoffreichtums der USA auch bezweifelt werden. Das von Ford verfolgte Prinzip der technischen Effizienz kam in seiner Unternehmenspolitik auch darin zum Ausdruck, dass er die Gewinne immer wieder zur Vervollkommnung des Maschinenparks reinvestierte, anstatt sie außerhalb des Unternehmens zu verwenden. Von Gottl-Ottlienfeld, dem Theoretiker des Fordismus, wurde diese Politik zu einem Prinzip des Fordismus erhoben (1923, S. 20, S. 26). Allerdings zeigt sich am Beispiel Ford, dass sich auf dem Prinzip der technischen Effizienz allein keine langfristig erfolgreiche Unternehmenspolitik gründen lässt. Ford vernachlässigte nämlich, die unheilvolle Überzentralisation seines Unternehmens abzubauen, er vernachlässigte das Marketing als wichtigen Teil unternehmerischer Aktivitäten, mit der Folge, dass die Rendite seines eingesetzten Kapitals drastisch fiel und sein Unternehmen im Jahre 1927 in eine schwere Krise geriet (Chandler 1962, S. 158 ff, S. 372 f).

Ebenfalls in Deutschland lassen sich Anzeichen für eine technische Orientierung des unternehmerischen Handelns ausmachen. Für den Bereich des deutschen Kohlenbergbaus im Ruhrgebiet stellt Mommsen (1974 a, S. 307 f) eine Orientierung der Bergbauunternehmerschaft fest, die weniger durch ökonomische Zielsetzungen bestimmt ist als durch Gesichtspunkte der technischen Effizienz und auch des politischen Prestiges (Kampf gegen die englische Kohle) sowie des Strebens nach Autarkie. Auch war der intensive Prozess der Mechanisierung des Kohlenbergbaus, der in den 1920er Jahren von statten ging (Schalldach 1930, S. 98-115, Brady 1933, S. 67-82), nicht von einer entsprechenden Rentabilität begleitet. Im Jahre 1928 stellte die Schmalenbach-Kommission fest, im Steinkohlenbergbau täuschten zu niedrig angesetzte Abschreibungen eine nicht vorhandene Rentabilität vor (Dascher 1974, S. 134).

In Deutschland wurde in den 1920er Jahren die Tendenz, die Unternehmenspolitik auf technische Effizienz auszurichten, durch den Kohlenmangel der Nachkriegszeit (Maier 1974 a) verstärkt (Schulte 1926), der eine rationelle Ausbeutung der Brennstoffe gebot und etwa zu den technologischen Verfahren der Kraft-Wärme-Kopplung geführt hatte (Praetorius 1928). Lutz (1975, S. 115) weist auf die Gründung der "Wärmestelle" des Vereins Deutscher Eisenhüttenleute hin, von wo aus Wirtschaftsingenieure über die Einrichtung von Wärmewirtschaftsstellen in der Industrie Einfluss auf die effiziente Gestaltung der Produktion genommen haben. Fraglich erscheint es aber, ob die hier in den 1920er Jahren erkennbar werdenden professionellen Interessen der Wirtschaftsingenieure an einer rationellen Wärmewirtschaft sich noch mit den ökonomischen Bedingungen in Einklang befunden haben. Die großen Fortschritte in der Wärmewirtschaft in der Stahlindustrie datieren nämlich nicht auf die 1920er Jahre, sondern wurden bereits in der Zeit 1900 bis 1920 erzielt, während in den 1920er Jahren nur noch kleinere Verbesserungen durchgesetzt werden konnten (Schulte, 1926; Rummel 1926). Und nach dem Krisenjahr 1920 war auch die Kohlenversorgung in Europa gesichert. Kohle wurde zu einem Überschußprodukt, so dass von der Versorgungsseite her keine Impulse zur Energieeinsparung ausgehen konnten. Wegen dieser Konstellation konnte der Vertreter der "Wärmestelle", der im Jahre 1926 vor dem Enquete-Ausschuss als Sachverständiger zu Fragen der Wärmewirtschaft gehört worden war, auch keine eigentlich ökonomisch überzeugende Begründung für die Aktivitäten der "Wärmestelle" vorbringen, sondern er musste die Legitimation aus der allgemeinen Formel herleiten, dass Rationalisierung "eine Geistesrichtung" sei (Rummel 1926, S. 280). In dieser Formel drückt sich technischer Fortschritt als autonomes Handlungsmotiv deutlich aus. Festzuhalten bleibt, dass die professionelle Institutionalisierung im umgekehrten Verhältnis zum Fortschritt in der Wärmewirtschaft sich befunden hat.

Die berühmt gewordene Verbundwirtschaft in der deutschen Eisen- und Stahlindustrie demonstrierte die Realisation des produktionsökonomischen Prinzips in vorbildlicher Weise – ein Beispiel, das auch von Sohn-Rethel aufgeführt worden ist (1970, S. 142 ff). Das führende Unternehmen der deutschen Eisen- und Stahlindustrie war die Vereinigten Stahlwerke AG, die im Jahre 1926 aus dem Zusammenschluss von 12 juristisch selbständigen Gesellschaften hervorging und nach der US Steel Corporation zum zweitgrößten Stahlhersteller der Welt zählte (Dascher 1974, S. 129-131, Schalldach 1930, S. 127 ff, Brady 1933, S. 103-138, Lutz 1975, S. 114-118, Reckendrees 2000). Dieses Unternehmen wurde zu einem Wahrzeichen radikaler Rationalisierung und hatte das Prinzip der technischen Effizienz in vorbildlicher Weise realisiert. Es war jedoch auf der Rentabilitätsskala hohen Risiken ausgesetzt, wenn man die für die Grundstoffindustrie typischen starken Zyklen der Nachfrage in Rechnung stellt. Nach einer Schätzung von Prion (1928, S. 157) waren die Produktionskosten der Vereinigten Stahlwerke AG erst bei einer Kapazitätsauslastung von 85 % gedeckt. Aus diesem Grunde war das Unternehmen auch dem öffentlich erhobenen

Vorwurf der Überinvestition ausgesetzt gewesen (Dascher 1974, S. 134), dessen Berechtigung in der Weltwirtschaftskrise sich erwies; das Unternehmen war dem Zusammenbruch der Nachfrage schutzlos ausgeliefert. Zu spät hatte das Management die Strategie, dem technischen Effizienzdenken der Ingenieure zu folgen, als Fehler erkannt. Sohn-Rethel (1979, S. 265) überlieferte die folgende, diesen Fehler eingestehende Klage von H. Poensgen, dem stellvertretenden Vorsitzenden des Vorstandes der Vereinigten Stahlwerke AG: "Wir sind mit der Wissenschaft gefüttert worden und überfüttert mit wissenschaftlichem Rohmaterial, mit wissenschaftlicher Buchführung und wissenschaftlicher Kostenrechnung und wissenschaftlichen Anlagen und diesem und jenem. Und wo hat sie uns hingeführt, die Wissenschaft? Jetzt können wir unsere Werke nicht mehr im Verbund beschäftigen, weil wir keine Aufträge haben, nun müssen wir die 14 Tage lang stilllegen und 14 Tage lang wieder anlassen. Dahin hat die Wissenschaft uns geführt".

Eine verbreitete Virulenz des Prinzips der technischen Effizienz dokumentiert sich außer im Kohlenbergbau und in der Stahlindustrie auch in anderen Wirtschaftszweigen, in denen der Technikeinsatz eine geringe Rentabilität aufzuweisen schien. Die Art und Weise der Adaption der damalig neu entstandenen Technologie der Büromaschinen zum Zwecke der Rationalisierung der Arbeit im Angestelltenbereich lässt ebenfalls auf ein Investitionsverhalten schließen, das nicht mehr mit einem engen Rentabilitätskalkül beschrieben werden kann, sondern von einer Auffassung geleitet zu sein schien, bereits der Einsatz neuer Technologien allein könne betriebliche Probleme beseitigen. Diese von der Technik geleitete Investitionsstrategie verkannte jedoch die mit den neuen Büromaschinen verbundenen Organisationsprobleme, deren nicht vorausgesehenes Auftreten die Rentabilität der getroffenen Investitionsentscheidungen in Frage stellen konnte. Zwar befand sich die Büromaschinentechnologie in Deutschland erst am Beginn der Diffusionsphase – so schätzt das Handbuch der Rationalisierung im Jahre 1929 die Zahl der installierten Schreibmaschinen erst auf ein Drittel Millionen (Reuter 1929, S. 636) – doch traten bereits gravierende Planungsprobleme auf. So merkt Kalveram zur Büromechanisierung der 1920er Jahre an: "Aber Mechanisierung und Maschinisierung sind durchaus nicht gleichbedeutend mit Rationalisierung. Die schädlichen Experimente unorganischer Maschineneinführung haben in vielen Betrieben eine Erschwerung der Übersichtlichkeit, eine bedenkliche Verminderung des Liquiditätsgrades, eine Steigerung der Unkosten und eine Senkung der Rendite hervorgerufen und zu einer schnellen Aussonderung der mit großen Hoffnungen beschafften neuen Büromitteln geführt" (1929, S. 251). Eine ähnliche Einschätzung gibt Dreyfuss (1933, S. 37 ff). Zusätzlich zum Planungsproblem stellte sich die ungeklärte Frage der Rentabilität der neuen Büromaschinen, deren Kosten- und Leistungsverhältnis zu kalkulieren, ein damals ungelöstes Problem war. Dazu schreibt Kalveram (1929, S. 255): "Ein Kostenvergleich zwischen den alten und neuen Anlagen ist außerordentlich schwierig". Den gleichen Gedanken verfolgt Mosler, wenn er über die neuen Büromaschinen im Bankbetrieb schreibt: "Noch nicht völlig geklärt ist die Frage der Rationalität vom Standpunkt des Anschaffungspreises, der vollen Tagesausnutzung und der Lebensdauer der Maschinen" (1928, S. 247)[11].

Die in den 1920er Jahren entstehende Betriebswirtschaftslehre erkannte die Differenz beider Prinzipien, das der technischen Effizienz und das der Kapitalrentabilität, und warnte vor einer unüberlegten Anwendung der Rationalisierung. Diese Warnungen deuten indirekt auf die Existenz und Virulenz des produktionsökonomischen Prinzips in der deutschen Industrie hin. Allerdings sind diese Stimmen in einer starken Minderheit. Fehse (1924) gibt modellhaft eine Abwägung von Kosten und Gewinnen der Vorkalkulation im Maschinenbau und zieht dadurch Grenzen für die Anwendung des produktionsökonomischen Prinzips. Der Berliner Betriebswirtschaftler Prion (1928) bezweifelt, ob "immer die Rationalisierung auch wirklich rationell betrieben worden ist" und fordert, die technische Effizienz auch unter dem Aspekt der Kapitalrentabilität zu prüfen (S. 156).

13.2 Technische Effizienz als autonomes Prinzip?

Wenn man versucht, eine Schlussfolgerung aus den hier dargestellten Formen des betrieblichen Technikeinsatzes zu ziehen, so kann man die These vertreten, dass im Zeitraum 1890 bis 1930 das Prinzip der technischen Effizienz in Konkurrenz gelegen hat mit dem der Kapitalrentabilität. Insofern stützt sich die These von Sohn-Rethel von den zwei konkurrierenden Prinzipien auf historische Gegebenheiten. Fraglich

[11] Weitere Hinweise zum Problem der Büromechanisierung bei Deiters 1927 und International Labor Office 1937

bleibt jedoch, welche Interpretation man dieser Konkurrenz zu geben hat. Dass das Prinzip der technischen Effizienz wirklich autonom ist und aus dem Entwicklungsstand der Produktivkräfte abgeleitet werden kann, erscheint zweifelhaft. Vielmehr legt das historische Material eine andere Interpretation nahe. Die fragliche Zeit kann als eine Periode des Lernens verstanden werden. Die Unternehmen lernten damals, mit den neuen Möglichkeiten des Technikeinsatzes, mit den neuen Formen der Betriebsorganisation und den neu geschaffenen Formen der Großunternehmen umzugehen.

Sie lernten, wie Nobel (1977, S. 53) anmerkt, dass die schiere Größe eines Unternehmens noch keine Rentabilität verspricht. Am Beispiel der Büromaschinen konnten die Unternehmen die Erfahrung machen, dass nicht jede Form des Technikeinsatzes profitabel ist. Ferner haben sie mit der Zeit die professionellen Interessen der Ingenieure an dem Prinzip der technischen Effizienz eingegrenzt. So wurden etwa die Taylorisierungsversuche in der deutschen Stahlindustrie, die Brady (1933, S. 120) als unverbindlich charakterisiert, zu Beginn der 1930er Jahre ganz eingestellt (Lutz 1975, S. 175 ff). Dieses klägliche Ende des Taylorismus in der Stahlindustrie wurde von Sohn-Rethel gar nicht wahrgenommen. Zweifelhaft erscheint es auch, ob so etwas wie eine technologische Notwendigkeit in der Stahlindustrie der 1920er Jahre bestanden hat, die Anlagen auf einen hohen Auslastungsgrad hin zu konstruieren, wie es bei der Vereinigten Stahlwerke AG geschehen ist. Das Material von Blair (1959) zeigt nämlich, dass die U.S. Steel Corporation, ein der Vereinigten Stahlwerke AG vergleichbares Unternehmen, seit den 1920er Jahren die Produktionskosten bereits bei einer Kapazitätsgrenze von 40 % decken konnte. Damit entfällt auch die Beweiskraft, die Sohn-Rethel dem Beispiel der Vereinigten Stahlwerke AG beimisst. Überhaupt erscheint es verwunderlich, dass Sohn-Rethel seine Theorie aufbaut, ohne irgendwelche Arbeiten zur Industrie- und Unternehmensgeschichte zur Kenntnis zu nehmen. Gerade bei seinem Musterfall der deutschen Stahlindustrie hätte dieses Vorgehen, was eigentlich selbstverständlich sein sollte, nahe gelegen, da doch die Stahlindustrie zu den am besten erforschten und dokumentierten Industriezweigen zu zählen ist.

Die oben vertretene These, die Zeit des Jahrhundertbeginns sei eine Phase gewesen, in welcher die Unternehmer gelernt haben, mit dem Prinzip der technischen Effizienz umzugehen, lässt sich ferner mit dem Wandel der Unternehmenspolitik belegen, der nach den zweiten Weltkrieg zu beobachten gewesen ist. Zwar lässt sich vermuten, dass infolge der hohen Aufnahmefähigkeit der Märkte nach dem zweiten Weltkrieg die Steuerung der Unternehmen überwiegend produktionsorientiert vor sich gegangen ist. Jedoch hat die mit dem Ende dieser Übergangsphase eintretende Verschärfung der nationalen und internationalen Konkurrenz dazu geführt, die produktionsorientierte Steuerung der Unternehmen zu Gunsten einer Marktsteuerung abzulösen. Diese These der Umorientierung kann man an verschiedenen Indikatoren empirisch belegen: Hohe Produktdifferenzierung, Dezentralisierung in der Steuerung der Großunternehmen, Abbau vertikaler technischer Integration. Kieser und Kubicek (1977, S. 213-218) referieren eine Reihe von empirischen Untersuchungen über die organisatorische Gestaltung von Großunternehmen, die eine starke Zunahme des dezentralen Unternehmensaufbaus seit dem zweiten Weltkrieg nachweisen. An der Konsumgüterindustrie wird die Abkehr vom Prinzip der technischen Effizienz besonders deutlich. Der Wandel der unternehmerischen Strategie, die Eigenfertigung zu Gunsten eines Zugriffs auf Beschaffungsmärkte zurückzudrängen, lässt sich durch das ökonomische Kalkül, den hohen Betrag an fix gebundenem Kapital zu Gunsten des umlaufenden Kapitals abzubauen, begründen. Die Kapitalbindung und das Risiko der Kapazitätsauslastung sinken. Ein organisationssoziologisches Argument, das auf die Probleme der zentralen Steuerung hochintegrierter Großbetriebe hinweist, gibt in einer anderen Sichtweite der Tendenz zur technischen Dezentralisierung ihre Rationalität. Als ein negatives Beispiel des Versagens zentraler Steuerung großer Einheiten weist Chandler (1962, S. 372 f) auf den unternehmerischen Misserfolg der Fordschen Autoindustrie vor dem zweiten Weltkrieg hin.

14 Das falsche Vorbild Ford – Eine Kritik der Fordismusdiskussion

Hier sollen zunächst die zahlreichen technischen und organisatorischen Innovationen dargestellt werden, mit denen Henry Ford die Massenproduktion von Automobilen historisch erstmals in einer Fabrik und einem Fabriknetzwerk durchsetzte. Aber das glänzende Bild von Fords unternehmerischen Leistungen erhält Schatten, wenn man die Begrenzungen der Unternehmensstrategie von Ford dagegen hält, was dann geschehen soll.

Mit zahlreichen Innovationen gelang es Henry Ford, die Autoproduktion in den Status der Massenproduktion zu überführen, was seinen legendären Ruf begründen sollte. Nach einer Zeit des Experimentierens fand Henry Ford mit dem robusten Einsteigerauto Model T ein Auto, das infolge seiner Konstruktion auch für schlechte Feldwege im ländlichen Amerika geeignet war und mit dem er den lang ersehnten und überwältigenden Markterfolg, auch unter den Farmern, erzielte. Die Kunden rissen ihm das Produkt aus der Hand. Ford brauchte nichts anderes zu tun, als zu produzieren, produzieren, produzieren...Um die Produktionskapazität zu erweitern, baute er auf dem Gelände Highland Park im Jahre 1908 das erste Fabrikgebäude, dem bis 1914 zwei weitere folgten. Die drei Fabrikhallen besaßen vier Geschosse und ein riesiges Ausmaß von jeweils knapp 10.000 Quadratmetern Grundfläche, worin die Arbeitsmaschinen dicht an dicht aufgestellt waren.[12] Die Nachfrage wurde noch mehr angefacht, als die Einführung des Fließbands zur Endmontage die Fertigung vereinfachte und den Preis eines Modells T von 850 Dollar im Jahre 1908 auf 550 Dollar im Jahre 1914 sinken ließ (Williams et al. 1994, S. 98). In Kansas City, mitten im ländlichen Amerika, und in New York baute Ford bereits im Jahre 1912 Montagewerke, um der überstarken Nachfrage Herr zu werden. Die Massenproduktion des Modell T, die im Jahre 1914 längst 1000 Autos pro Tag erreichte, stellte die Ingenieure vor Probleme, innovative Lösungen für den Materialfluss zu entwickeln, für die es keine Vorbilder gab. Massenproduktion im 19. Jahrhundert bezog sich auf kleine und leichte Produk-

---

[12] Angaben nach Arnold und Faurote (1919, S. 23, 38). Sie geben 28,29 acre an Fabrikfläche an, verteilt auf drei Gebäude mit zusammen 12 Stockwerken.

te, wie Handfeuerwaffen, Nähmaschinen, Fahrräder und Nahrungsmittel (Hounshell 1984). Anders war die Situation bei der Produktion des Modells T. Es wog mit 550 kg viel mehr als die bislang bekannten Produkte der industriellen Massenproduktion und bestand aus einer viel größeren Zahl von 10.000 Einzelteilen.

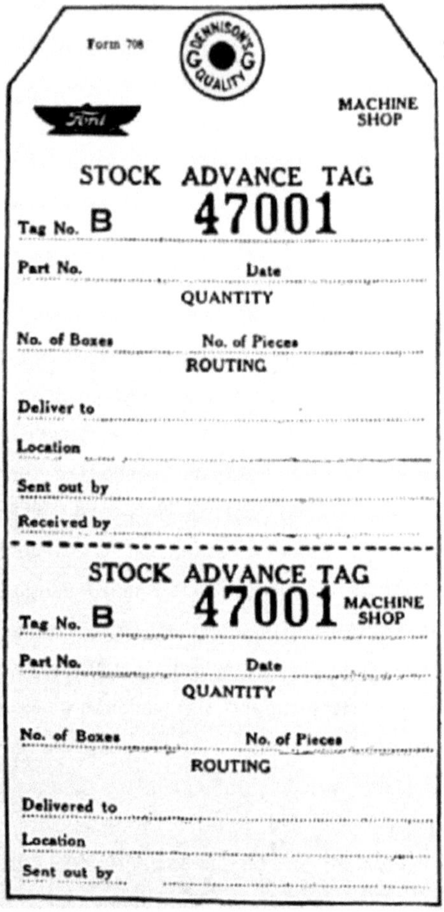
Form 708

DENNISON'S G G QUALITY

MACHINE SHOP

STOCK ADVANCE TAG

Tag No. B 47001

Part No. Date

QUANTITY

No. of Boxes No. of Pieces

ROUTING

Deliver to

Location

Sent out by

Received by

STOCK ADVANCE TAG

Tag No. B 47001 MACHINE SHOP

Part No. Date

QUANTITY

No. of Boxes No. of Pieces

ROUTING

Delivered to

Location

Sent out by

Abbildung 14.1A: Ford-Laufkarte mit Abschnitt für die Teileversorgung

Eine Massenproduktion von 1000 Autos pro Tag, bedeutete, dass pro Tag ein Materialstrom von 550 Tonnen über die vier Stockwerke der drei Fabrikgebäude geleitet werden mussten, und dass pro Tag 10 Million Teile entweder produziert oder von

Zulieferern beschafft und im Montageprozess koordiniert werden mussten. Das Fließband war nicht die einzige Innovation in der Fördertechnik. Monorail-Hängebahnen, Kräne und Aufzüge kamen hinzu.[13]

Die Koordination gelang mit Laufkarten und Inspektoren. Verschieden farbige Laufkarten aus Pappe, auf denen die Teileart, die erzeugende Abteilung und der Zielort vermerkt und die an den Behältern festigt waren, stellten ein neuartiges Informationssystem dar, mit dem die Erzeugung mit dem Verbrauch in der Fabrik koordiniert wurde. Für die Transporteinrichtungen stellte die Laufkarte den Zielort des Behälters dar. Die Abbildung 14.1A zeigt die Standardlaufkarte 708 in Highland Park.[14] Verblüffend ist die Ähnlichkeit der Laufkarte mit den später im Kanban-System eingesetzten Karten (Vahrenkamp 2008, S. 314). Dies impliziert, dass Ford mit der Laufkarte einen Standard für ein Informationsmedium und ein Organisationsmittel für die Teileversorgung in der gesamten Automobilindustrie des 20. Jahrhunderts setzte. Eine weitere Koordinationsfunktion oblag den Inspektoren, von denen mehr als 600 die Qualität der Zulieferteile, den Lauf der Produktionsmaschinen, die Produktionsprozesse und die Qualität der hausintern erzeugten Teile überwachten. Zur Abstimmung mit den Lieferanten wurde „travelling inspectors" entsandt.[15]

Begleitet wurden die technischen und organisatorischen Innovationen von der lohnpolitischen Innovation des 5-Dollar Mindestlohns, die Ford 1914 einführte, um die hohe Fluktuation in seinem Werk zu senken, denn Arbeiter hatten an den Maschinen extrem monotone und kurzzyklische Arbeiten auszuführen, denen sie rasch entkommen wollten. Eifert (2009, S. 4) schreibt zur Wirkung des 5-Dollar Mindestlohns: „Die Einführung der Mindesteinkommen machte Ford fast noch bekannter als die Einführung des Fließbandes und begründete seinen Ruf als Sozialpolitiker."

Während Forscher zumeist die Lohnpolitik, das Fließband als Montage- und Logistikkonzept sowie die hohe Integration der Produktion betonen, richtete Yarnell (2010) in

---

[13] Die Monorail-Hängebahnen waren bereits Standard in den Schlachthöfen von Chicago seit 1860, siehe Cronon 1991, S. 228-230.

[14] Arnold und Faurote (1919, S. 68).

[15] Ebenda, S. 100. Die Qualitätskontrolle als wichtige betriebliche Funktion lässt sich ebenfalls in der Schuhfabrik von Bata finden, siehe Kapitel 17.3.

seiner Arbeit den Blick auf weitere innovative Ansätze in Fords Unternehmen, so auf die bisher kaum untersuchten Zuliefererstrukturen, welche das Fordwerk zu einem Fabriknetzwerk werden ließen. Wie bereits zuvor Schwartz und Fish (1998) identifiziert er eine breite Zuliefererkultur in Detroit mit spezialisierten Herstellern von Teilen, wie etwa den Bremsenhersteller Bendix. Für das Modell T bezog Ford ca. zwei Drittel der Wertschöpfung von Zulieferern (Schwartz und Fish 1998, S. 60).[16] Die Zuliefererbeziehungen baute Ford in den 1920er Jahren sogar zu Just-in-Time Beziehungen aus (vergl. Kapitel 18.2), die damals in den USA als „Hand-to-Mouth“-Politik bezeichnet wurden. Zwischen 1908 und 1922 explodierte der Absatz von Ford von 6000 Autos pro Jahr auf fast 2 Millionen (Yarnell 2010, S. 199). Zwar pflegten Fords PR-Kampagnen das heroische Bild, wie Ford mit einer Handvoll von Ingenieuren das Riesenunternehmen leitete. Tatsächlich gelang dies aber nur, wie Yarnell (2010) nachweist, indem Ford in einem weiteren innovativen Schritt eine große Einkaufsabteilung aufbaute, welche mit formalisierten Verfahren den Kontakt zu den Zulieferern pflegte, um die immer stärker anschwellenden Materialströme zu steuern. Hier konnten auch Ideen der Scientific Management Bewegung der Jahrhundertwende 1900 als Scientific Purchasing umgesetzt werden (Haber 1964). Hinter dem spektakulären Fließband stand also eine kaum sichtbare „Schattenfabrik“ der Unternehmensverwaltung.[17]

Die Fordfabrik Highland Park erlangte wegen der zahlreichen Innovationen Berühmtheit, nicht zuletzt durch die Reportagen von Arnold und Faurote (1919), welche die Fabrik mit Stand von 1914 darstellten, wobei sie Hunderte von Fotos über die Arbeitssituation in den Text einbanden und zwei Klappkarten mit Layoutplänen verfügbar machten. Damit wurde die Fordfabrik vermutlich zu der am besten in einer Publikation dokumentierten Fabrik des 20. Jahrhunderts.

---

[16] Eine Liste der Zuliefererteile präsentieren Arnold und Faurote (1919, S. 29). Pietrykowski (1995, S. 394f) gibt für 1923 Löhne bei Zulieferern von $ 0,48 bis $ 0,84 pro Stunde und für 1940 Löhne bei Zulieferern von $ 0,90 bis $ 1,20 an. Sward (1948, S. 221) weist darauf hin, dass Fords Zulieferer deutlich schlechter bezahlten als Ford mit dem 5-Dollar-Tag. Als in der Weltwirtschaftskrise 1930 die Arbeiter des Zulieferers Briggs in Streik traten, wurde offenbar, dass dort 10 Cent pro Stunde gezahlt wurde.

[17] Nach Arnold und Faurote (1919, S. 23) betrug im Jahre 1914, als Ford bereits 1000 Autos pro Tag baute, die Nutzfläche für das Verwaltungsgebäude immerhin über 8000 Quadratmeter.

Mit der Massenproduktion von Autos erlangte Ford eine markante technisch-organisatorische Überlegenheit gegenüber den Fertigungsindustrien in Europa, die bei der Einführung von Fließarbeit deutlich nachhinkten (Bönig 1993). Am Aufbau des Fordwerkes für Flugzeugmotoren in Trafford Park bei Manchester im Jahre 1940 kann man ablesen, wie spät Fordsche Fertigungsmethoden, die auf Arbeitsteilung, angelernter Arbeit und Maschineneinsatz basierten, eingeführt wurden. Von den Merlin-Flugzeugmotoren für den Jäger Spitfire konnten die Rolls-Royce-Werke keine für die Kriegsführung ausreichenden Stückzahlen liefern, da sie noch in einer Weise die Motoren fertigten, die von hochqualifizierten Facharbeitern abhing und von Beobachtern als „handwerklich" bezeichnet wurde. Auf dieses Problemfeld wandten Fordingenieure die „Fordmethoden" an: Sie zerlegten die Fertigung in einzelne Teilschritte, denen sie Werkzeugmaschinen zuordneten, die von gering qualifizierten Arbeitern bedient werden konnten. Für die Endmontage konzipierten sie eine Montage am Fließband. Dieser Ansatz wurde innerhalb eines Jahres in einem Neubau einer Flugzeugmotorenfabrik umgesetzt, wobei große Probleme bei der Beschaffung von Präzisionswerkzeugmaschinen aus den USA und der Schweiz unter Kriegsbedingungen auftraten (Saunders 1946, S. 59 - 70).

Trotz der zahlreichen innovativen Ansätze in Fords Großunternehmen geriet Fords Unternehmensstrategie in eine Sackgasse und war nicht in einer Weise vorbildlich, wie der Term Fordismus suggeriert. Die Studie von Kuhn (1986) weist auf große Defizite in der Art von Fords Unternehmensführung hin. Sein Beharren auf naivem Erfahrungswissen, seine Ablehnung von Unternehmensplanung und sein Misstrauen gegen betriebswirtschaftliche Methoden der Kostenrechnung verhinderten die Einführung von Transferpreisen im Konzern, mit denen Gewinne oder Verluste einzelner Betriebe hätten aufgezeigt werden können, was bei General Motors in den 1920er Jahren geschehen war (Kuhn 1986, S. 277).[18] Somit war die Konzernintegration bloß technologisch, aber nicht betriebswirtschaftlich gelungen.

Da die Nachfrage nach dem Modell T bis 1921 seine Produktionskapazität überstieg, brauchte sich Ford nicht um den Absatz seines Produkts zu kümmern (Dicke 1992,

[18] Auch Bata steuerte seine Schuhfabrik mit Transferpreisen, siehe Kapitel 17.3.

S. 71). Vielmehr musste er ohne Unterlass die Produktion ausweiten. Damit stellte das Fordsche Produktionssystem einen Sonderfall in der kapitalistischen Konsumgesellschaft dar, der nicht verallgemeinert werden konnte, da im Normalfall der Absatz den entscheidenden Engpass im Unternehmen darstellt. Ein weiterer Aspekt des Sonderfalls ist Fords Produktionsprogramm, das mit einer riskanten Ein-Produkt-Strategie des Modells T unter allen anderen Unternehmen einmalig ist. Trotz der Sonderstellung des Fordschen Produktionssystems wurde dieser Begriff für die Analyse der kapitalistischen Massenkonsumgesellschaft seit den 1920er Jahren immer wieder verwendet. Wie konnte dies geschehen? Henry Ford genoss in den Jahren 1910 bis 1925 international einen legendären Ruf als ein Pionier zur Einführung des Automobils in die Gesellschaft, was zahlreiche Theoretiker veranlasst hat, den Begriff des Fordismus zu prägen. Bereits im Jahre 1925 wies der Wirtschaftswissenschaftler Gottl-Ottlienfeld auf das „Neuwort“ Fordismus hin, „das drohe, steigend verwendet zu werden“ (1925, S. 61).

Der Begriff des Fordismus changierte dabei zwischen den Polen der lokalen Fabrikorganisation und der gesamtgesellschaftliche Ebene. Als Produktionsregime wird unter ihm vornehmlich die Fließarbeit verstanden, wie Rüdiger Hachtmann und Adelheid von Saldern (2009, S. 13) in ihrem Übersichtsartikel zum Fordismus aufzeigen: „Als Produktionsregime umfasste der Fordismus eine große Vielfalt an Formen, angefangen von der lediglich arbeitsorganisatorisch hergestellten fließenden Fertigung, die in den 1920er- und 1930er-Jahren relativ weit verbreitet war, über „klassische“ Formen der Fließbandarbeit bis hin zu den (teil)automatisierten Fabriken im ausgehenden 20. Jahrhundert, die nur mehr für wenige ‚Lücken‘ ProduktionsarbeiterInnen am Band benötigen.“ Hebt man den Begriff des Fordismus von dem Ort der Fabrikation auf die gesamtgesellschaftliche Ebene an, so ist mit Fordismus die Beherrschung der Gesellschaft durch Systeme der Industrieproduktion gemeint, welche die Arbeiterklasse sozial und politisch integriert und zu den Konsumenten von Industrieprodukten werden lässt und damit auch, insbesondere am Beispiel des Automobils, zu einem sozialen Aufstieg verhilft, wie Pietrykowski (2010, S. 1152) ausführt.

Häufig wird Fordismus bloß als ein interessant klingendes Schlagwort verwendet, ohne ihn mit einer empirischen Analyse der Gesellschaft zu verbinden. In der Kulturwissenschaft[19] und in der Politikwissenschaft[20] ersetzt der Begriff des Fordismus geradezu eine Gesellschaftsanalyse. Fordismus ist zu einem Hit in den genannten Wissenschaftsbereichen geworden, wie eine Analyse in der Datenbank für wissenschaftliche Literatur, Google Scholar, im Jahre 2010 zeigte. Der Begriff Fordismus erzielte bei deutschsprachigen Publikationen 3800 Treffer; Fordism bei englischsprachigen 31 tausend Treffer. Häufig verbinden die Theoretiker den Begriff des Fordismus mit dem des Taylorismus, um noch mehr Relevanz zu erzeugen. Diese Vermischung der Begriffe wurde oben kritisiert. Schließlich verknüpfen Autoren den Fordismus und den Taylorismus gleich mit dem Keynesianismus, um eine noch wohlschmeckendere Mischung herzustellen.

14.1 Massenvertrieb und vertikale Marketingsysteme

Bisher betrachteten Theoretiker die Autofabrik von Ford vor allem aus dem Gesichtspunkt der Produktion. Aber erst dann, wenn man den Fokus von der Automobilproduktion auf den Automobilabsatz erweitert und Produktion und Absatz als ein interdependentes System begreift, wird plötzlich deutlich, dass eine Fokussierung auf die Produktion nicht ausreicht, um Ford zu beurteilen. Denn Ford gelang es nicht wie anderen Unternehmern, Produktion und Absatz zu koordinieren. Vielmehr verblasst die Faszination des „Fordismus“, und es wird klar, dass der vielfach in der Kulturwissenschaft und Politikwissenschaft benutzte Begriff des Fordismus nicht sinnvoll verwendet werden kann.

Die industrielle Massenproduktion erforderte als Pendant den Massenabsatz und den Massenkonsum. Erst dann, wenn der Massenabsatz gesichert ist, kann in großen Maßstab produziert werden; Produktion und Absatz sind interdependent. Ein Mas-

---

[19] Frank Becker: Autobahnen, Auto-Mobilität. Die USA; Italien und Deutschland im Vergleich, in: Politische Kulturgeschichte der Zwischenkriegszeit 1918-1939, Göttingen 2005 (Geschichte und Gesellschaft Sonderheft 21), S. 23-59, sowie: Dieter Läpple: Städtische Arbeitswelten im Umbruch – Zwischen Wissensökonomie und Bildungsarmut, in: Heinrich-Böll-Stiftung (Hrsg.): Das Neue Gesicht der Stadt. Strategien für die urbane Zukunft im 21. Jahrhundert, Berlin 2006, S. 19 – 35.

[20] Christoph Scherrer. In Bann des Fordismus. Die Auto- und Stahlindustrie der USA im internationalen Konkurrenzkampf, Berlin 1992. Christoph Scherrer: Global Governance: Vom fordistischen Trilateralismus zum neoliberalen Konstitutionalismus, in: PROKLA – Zeitschrift für kritische Sozialwissenschaft, Heft 118, 2000. Kritisch zum Begriff des Fordismus siehe auch Pietrykowski 1997.

senmarkt entstand in seinen Ansätzen, als die Eisenbahn zu Ende des 19. Jahrhunderts großflächige Wirtschaftsräume schuf.

	Marketing in Phase I bis 1880	Marketing in Phase II von 1880 bis 1950
Mengenumsatz	gering	hoch
Profit pro Transaktion	hoch	gering
Preis pro Einheit	hoch	niedrig
Ausdehnung des Marktes	regional	national
Unterstützende Technologie	Keine. Daher schwieriger Landtransport	Eisenbahn, LKW, Telegraphie, Telefon, Radio

Abbildung 14.1: Marketing-Phasen nach Tedlow

Die zum Ende des 19. Jahrhunderts aufkommenden Warenhäuser und Filialketten des Einzelhandels legten ein Vertriebsnetz über das ganze deutsche Reich, in dem sie Waren zu einem günstigen Preis in großen Mengen anboten. Dieser Mengenabsatz war der entscheidende Punkt für den Massenmarkt. Die Phase von 1900 bis 1930 Jahre kann mit Tedlow (1996) als Periode des Aufstiegs des Massenabsatzes gesehen werden, der von Kaufhäusern, Versandhandel und Filialketten geprägt war. Skalenvorteile in der Verteilung wurden mit solchen der Produktion kombiniert. Absetzt wurde in großen Mengen zu kleinen Preisen. Gegenüber dem traditionellen Handel des 19. Jahrhunderts erfolgte ein Strategiewechsel. Während dort kleine Mengen, aber mit hohen Profiten pro Transaktion umgeschlagen wurden, setzte der Massenmarkt auf die Strategie des Profits durch Menge. Große Stückzahlen wurden umgeschlagen mit einem kleinen Profit pro Transaktion. Tedlow (1996) spricht in seiner Marketinggeschichte von der Phase 2 des Marketings als Charakterisierung des Massenmarktes.

Der Massenmarkt brachte aber auch neuartige Verbindungen von Industrie und Handel zustande. Während bis 1850 die Bereiche Produktion und Handel weitgehend voneinander getrennt waren, änderte sich das Bild mit dem Aufkommen des Massenmarktes. Ein wichtiges Kennzeichen des Massenabsatzes war die vertikale Integration, die in den 1950er Jahren von der Marketingliteratur als „vertikale Marketing-Systeme“ bezeichnet wurden (Vaile et al. 1952). Die folgende Abbildung zeigt das Prinzip einer Lieferkette auf, woran die Integration verdeutlicht werden kann (vergl. Tedlow 1996, S. 362 und Vaile et al. 1952, S. 113). Für den Handel meint vertikales Marketing, dass starke Handelshäuser eine vertikale Integration in die Produktionsstufe anstreben, um dort günstig Waren zu beziehen. Christopher Kopper nennt hierfür Beispiele, wie die Warenhäuser in die Produktionsstufe der Textilproduktion in tschechischen Standorten einsteigen (Kopper, 2002, S.17).

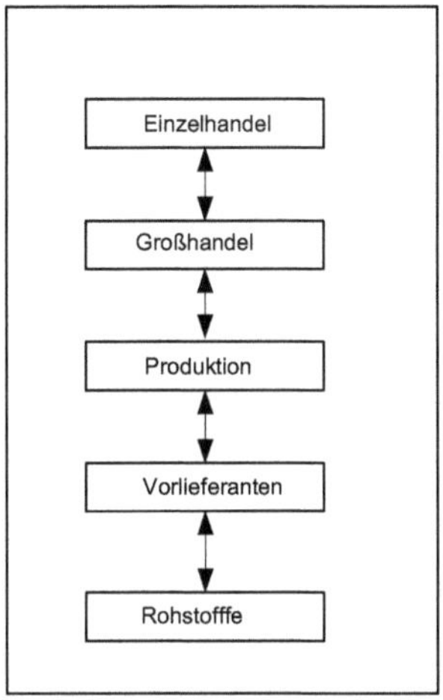

Abbildung 14.2: Die Lieferkette

Auch Spiekermann (1999, S. 218f) betont die Auftragsproduktion für Magazine und Warenhäuser. Fuchs (1990, S. 177) berichtet, dass die Kaufhauskette Schocken in den 1920er Jahren eine Eigenproduktion von Textilien, Gardinen, Strümpfen und Röstkaffee betrieb. Die Motivation der Handelshäuser ist doppelt. Einerseits folgt man dem klassischen Grundsatz des Handels, dass der Einkauf die Quelle des Profits sei. Durch die Übernahme eines Herstellers werden Herstellergewinn und die Großhandelsstufe ausgeschaltet und Zugang zu günstigen Einkaufskonditionen geschaffen.

Ein weiteres Motiv war der Schutz der Bezugsquelle. Solange der Hersteller nicht erworben oder durch langfristige Verträge gebunden werden kann, besteht die Gefahr, dass Wettbewerber diese Bezugsquelle an sich reißen. Die deutschen Konsumgenossenschaften gaben Beispiele für eine starke vertikale Integration. Die riesigen Einheiten ihrer Fleisch- und Brotfabriken wurden als höchste Stufe der Rationalisierung angesehen (Novy und Prinz 1985). Aber nicht nur der Handel betrieb eine Rückwärtsintegration unter den Bedingungen des Massenmarktes. Gleicherweise können wir eine Vorwärtsintegration der Produktion in dem Handel beobachten. Ein Beispiel ist hierfür die tschechische Schuhfabrik Bata, die in Europa in den 1920er Jahren ein weites Netz von Einzelhandelsgeschäften aufbaute (Kopper, 2002, S.17, vergl. auch Kapitel 17.3).

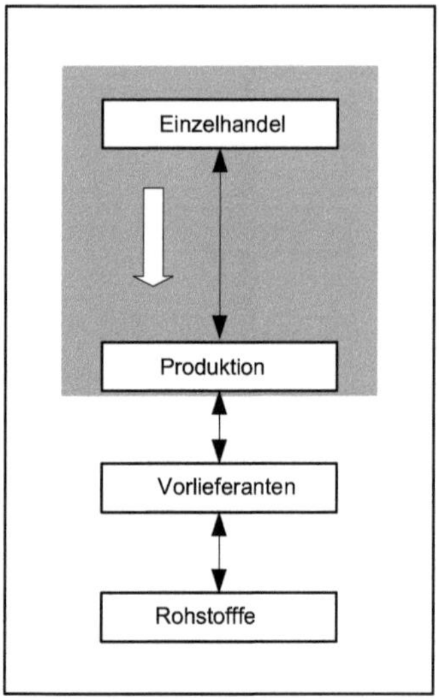

Abbildung 14.3: Rückwärtsintegration im Handel

Das Motiv der Vorwärtsintegration besteht darin, die hohen in der Massenproduktion gebundenen Kapitalbeträge vor den Unwägbarkeiten eines selbständig handelnden Händlernetzes zu schützen. Mit einer eigenen Absatzorganisation waren ein stetiger Fluss des Absatzes und Möglichkeiten, Produktion und Absatz zu synchronisieren, gegeben. Vertikale Marketingsysteme wurden in der amerikanischen Literatur der 1950er Jahre als ein Stufenmodell dargestellt, das die Produktionsstufe über die Großhandelsstufe mit der Einzelhandelsstufe verbindet, die sich schließlich an den Konsumenten richtet, wobei die Produktionsstufe zurückgreift auf Lieferungen der Vorlieferanten der Stufe und diese auf Lieferungen der Rohmaterialstufe. Der Großhandel war eine Institution der Phase 1 des Marketings und sollte mit Hilfe der vertikalen Integration aus der Sicht von Handelsunternehmen übersprungen werden. Im Zeitalter des Massenabsatzes war daher das Ziel der großen Handelshäuser unter Ausschaltung des Großhandels direkt Kontakt mit den Herstellern aufzunehmen.

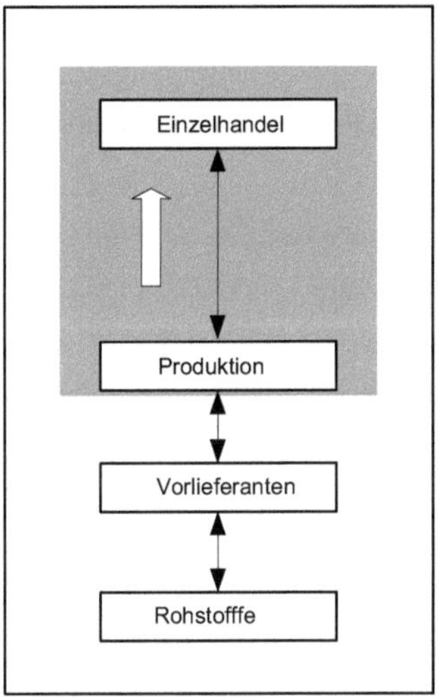

Abbildung 14.4: Vorwärtsintegration von Bata

Die vertikalen Marketingsysteme weisen sehr viele Ähnlichkeiten mit dem Konzept des Supply Chain Managements der 1990er Jahre auf (Vahrenkamp und Kotzab 2012).

Beim Aufbau von vertikalen Marketingsystemen ist die enge Bindung der Unternehmen an die Interessen des dominanten Unternehmens entscheidend, aber nicht, dass alle Unternehmen Mitglieder eines Konzerns sind. Vielmehr ist zwischen dieser Stufe der vertikalen Integration und der Koordination über reine Marktprozesse ein breites Band vielfältiger Kooperationsformen möglich, wie z.B. das Franchising. Die folgende Abbildung zeigt das Typenband der Kooperation auf (Sydow 1992):

Markt	Kooperationen				Vertikale Integration
Tauschgeschäfte	Lieferkontrakte	Lizenz-Vertrag Franchising Management-Vertrag	Contractual Joint Venture	Equity Joint Venture	Akquisition Fusion Konzern

Abbildung 14.5: Typenband der Kooperationsformen

14.2 Die Vertriebssysteme bei Ford und General Motors

An dieser Stelle sollen die Vertriebssysteme bei Ford und General Motors untersucht werden, da Ford und General Motors erstmals die Massenproduktion von Automobilen mit dem Massenabsatz verbanden und dafür Lösungen entwickeln mussten. Die für den Automobilabsatz typischen Konflikte zwischen Herstellern und Händlern traten hier erstmals auf.

Vertikale Marketingsysteme im Massenabsatz lassen sich auch im Automobilhandel auffinden und waren daher in keiner Weise ungewöhnlich, sondern entsprachen dem Trend des Massenabsatzes. Regional unterteilte Ford das Absatzgebiet der USA in Großhandelsbezirke, in denen Inspektoren („Roadmen") die Art der Geschäftsführung der in einem Franchisesystem vertraglich gebundenen Fordhändler überprüften. Wie Dicke (1992, S. 66) betont, waren die Händler auch deshalb formal selbständig und keine Filialen von Ford, um Haftungsrisiken auszuschließen. Bis 1910 besaß Ford bereits 25 Großhandelsbezirke, die knapp 7000 Händler betreuten (Nevins und Hill 1954, S. 401f). In den 1920er Jahren erweiterte Ford sein Netz auf 69 Großhandelsbezirke, denen durchschnittlich je 100 Händler unterstellt waren. Die Zahl seiner Händler stieg auf 9700 im Jahre 1925 (Tedlow 1996, S. 137f). Während die Teileproduktion in Detroit zentralisiert blieb, wurde die Montage dezentralisiert. Um das logistische Problem der Massendistribution zu lösen, hatte Ford vor 1914 bereits acht Montagewerke in den USA errichtet, deren Zahl in den 1920er Jahren auf 30 anwuchs.[21] Auffallend ist die Konzentration der Montagewerke im Mittleren Westen, wie die Abbildung 14.6 zeigt und was auf den Absatz von Ford-Autos bei Farmern hindeutet. Sie waren an einer der 69 Großhandelsstufen zumeist an einem Eisenbahn-

[21] Das erste Montagewerk wurde 1912 in Kansas City eröffnet und das zweite in New York, ebenfalls 1912 (Yarnell 2010, S. 199).

knotenpunkt angesiedelt. Das Fordwerk in Detroit montierte im Jahre 1922 bloß 400 Autos pro Tag, während die Bauteile für 9000 Autos täglich vom Detroiter Stammwerk und von den Zulieferern per Eisenbahn zu den Montagefabriken versandt wurden (Yarnell 2010, S. 200). Yarnell nennt daher das Fordsche Autowerk zutreffend ein Produktionsnetzwerk. Bemerkenswert an diesem Ansatz der Montagefabriken ist, dass die Grenzen von Produktion und Distribution verschwimmen.

Abbildung 14.6: Standorte der Fordmontagewerke (roter Punkt) in den USA 1914 (mit Ausnahme von Detroit und New York) nach Yarnell (2010, S. 199). Copyright Google Maps.

Gegenüber dem Versand von fertigen Autos mit der Eisenbahn von Detroit aus war der Versand der Teile mit dem Chassis wesentlich frachtgünstiger. In der Theorie der Supply Chain wird zu Ende des 20. Jahrhunderts die kundennahe Montage als das Prinzip des Postponements beschrieben (Vahrenkamp und Kotzab 2012, S. 33). Für die Montage in kleinen Werkstätten vertrieb Ford sogar Bausätze. Ein geübter Mechaniker konnte bis zu vier solcher Bausätze an einem Tag zusammenbauen.[22] Für seine Auslandsmontagewerke versandte Ford die Bausätze von Detroit aus frachtgünstig per Schiff. Ford baute im Jahre 1926 ein Montagewerk im Westhafen von

[22] Bausätze („completely knocked down“, CKD-Sätze) spielten im gesamten 20. Jahrhundert für die Autoindustrie eine wichtige Rolle für den Export, da zerlegte Autos niedriger besteuert wurden als komplett montierte. Sie bildeten die Basis für die „Automotive Logistik“ (vergl. Vahrenkamp 2011, Kapitel 16)

Berlin-Moabit auf, im Jahre 1931 eines in Köln-Niehl am Rhein (Frielingsdorf 2002) und 1931 auch eines an der Themsemündung in Dagenham in England, das später, 1934, nach dem Vorbild des Werkes Rouge, auch eine eigene Stahlerzeugung und eine Teileproduktion erhielt und als „Detroit in Europa" angesehen wurde (Tolliday 2003, Burgess-Wise 2001). Bereits seit 1908 betrieb Ford in England ein Montagewerk für das Modell T in Trafford Park am Manchester Ship Canal, nahe Manchester (Riley et al. 2008).

Die beiden großen US-Hersteller Ford und General Motors (GM) bauten keine werkseigenen Vertriebsnetze auf, sondern zogen einen Stamm von selbständigen Händlern heran. Auf Grund der Größe des Landes USA hätte eine eigene Absatzorganisation von Niederlassungen einen extrem hohen Kapitalbedarf erfordert und war somit unrealistisch, zumal GM den größten Teil (55%) seines Absatzes in kleinen Städten mit weniger als 5000 Einwohner gemacht hat (Schmidt 1930, S. 52). Im Jahre 1939 waren in den USA 17000 Händler für GM tätig (Tedlow 1996, S. 174).

Die kurzsichtige Produktionsstrategie und seine Ablehnung von Produkt- und Unternehmensplanung von Ford konnte Ford auf Kosten seiner Händler durchsetzen. Ford hatte mit dem Modell T eine riskante Ein-Produkt-Strategie verfolgt. Obwohl der technische Fortschritt in der Autoindustrie stark und Produktinnovationen vielfältig waren, wie z.B. der elektrische Anlasser, Stoßdämpfer und Luftreifen, war seit 1916 das Modell T unverändert gebaut worden und galt in den 1920er Jahre als veraltet. Sein Werk Rouge war technisch und ablauforganisatorisch auf den Bau des Modells T optimiert worden und erwies sich damit als äußerst unflexibel gegenüber Konstruktions-Änderungen am Modell T – ein wichtiger Grund, weswegen es unverändert gebaut wurde. General Motors (GM) verfolgte eine andere Strategie: eine breite Produktpalette, häufiger Modellwechsel und technische Innovationen am Produkt (Kuhn 1986). Damit erwarb GM eine hohe Kompetenz im Entwickeln neuer Modelle und im Umrüsten ihrer Fabriken – eine Kompetenz, die Fords Werk vollkommen fehlte. Diese Kompetenzlücke Fords ließ aber sein Verhältnis zu seinen Händlern prekär werden. Ford schloss im Jahre 1927, als das Modell T unverkäuflich wurde, für ein ganzes Jahr seine Fabrik, um ein neues Modell, das Modell A, zu entwickeln und ferner die Fabrik auf das neue Produkt umzurüsten. Und ein Jahr lang mussten seine

Händler, ohne irgendeinen Wagen auf Lager zu haben, auf das neue Modell A warten, was viele in den Ruin trieb. Fords mangelnde Kompetenz ließ seine Händlerbasis zusammenschmelzen. Er musste neue Händler anwerben. Im Jahre 1929 hob er den Gebietsschutz auf und verdichtete stark das Händlernetz (Kuhn 1986, S. 270). Die Einführung eines neuen Modells auf Kosten der Händler wiederholte sich. Wieder ließ Ford das Modell A unverändert produzieren und löste es im Jahre 1932 durch ein Achtzylindermodell ab.

Abbildung 14.7: Der Autor am berühmten Modell T von Ford (Foto privat, Fordmuseum Dearborn 2004)

Zum Umrüsten wurde Rouge für fünf Monate geschlossen. Nun mussten wiederum die Händler fünf Monate lang warten, ehe sie das neue Modell erhielten. Viele Händler wanderten zu anderen Marken ab (Sward 1948, S. 206). Ford wurde in der Motorpresse kritisiert für seine langen Entwicklungszeiten für das Achtzylindermodell. Während Fords Spitzenmanager Sorenson im typischen PR-Sound von Ford diese Entwicklung als technologische Meisterleistung feierte (Sorenson 2006, Nevins und Hill 1957, S. 595), wurde von Beobachtern bemängelt, dass Ford die überholten Methoden von Versuch und Irrtum anwandte anstelle von modernen Methoden der Ingenieurswissenschaften (Sward 1948, S. 206). Nicht alleine die Händler litten unter Fords Brachialmethoden, ebenso die Arbeiter, die während der Zeit der Fabrikschließung kein Einkommen hatten. Die Schließung von Rouge während der Weltwirtschaftskrise 1932, die ohnehin den Autoabsatz einbrechen ließ, kritisierte die Finanzpresse als „Krise in der Krise“, die auf Fords mangelnder Planungs-Kompetenz beruhe (Sward 1948, S. 225). Da Ford und GM die Händler vertraglich eng an sich banden, hatten sie ein Interesse an leistungsstarken Händlern. Sie boten den Händlern (zunächst) einen Gebietsschutz, eine Ausbildung zur Führung ihrer Geschäfte und Werkstätten und gaben Richtlinien heraus zur Ausstattung der Geschäfte.

Die Herstellerwerke waren wegen hoher Fixkosten an einer gleichmäßigen Auslastung ihrer Kapazitäten interessiert, was aber dem saisonalen Geschäft des Automobilabsatzes mit Spitzen im Frühjahr und im Herbst widersprach. Um einen gleichmäßigen Absatz ihrer Wagen ab Fabrik zu erzielen, wurden die Händler verpflichtet, monatlich eine bestimmte Stückzahl an Automobilen abzunehmen (Clark 2003). Das (kurzfristige) Absatzrisiko verlagerten die Hersteller auf den Handel. Damit der Handel den erzwungenen Absatz der Fabriken finanzieren konnte, gründeten Ford und GM jeweils eigene Banken, die später auch Finanzierung des Abzahlungsgeschäftes zu den Endkunden aufnahmen. Während Ford die Händlerorganisation autoritär führte und Händler bloß als Parasiten ansah (Kuhn 1986, S. 270), war GM – bei Anerkennung von unterschiedlichen Interessen – auf einen Dialog mit dem Handel bedacht. Bekannt ist die Reise des GM-Spitzenmanagers Sloan durch die USA, wo er die Händler besuchte und sich deren Sicht des Autoabsatzes erklären ließ (Sloan 1963, S. 329). Die grundsätzlichen Konflikte zwischen Händlern und Herstellern konnten aber weder Ford noch GM lösen (Clark 2003). Diese bestanden in der Festlegung des Vertriebsgebietes des Händlers sowie in der Bestimmung der monatlichen Abnahmemenge (Quota). Waren die Quota zu hoch, wurden die Händler geschwächt. Sie bekamen einen Anreiz, Kunden außerhalb ihres Vertriebsgebietes zu finden, was zu zahlreichen Konflikten führte, die vor der Fair Trade Commission ausgefochten wurden und von Clark (2003) ausgewertet wurden. Die Absatzorganisation veränderte mit dem Aufkommen des Gebrauchtwagenproblems ihren Charakter. Nicht allein der Vertrieb neuer Wagen war ihre Aufgabe, sondern zugleich der Ankauf alter („trade-in“). Eine Balance war zu finden zwischen Händlererlösen einerseits und den Kosten der Händler für die Inzahlungnahme gebrauchter Wagen. Infolge der

Modell T Monokultur bei Ford bis 1927, trat bei Ford erst später das Gebrauchtwagenproblem auf als bei GM.

Die beiden großen amerikanischen Hersteller übertrugen ihren Ansatz der Händlerorganisation auch auf Europa. In England und Frankreich scheiterte Ford, da er seinen Händlern zu hohe Quota auferlegte und die Händler zu nationalen Marken abwandern ließ (Jullian 2003).

Abbildung 14.8: Produktionsarbeiter im Fordwerk Dearborn. Wandgemälde von Diego M. Rivera 1932 im Detroit Institute of Arts (Foto privat 2004), freigegeben von der Bridgeman Art Library.[23]

Ford war in Deutschland aber erfolgreich, wo er zunächst keine Montagefabrik besaß und den Händlern angemessene Quota auferlegte. Er bot im Niedrigpreissegment an, und stützte sich im Jahre 1930 auf 501 Händler. GM konnte dagegen in Deutschland nicht so gut Fuß fassen, da GM teure Modelle anbot. Daher kaufte GM im Jahre 1929 den Volumenhersteller Opel und verfügte damit über dessen Händlerorganisation mit 370 Händlern und über Modelle im niedrigen Preissegment (Blaich 1981).

---

[23] Das Gemälde gibt einen realistischen Einblick in die Arbeitswelt der Ford Fabrik Rouge, wo Rivera sich drei Monate lang frei bewegen konnte, um Eindrücke zu sammeln. Finanziert wurde das Projekt von Edsel Ford. Weitere Abbildungen in Hounshell (1984, S. 324ff). In Arnold und Faurote (1919) sind Hunderte von Fotos enthalten zu Arbeitssituationen im Werk Highland Park vom Stand 1914.

14.3 Die Kritik des Fordismusbegriffs

Bisher blieb unbeachtet, dass der Begriff des Fordismus vollkommen irreführend ist und historisch einen falschen Inhalt besitzt, da Ford in keiner Weise vorbildlich sein Unternehmen führte. Die Forschung der Wirtschaftshistoriker haben zahlreiche Arbeiten hervorgebracht, welche die Strategien der beiden US-Automobil-Pioniere, Ford und General Motors, miteinander vergleichen. Aus diesen Arbeiten wird deutlich, dass Ford mit seinen naiven Managementmethoden und seiner unflexiblen Ein-Produkt-Strategie, jahrzehntelang unverändert das Modell T zu produzieren und zu verkaufen, letztendlich gescheitert war und 1927 seine Fabrik infolge mangelnden Absatzes sogar schließen musste. Zwar bewährte sich Fords Strategie eines robusten und preiswerten Einsteigermodells als Pionier zur Einführung des Automobils in die Gesellschaft vor 1920, als die Kunden Ford das Auto geradezu aus den Händen rissen, womit Ford seinen legendären internationalen Ruf begründete. Aber die Wandlungen des Automobilmarktes seit den 1920er Jahren waren nicht in sein Konzept eingeplant. In den 1920er Jahren stiegen die Einkommen, und die Konsumenten waren immer weniger bereit, ein frugales Einsteigermodell zu akzeptieren. Davon vollkommen unbeeindruckt konzentrierte Ford sich darauf, immer größere Kapitalinvestitionen in seiner Detroiter Fabrik vorzunehmen, um ein einziges unverändertes, letztlich aber bereits technologisch veraltetes Produkt, das Modell T, in immer größeren Stückzahlen zu immer niedrigeren Preisen ausschließlich in der Farbe Schwarz zu produzieren (Nevins und Hill 1954).

Infolge der technischen Flussoptimierung auf ein Produkt wurde die Fabrik extrem unflexible. Konstruktionsänderungen hätten einen mehrtägigen oder mehrwöchigen Stillstand zum Umrüsten bedeutet (Plum 1926). Ford lehnte es daher ab, die seit 1916 zahlreich auftretenden Produktinnovationen in der Autoindustrie, wie ein elektrischer Anlasser, Stoßdämpfer oder Luftbereifung, in sein Modell T aufzunehmen. In der Motorpresse der 1920er Jahre galt das Modell T als veraltet (Plum 1926).

Der Gedanke, dass Konsumenten vielleicht auch andere Wünsche als das Modell T haben könnten, war für Ford unvorstellbar. Ford weigerte sich, Informationen von seiner Vertriebsorganisation über die Wünsche der Kunden aufzunehmen (Dicke

1992). Als Autokrat unterließ er es, sein riesiges Unternehmen von der gefährlichen Abhängigkeit von einem einzigen, unveränderten Produkt zu befreien und verstieß damit gegen elementare Grundsätze einer verantwortungsvollen Unternehmensführung. Als Autokrat vergraulte er fähige Manager, die in Serie seit 1915 sein Unternehmen verließen (Kuhn 1986, S. 262ff).

Ein weiterer Kritikpunkt am Term Fordismus ist daran festzumachen, dass der Term produktivistisch aufgeladen ist und überhaupt nicht die sekularen Trends des 20. Jahrhunderts erfasst, wie die Verwissenschaftlichung der Produktion in der chemischen und elektrotechnischen Industrie und die Bedeutungszunahme der Angestelltenarbeit in Wirtschaft und Verwaltung. Ford sah Angestelltenarbeit als eigentlich unnötigen „Overhead" an – über den Köpfen der produktiven Arbeiter – und konnte überhaupt nicht die Bedeutung der Unternehmensverwaltung als ein Informationssystem für das Management zur Steuerung eines Unternehmens begreifen (Yarnell 2010A). Fords Missachtung allen Geistigen kulminierte nicht nur in seinem legendären Ausspruch „History is bunk". Vor allem pflegte er einen primitiven Kult des Produktivismus, wie er später bloß noch aus der Sowjetunion bekannt geworden war und der z. B. darin zum Ausdruck kam, dass Bewerber für Bürojobs sich erst in der Produktion „bewähren" mussten, d.h. „fordisiert" wurden, bevor sie ihren Bürojob erhielten. Die wenigsten Bewerber waren erfolgreich. Auch mussten Büroarbeiter periodisch eine Abordnung in der Produktion erdulden. (Yarnell 2010, S. 212f).

Den gewandelten Automobilmarkt der 1920er Jahre machte sich General Motors (GM) zu nutze. Niemand konnte Ford frontal über die Preisstrategie angreifen. Denn niemand konnte ein Auto noch billiger als Ford anbieten. Vielmehr stellte GM Alternativen zum Fordschen Modell T auf: Eine breite Produktlinie vom Einsteigermodell bis hinauf zum Luxusmodell, technische Innovationen, ein häufiger Modellwechsel und die Einführung von Farbe und modischen Attributen im Automobildesign (Tedlow 1996). Und GM war erfolgreich. Der Absatz von Ford brach ein, ohne dass Ford vorbereitet war; die Entwicklung eines neuen Modells hatte Ford in seinem blinden Vertrauen in das Modell T unterlassen (Nevins und Hill 1957) – ein fundamentaler Fehler in Fords Unternehmensführung, der in keiner Weise dem angeblichen Vorbildcharakter des Fordismus entsprach. Ford musste im Jahre 1927 seine Fabrik für ein Jahr schließen und als Nachfolger das Modell A entwickeln (Sward 1948, S. 199). Die Welt schaute gebannt auf Ford, als sein Produktionsnetzwerk – das größte Autowerk der Welt, ja das größte Werk der Welt überhaupt – ein Jahr lang still stand.[24]

Die Nachricht verbreitete die Presse als Sensation in allen Ländern. Damit wurde weltweit deutlich, dass der „Fordismus“, der nach Gottl-Ottlienfeld (1925) wesentlich auf der produktionstechnischen Ausschöpfung aller Vorteile der Ein-Produkt-Strategie besteht, gescheitert war.

Die Fehler von Fords Unternehmensführung wurden offenbar.

- Ford unterließ es, seine Autos technisch weiter zu entwickeln – obwohl die Zeit 1915 - 1925 von einem rapiden technischen Fortschritt in der Ausstattung von Autos gekennzeichnet war. Stoßdämpfer und Luftreifen sind dafür zwei Beispiele.
- Ford sperrte sich gegen grundlegende Politiken der Unternehmensführung, wie die Abstimmung von Produktion und Absatz und Einbeziehung von Kundenwünschen in die Autoentwicklung. Auch unterbleib eine Planung des Modellwechsels bei laufender Produktion – so wie es GM vorgemacht hatte.[26]

Nach der Krise 1927 brachte Ford im Jahre 1928 sein Modell A heraus mit einer komfortablen Ausstattung in vier Farbvarianten, das er unverändert bis 1932 produzierte. Dann bot er ein Achtzylindermodell zwischen 1932 und 1940 an und näherte sich der Strategie von GM an, häufiger das Modell zu wechseln und mehr Komfort zu bieten. Die schweren Fehler der Fordschen Unternehmensführung mussten die Arbeiter in seinen Werken und die Zulieferer ausbaden (Sward 1948). Sie wurden arbeitslos während der Zeit, in der Ford seine Fabriken auf ein neues Modell umrüstete. Ebenfalls die Händler mussten in einen sauren Apfel beißen. Während der Umrüstzeit lieferte ihnen Ford keine Autos. Infolge seiner einzigartigen Stellung im Automobilmarkt konnte sich Ford diese halsstarrige Politik „leisten“. Nachdem das neue Modell auf dem Markt war, fand es wiederum begeisterte Abnahme beim Ford-treuen

---

[24] Sward (1948, S. 199) nennt das Rouge Werk „the most gargantuan automobile factory in existence“, wobei er aber den Aspekt des Produktionsnetzwerks vernachlässigt.
[26] Nach Hounshell (1984, S. 293) gab es erst eine Unternehmensplanung bei Ford, als Henry Ford II das Unternehmen reorganisierte.

Publikum. Aber von den Fehlern Fords vollkommen unbehelligt verarbeiteten die Theoretiker in der Folgezeit den Term Fordismus als gesunkenes Kulturgut fröhlich weiter, das sie aus der weltweiten Verbreitung von Fords im Jahre 1922 erschienener populären Autobiographie „My Life and Work“ schöpfen konnten. In den meisten Fällen war diese Propagandaschrift deren einzige Quelle zu den Fordwerken. Darin berichtete Henry Ford selbstgefällig von seiner Ein-Produkt-Strategie.

Abbildung 14.9: Ford V8 Roadster (Nevins und Hill, 1957, S. 367).

Fords Autobiografie wurde in zahlreiche Sprachen übersetzt[27] und entfaltete so eine enorme weltweite Wirkung. Die deutschen Leser waren besonders begeistert. Als die deutsche Ausgabe „Mein Leben und Werk“ in Leipzig im Jahre 1923 erschien, erreichte sie im gleichen Jahr bereits 13 Auflagen. Die von dem Buch in Deutschland ausgelösten Debatten in Zeitungen und Zeitschriften hat Eifert (2009) ausgewertet und dabei festgestellt, dass Fords gesellschaftspolitische Ansichten kontrovers beur-

[27] In Europa gab es in vielen Ländern Übersetzungen. Die erste polnische Ausgabe erschien 1924 in Warschau: Moje życie i dzieło, Uebersetzung aus dem Englisch von M. St. Goryńscy in Zusammenarbeit mit Samuel Crowther mit Folgeauflagen 1925 und noch 2006 und 2007. Die tschechische Ausgabe erschien 1924 in Prag: Muj život a dílo; z amerického prel. Josef Bartoš. Die französische Ausgabe Ma vie et mom oeuvre erschien in Paris 1925 mit Folgeauflagen 1927, 1928 und 1930. Die italienische Ausgabe La mia vita e la mia opera wurde in Bologna 1925 publiziert mit Folgeauflagen 1926, 1930 und 1980. In der 33. deutschen Auflage 1940 ist Henry Ford abgebildet, wie er im Jahre 1938 einen Orden des nationalsozialistischen Deutschlands entgegen nimmt, das Großkreuz des Deutschen Adlerordens (vergl. auch Sward 1948, S. 459, siehe auch Eifert 2009). Die Beziehungen zwischen Ford und Hitler hat Baldwin (2001), Kapitel 12, erforscht. Fords antisemitische Pamphlete, die im Jahre 1921 in Leipzig auf Deutsch erschienen, waren Vorlage für Hitlers „Mein Kampf“.

teilt wurden. Wie Eifert (2009, S. 9) schreibt, erfuhr „scharfe Kritik jedoch Fords auf Taylor aufbauendes Produktionssystem, denn es setze maschinengleich funktionierende Menschen voraus – was im kulturlosen Amerika vielleicht denkbar, für Deutschland aber abzulehnen sei. Es war diese ‚Entseelung des Arbeiters', die auch die Rationalisierungsexpertin Irene Witte mehrfach kritisierte".[28] Vertreter der Gewerkschaft sahen in dem Fordkonzept viele Vorteile für die Arbeiterschaft, wobei aber kommunistische Gewerkschaftler die Rationalisierung ablehnten (Vahrenkamp 1983, S. 731). Als die deutschen Gewerkschaftsführer, von Fords Autobiographie angeregt, eine Amerikareise unternahmen, war deren „Kritik am Ford'schen Produktionssystem und an der Ford'schen Unternehmenspolitik vergleichsweise blass gegenüber der Faszination, die Ford auch auf die Gewerkschafter ausübte," wie Eifert ausführt (2009, S. 10).

Greenleaf (1968) weist darauf hin, dass Ford in den 1920er Jahren umfassende Pressekampagnen um seine Person angefacht hatte.[29] Wie Eifert (2009) anmerkt, ließ Ford durch einen eigens dafür bezahlten Angestellten jeden Tag eine neue Anekdote von sich in die Presse lancieren, um für sich und seine Ford Motor Company zu werben. Die Pressekampagnen um Ford reichten bis Europa und durchdrangen auch die Mauern der Zelle, wo der Mitbegründer der kommunistischen Partei Italiens, Antonio Gramsci, einsaß und dort seine Gefängnishefte verfasste, wo ihm der Fordismus als Übergangsphase vom ökonomischen Individualismus zu geplanter Ökonomie galt (Eifert 2009). Noch im Jahre 1984 zitierten Piore und Sabel in ihrer Studie aus Fords Autobiografie, als sei sie keine Propagandaschrift sondern eine verlässliche Quelle zur Fordautofabrik. Dagegen erschienen kritische Werke über Ford kaum. Als Nevins und Hill in den 1950er Jahren als erste Historiker Zugang zum Fordarchiv erhielten, verarbeiteten sie das Material zu den beiden Bänden über die Geschichte der Ford Werke, worin die Krise Fords 1927 in mildem Licht erschien. Das erste kritische Werk zu Ford war Sward (1948), der allerdings keinen Archivzugang bei Ford erhielt, aber zahllose öffentlich zugängliche Quellen ausgewertet hatte. Von den Wirtschaftshistorikern folgten Werke, welche in der Strategie wie auch im

---

[28] Siehe auch Pokorny (2003, S. 163).

[29] Auch andere Industrieführer förderten eine intensive Pressearbeit, wie z. B. Thomas Watson von IBM (Rodgers 1973) und der tschechische Schuhfabrikant Thomas Bata (vergl. Kapitel 17.3).

Management von Ford mit GM verglichen und schwer wiegende Fehler erkannten, wie Chandler (1966), Kuhn (1986) und Tedlow (1996). Diese Arbeiten erreichten aber nicht die Theoretiker. Der „Fordismus“ der Theoretiker erscheint damit bloß als ein Nachhall von Fords heftigen PR-Kampagnen.

Zum Mythos Ford trug sicher auch bei, dass er aufgrund seiner Sonderolle als erfolgreicher Autopionier und den Werten seiner Herkunft aus dem ländlichen Amerika entsprechend den Kapitalismus als ein Märchen aufführen konnte.[30] Er teilte seinen Profit mit den Konsumenten; seiner Autos wurden immer billiger. Er teilte seinen Profit mit den Arbeitern, als er im Jahre 1914 den 5-Dollar-Tag einführte. Er teilte seinen Profit mit der Regierung, als er die Gewinne aus der Kriegsproduktion 1919 zurückzahlte.

Zwar gibt es keine treffende Bezeichnung für das Produktions- und Marketing-System von GM, aber anstatt Fordismus müsste es eigentlich GM-Ismus oder Sloanismus heißen, da der Wettbewerb über technologische Innovationen und Kundenorientierung bestimmend werden sollten für die Zukunft der Automobilindustrie wie auch der gesamten Konsumgüterindustrie schlechthin. Zutreffend nennt Kurt Möser (2002, S. 163) die Verknüpfung von wechselnder Produktion mit dem schwankenden Absatz nach dem führenden Manager von GM, Alfred P. Sloan, „Sloanismus“. Aber auch das Konzept des Sloanismus greift noch zu kurz, da von einer sozialen und politischen Integration der Arbeiter in das Fabriksystem noch keine Rede sein konnte. Vielmehr stand der einzelne Arbeiter im Arbeitsleben vollkommen rechtlos dem Großkapital gegenüber, wobei sie bei Ford noch im Privatleben der Überwachung durch das soziologische Department unterstanden und in der Weltwirtschaftskrise zwangsweise Gemüse anbauen mussten (Nevins und Hill 1954, S. 542ff). Greenleaf (1968) charakterisiert die von Hetze und Willkür geprägte Arbeitswelt in der Autoin-

---

[30] Obwohl Ford in den 1920er Jahren zu einem reaktionären Autokraten mutierte und während der Weltwirtschaftskrise Arbeitslose in zahlreichen Pressestatements als Faulpelze beschimpfte, erhielt sich der Mythos vom Märchenonkel Ford. Im Jahre 1932 zog ein Hungermarsch von Arbeitslosen von Detroit zur Fordfabrik nach Dearborn, um um Unterstützung zu bitten. Nach dem Urteil von Sward zog kein anderes Unternehmen einen Hungermarsch während der Weltwirtschaftskrise auf sich. Trotz der 8,5 Mio. Dollar, welche die Familie Ford im Jahre 1932 als Dividende erhielt, lehnte Ford eine finanzielle Beteiligung an Hilfsprogrammen der Stadt Detroit ab, in der – bei einer Arbeitslosenquote von 50% – die meisten der in der Weltwirtschaftskrise von Ford entlassenen Arbeiter lebten (Sward, 1948, S. 224-226, 232).

dustrie als „Horror“. Eine gewerkschaftliche Organisation der Arbeiter war weder bei Ford noch bei GM möglich. Erst die Gesetzgebung des New Deal in der zweiten Amtszeit von Roosevelt schuf im Jahre 1937 die Basis für gewerkschaftliche Rechte, die in den legendären Sitzstreiks in den Detroiter Autofabriken aber auch erst durchgesetzt werden mussten (Brody 1981). Der Weimarer Republik gelang von Anbeginn, die Arbeiterklasse in die Gesellschaft zu integrierten, z.B. mit der gesetzlichen Verankerung des Achtstundentages und dem Betriebsrätegesetz. Das letztere schuf für die Betriebsräte Möglichkeiten, mit den Unternehmen Vereinbarungen über Stücklohnsätze, Entlohnungsmethoden, Arbeitszeit- und Urlaubsregelungen abzuschließen. In den §§ 66 und 78 bot es den Betriebsräten Möglichkeiten, Unfallgefahren zu bekämpfen und die staatliche Gewerbeaufsicht zu unterstützen (Borsdorf 1985, S. 661). Anders war die Situation in den USA. Dort erfolgte die Integration der Arbeiterklasse in die Gesellschaft erst mit dem New Deal, der damit das Fabriksystem in sozialer und politischer Hinsicht vollendete. Gewerkschaften ließ Ford – nach zahllosen juristischen Abwehrkämpfen – erst verspätet als letzter Autohersteller im Jahre 1941 zu (Sward 1948, S. 402). Damit erfolgte die Integration der Arbeiterklasse erst 31 Jahre nach dem Start von Fords Fabriksystem in Highland Park mit dem Fließband im Jahre 1910, war aber keine Leistung von Ford, wie der Begriff des Fordismus suggeriert. Die Faszination mittelloser Arbeitermassen durch den von Ford im Jahre 1914 ausgerufenen Fünf-Dollar-Tag darf man nicht als eine dauerhafte soziale und politische Integration der Arbeiterklasse missverstehen.

15 Computerunterstützung für die hierarchischen Produktionsplanung im Zeitraum 1960 bis 1990

Die Werkstatt- und die Fließfertigung beruhen auf einem Grundmodell der Arbeitsorganisation, das über Jahrzehnte von dem Ansatz der wissenschaftlichen Betriebsführung von Frederick W. Taylor geprägt wurde. Diese Art der Arbeitsorganisation basiert auf dem Prinzip der Arbeitszerlegung: Die ausführende Arbeit wird von der planerisch dispositiven Arbeit getrennt. Planung, Steuerung, Kontrolle und Instandhaltung wurden speziellen Funktionen zugeordnet. Mit der Schematisierung der Arbeitsabläufe und deren Zerlegung geht die Verminderung der Anforderungen an die einzelnen Arbeitsplätze einher. Die Arbeit wurde auf leicht quantifizierbare Leistungen eingeengt und konnte so genauen Zeitstudien zugänglich gemacht werden.

Das tayloristische Konzept geht von einem Top-Down-Ansatz der Planung aus und führt zu einer minutengenauen Vorplanung einzelner Arbeitshandgriffe. Dieses Konzept ist gekennzeichnet durch einen hohen Grad an Arbeitsteilung und damit verbundenen schwerfälligen Entscheidungsprozeduren. Eine eigenständige Stelle „Planung und Steuerung“ übernahm diese Funktionen und wurde damit letztlich zum Vorbild für die Entwicklung von Software für die Produktionsplanung und -steuerung (PPS), die in den 1960er Jahren entwickelt wurde.

Mit außerordentlichen Anstrengungen sind in den Jahren 1970-1990 umfangreiche Datenbanken für die Stammdaten von Aufträgen, Material, Maschinen, Personal, technologischen Verfahren, Einzelteilen, Konstruktionsplänen und Arbeitsplänen angelegt worden. Die PC-Woche schätzte, dass die Kosten für Informationstechnologie im Unternehmen mit 10% p.a. wachsen.[31] Dem Aufwand standen auf der Leistungsseite aber nur **beschränkte Erträge** gegenüber. Eine deutliche Beschleunigung der Abläufe war nicht feststellbar. Die erwarteten Produktivitätsgewinne wurden wiederum z.T. von dem hohen Pflegeaufwand für die Datenbanken verzehrt. Wird auf die intensive Pflege verzichtet, so entstehen unvollständige Datensätze, welche eine

[31] PC-Woche vom 18. Mai 1992, S. 25.

rasche Nutzung der Systeme erschwerten und auf diese Weise zum Effizienzverlust führten.

Die Grenzen der klassischen PPS wurden in den 1980er Jahren in der Betriebswirtschaftslehre erkannt (Adam 1988, Egger/Wedel 1992). So besteht z.B. das Ergebnis auf der Stufe der Kapazitätsterminierung in minutengenauen Belegungsplänen für die Maschinen. In der Praxis wurden damit keine guten Erfahrungen gemacht, da Pläne große Unzulänglichkeiten aufwiesen. Diese Mängel haben vielfach dazu geführt, dass die Betriebe die Feinterminierung völlig unterließen, da es trotz intensiver Planung nicht gelang, die Soll-Termine mit den Ist-Terminen in Einklang zu bringen. Die Feinterminpläne veralten bereits nach kurzer Zeit und müssten mit hohem Aufwand erneut angepasst werden. Diese Abweichungen sind auf verschiedene Ursachen zurückzuführen:

- Bei der Kapazitätsterminierung ist unbekannt, zu welchem Zeitpunkt Maschinenstörungen oder krankheitsbedingte Ausfallzeiten des Personals auftreten.
- Bei vielen Produktionsprozessen ist der genaue Arbeitsbedarf für einen Auftrag an einer Arbeitsstelle nur ungenau zu schätzen, weil z.B. für die Varianten- und Einzelfertigung entsprechende Erfahrungswerte fehlen oder weil der Produktionsprozess nur zum Teil beherrschbar ist.
- Die Terminfeinplanung geht stets von einem vorgegebenen Auftragsprogramm aus, das terminlich einzuplanen ist. Insbesondere bei Betrieben mit Variantenfertigung ändert sich häufig das Auftragsprogramm durch sogenannte Eilaufträge, die noch in der gleichen Woche für die Werkstätten freigegeben und bearbeitet werden müssen. Die Konsequenzen dieser Eilaufträge für die Terminlage der Altbestände könnte nur mit einer erneuten Planung der Kapazitätsterminierung erfasst werden. Dies bedeutet, dass die ständige Anpassung der Feinterminierung nicht zu bewältigen ist.
- Der Top-Down-Ansatz der PPS besitzt keine oder nur unzureichende Rückkoppelungen an die oberen Stufen, um rasch Unzulänglichkeiten der Planung auszugleichen.

Die Voraussetzungen für ein zufriedenstellendes Funktionieren klassischer PPS-Systeme sind am ehesten bei der Serienfertigung mit überwiegend standardisierten Produkten erfüllt. Als Voraussetzungen sind zu nennen:

- Die Durchlaufzeiten müssen relativ sicher prognostizierbar sein und dürfen nur wenig um die **mittlere Durchlaufzeit** streuen. Unter diesen Bedingungen sind die isolierten Terminpläne der Durchlaufzeitterminierung eher realistisch.
- Es dürfen keine Produktionsengpässe auftreten bzw. existierende Engpässe müssen sich durch Kapazitätsanpassung überwinden lassen.
- Die Operationszeiten müssen mit großer Sicherheit feststehen.
- Es dürfen nur wenige Ausfallzeiten der Potentialfaktoren auftreten.
- Das Produktionsprogramm muss mit genügend zeitlichem Vorlauf bekannt sein, und kurzfristige Änderungen treten nicht ein.

Den klassischen PPS-Systemen gelang es zwar meistens, noch eine befriedigende Mengenplanung und Stücklistenauflösung herbeizuführen. Sie waren jedoch in vielen Fällen nicht in der Lage, die Terminkoordination im Fertigungsablauf zu gewährleisten. Insbesondere treten häufig hohe Bestände an Halb- und Fertigfabrikaten auf. Schlechte Termintreue sowie lange Durchlaufzeiten werden beobachtet, welche die Kostensituation und die Flexibilität der Unternehmen verschlechtern. Werden dafür die Gründe untersucht, so zeigte sich, dass die Unzulänglichkeit der klassischen PPS-Systeme insbesondere in der zu groben Abstimmung des Produktionsprogramms mit den Kapazitäten auf Enderzeugnisebene beruhen, so dass ein großer Teil der Abstimmungsleistung auf die Kapazitätsterminierung, also auf die Auftrags- und Arbeitsvorgangsebene verlagert wird. Dabei traten folgende negative Konsequenzen für das betriebswirtschaftliche Zielsystem auf:

- Die Kapazitätsterminierung wird nicht unter Kostengesichtspunkten durchgeführt, sondern ihr alleiniges Ziel ist die Erreichung eines einzigen zulässigen Planes. Die Wirkung der Anpassungsmaßnahmen auf die Kosten ist nur schwer abschätzbar.
- Die Grundlage für die Durchlauf- und Kapazitätsterminierung bilden geplante Durchlaufzeiten. Diese bestehen jedoch zum Großteil aus Liegezeiten, die nur mit großer Unsicherheit geschätzt werden können. Damit ist das Ergebnis der

Kapazitätsterminierung fragwürdig. Für den Fall, dass die realen Durchlaufzeiten nicht mehr mit den Planwerten übereinstimmen, wird die zeitliche Zurechnung der Kapazitätsbelastungen bei der Kapazitätsbedarfsrechnung fehlerhaft. Beim Kapazitätsabgleich werden Belastungsspitzen und -täler verschoben, die in der Realität gar nicht oder zu anderen Terminen auftreten. Kommen zudem noch ungeplante Eilaufträge in das System, so wird die Fertigungsplanung noch weiter verzerrt.

In dieser durch unsichere Belastungsprognosen sowie unzuverlässige Durchlaufzeiten gekennzeichnete Situation hat das Produktionsmanagement häufig die Neigung, sicherheitshalber die Fertigungsaufträge früher als eigentlich erforderlich freizugeben, um sie auch bestimmt zum benötigten Endtermin fertigzustellen. Diese Politik erhöht jedoch die Werkstattbestände und damit wiederum die realen Durchlaufzeiten, wodurch die Tendenz, die Aufträge zu früh freizugeben, weiter anwächst. Damit kommt die in der Literatur beschriebene Durchlaufzeitspirale in Gang, die zu einem Teufelskreis der Fertigungssteuerung bei vorzeitiger Freigabe der Aufträge führt (vgl. folgende Abbildung).

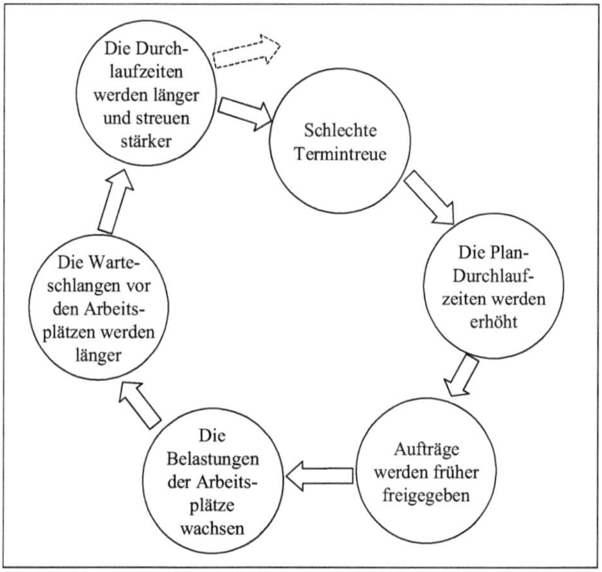

Abbildung 15.1: Teufelskreis der Fertigungssteuerung (Wiendahl 1987, S. 18)

Aufgrund der bisherigen Darstellungen ist zusammenfassend festzustellen, dass die PPS-Systeme bei der Terminplanung gravierende Schwächen aufwiesen. Darüber hinaus konnten noch weitere Kritikpunkte angeführt werden. Wird von dem betriebswirtschaftlichen Zielsystem ausgegangen und das magische Viereck des Produktionsmanagements,

- Termintreue,
- niedrige Durchlaufzeiten,
- niedrige Bestände und
- gute Kapazitätsauslastung,

betrachtet, so waren die klassischen PPS-Systeme nicht in der Lage, die Wirkungen bestimmter Aktionen auf dieses Zielsystem anzugeben. Ganz im Gegensatz zu ihrer Namensgebung ist keine eigentliche Steuerung der Produktion aufgrund des Zielsystems möglich. Die Leistungen der PPS-Systeme reduzieren sich damit auf die Verwaltung von Stammdaten und dem Erzeugen von zulässigen Plänen, von denen unbekannt bleibt, ob sie hinsichtlich des Zielsystems noch deutlich verbessert werden könnten.

Die mangelnde Leistungsfähigkeit der PPS hat zu einer **Neuausrichtung im Produktionsmanagement** geführt. Besonders unter dem Einfluss der japanischen Ansätze von Toyota ist in den 1990er Jahren ein Wandel in der Philosophie des Produktionsmanagements erkennbar. Das tayloristische Konzept des Top-Down-Ansatzes und die minutengenaue Vorplanung der PPS dominierten bis in die 1980er Jahre. Dieses Konzept ist gekennzeichnet durch einen hohen Grad an Arbeitsteilung und damit verbundenen schwerfälligen Entscheidungsprozeduren, welche eine rasche Marktanpassung und individuelle Behandlung von Kundenwünschen nur schwer möglich machen. Datentechnisch ist dieses Konzept infolge der Top-Down-Vorgaben und der Arbeitsteilung von einem sehr hohen Datenvolumen im Informationssystem geprägt. Es führt ferner zu einem aufgeblähten Verwaltungsoverhead und einer durch einen hohen Gemeinkostenanteil gekennzeichneten Kostenstruktur.

In den 1990er Jahren traten konkurrierende Konzepte auf, welche das Philosophiemonopol der PPS in Frage stellten und das Produktionsmanagement zu einem spannenden Feld **kontroverser Diskussionen** machten. Dieser Wandel kommt vornehmlich in der Neubewertung der Ziele des magischen Vierecks zum Ausdruck. Die PPS verfolgte das klassische Ziel der hohen Kapazitätsauslastung. Dies steht in Verbindung mit hohen Beständen, die z.T. Folge von großen Losen waren, welche sich als Ergebnis der lokalen Optimierung mit der weit verbreiteten Anwendung der Andlerschen Losgrößenformel ergaben.

Das Auslastungsziel war Folge der **Produktionsorientierung** der Unternehmenspolitik, welche in der Zeit des Kapitalmangels in der Nachkriegszeit nach 1945 und der hohen Nachfrage auf unbestätigten Märkten formuliert wurde. Die hohe Bewertung des Auslastungsziels ist nun einer starken Bevorzugung des Ziels gewichen, Durchlaufzeiten und Bestände zu senken. Damit verbunden sind verbesserte Termintreue und eine schnelle Reaktionszeit. Eine bessere Anpassung an die sich rasch ändernden Marktbedingungen wird möglich. Die Ausrichtung der Unternehmenspolitik und des Produktionsmanagements wird **marktorientiert.**

An der vom Toyota-Produktionssystem aufgeworfenen und vielfach diskutierten Frage, wie die Funktion von **Beständen** an Halb- und Fertigwaren gesehen wird, können wir die neue Ausrichtung des Produktionsmanagements diskutieren. In der klassischen produktionswirtschaftlichen Orientierung besaßen Bestände die Funktion, folgende Ziele anzustreben:

- reibungslose Produktion,
- prompte Lieferung,
- Überbrückungen von Störungen,
- wirtschaftliche Fertigung mit der Andlerschen Losgrößenformel und
- hohe und konstante Auslastung der Kapazitäten.

Demgegenüber werden hohe Bestände im Neuansatz kritisch gesehen. Nach der Interpretation von Toyota (Ohno 1993) verdecken hohe Bestände **Fehler des Produktionsmanagements**, wie

- störanfällige Prozesse,
- nicht abgestimmte Kapazitäten,

- geringe Flexibilität,
- hohe Ausschussquoten und
- schlechte Liefertreue.

Die **neuen Ansätze im Produktionsmanagement** versuchen, die Marktorientierung zu verstärken, mit modernen logistischen Konzepten eine Durchflussbeschleunigung vorzunehmen sowie einen Bestandsabbau zu erreichen.

16 Computer Integrated Manufacturing – Vom Scheitern einer Informatik-Utopie in den 1980er Jahren

16.1 Das Konzept von Computer Integrated Manufacturing

Der entscheidende Anstoß zur Entwicklung des Konzeptes des Computer Integrated Manufacturing ging von der unbefriedigenden Situation im durchschnittlichen Industriebetrieb aus: Obwohl eine Vielzahl von EDV-Lösungen existiert, stellte sich bislang kein deutlich wahrnehmbarer Beschleunigungseffekt bei den Durchlaufzeiten ein. Eine genauere Analyse zeigte, dass in den Unternehmen ein sehr hoher Koordinationsaufwand betrieben werden musste, um die arbeitsteilig erzeugten Teillösungen zusammenzufügen. Fertigungsmaschinen, NC-Steuerung, Transportsystem, Lagertechnologie und Prozessrechner von verschiedenen Herstellern führten zu einem gewaltiges Abstimmungsproblem, um die herstellerspezifischen Datenstrukturen und Übertragungsprotokolle zu einem Ganzen zusammenzufügen.

Um die EDV-Landschaft der Unternehmen zu charakterisieren, lassen sich zwei Gruppen von Insellösungen ausmachen: die technische und die betriebswirtschaftliche. Zur Gruppe der **technischen Insellösungen** zählen die sogenannten **C-Technologien**: CAD, CAP, CAQ und CAM. Die **betriebswirtschaftliche Gruppe der Insellösungen** werden von den Modulen des PPS-Systems dargestellt. Eines der wesentlichen Ziele von CIM besteht in der Integration beider Gruppen. Datenströme sollen sowohl von den C-Technologien in die PPS wie auch umgekehrt verlaufen.

Ein wichtiges Element der C-Technologien stellt das Computer Aided Design (**CAD**) dar. Hierbei geht es um die Computerunterstützung beim Konstruktions- und Entwicklungsprozess (Vahrenkamp 1979, Maier 1991). Mit dem CAD werden im Konstruktionsprozess Funktionen erarbeitet und in Detailzeichnungen verfeinert. Dazu wird auch auf eine umfangreiche Datenbank zurückgegriffen, in welcher die Geometrieteile und die vorausgegangenen Konstruktionen gespeichert sind. Auf diese Weise besteht die Möglichkeit, ein großes Spektrum der Konstruktionsaufgaben durch Wiederverwendung von Lösungen abzudecken, sofern die Datenbank ständig gepflegt wird.

Beim **CAP**, dem Computer Aided Planning, werden Arbeitspläne für die Bearbeitung der Einzelteile hergestellt. Diese Pläne beinhalten Werkstoffe, Toleranzen und Oberflächengüten, Bearbeitungssequenzen und die Erfassung der erforderlichen Hilfsmittel (Hebbeler/Klaas 1991). Ebenso wie beim CAD greift auch das CAP auf eine Datenbank mit zuvor ermittelten Arbeitsplänen zurück. Mit Hilfe von Ähnlichkeitsvergleichen werden ältere Arbeitspläne ermittelt, die vergleichbare Situationen gelöst haben. Wenn sich die Arbeitsplanerstellung auf die Kapazitätsstelle eines Roboters oder einer NC-Maschine bezieht, so tritt zum Arbeitsplan zusätzlich die Programmierung der Maschinen hinzu. Dieses geschieht mit besonderen NC-Programmiersprachen, wie z.B. APT oder EXAPT. Das NC-Programm enthält die detaillierte Steuerung für die Maschine, was die Reihenfolge der Werkzeuge und die Steuerung der dreidimensionalen Bewegungsbahnen von Werkzeugen oder Robotergreifarmen am Werkstück betrifft (Wagner 1991). Bei der Umsetzung der Geometriedaten aus der Phase des CAD in die Phase des CAP sind zusätzliche dreidimensionale Modelle erforderlich, welche die Bewegungen des Werkzeuges am Werkstück simulieren und auf Kollisionsfreiheit überprüfen. In der Datenbank zu CAP ist eine Reihe von Stammdaten gespeichert, welche die verfügbaren Maschinen, die eingesetzten Werkstoffe und die erforderlichen Planzeiten beschreiben.

CAM bezeichnet Computer Aided Manufacturing. Dieses umfasst NC-Maschinen zur automatischen Fertigung von Teilen, der automatischen Handhabung durch Roboter, dem automatischen Transport der Teile sowie dem automatischen Zusammenbau in einem MontageProzess. Als **NC-Maschinen** werden Einzweckmaschinen, wie Bohr-, Fräs- oder Drehmaschinen, bezeichnet, deren Werkzeugsteuerung von einem Prozessrechner übernommen wird und damit automatisiert ablaufen kann (NC = numerical control). Die Steuerungsbefehle werden in einem **NC-Programm** niedergelegt, das in der Stufe des CAP aus den Fertigungsunterlagen erstellt wird. Die moderneren NC-Maschinen verfügen über eigene, eingebaute Computer und lassen sich auch unmittelbar in der Werkstatt vom Arbeiter programmieren (**CNC** = computer numerical control). Indem die qualifizierten Aufgaben der Programmierung auf den

Arbeiter übertragen werden, wird eine erwünschte Aufgabenintegration und Aufgabenanreicherung herbeigeführt. Auf eine zentrale NC-Programmierung in der Arbeitsvorbereitung kann dann verzichtet werden. Mit **DNC** (direct numerical control) bezeichnet man die Steuerung einer NC-Maschine durch einen übergeordneten Rechner. Im Unterschied zur NC-Maschine ist eine manuelle Übergabe des Steuerungsprogramms in Form eines Lochstreifens, einer Diskette oder Kassette nicht mehr erforderlich.

Die **Bearbeitungszentren** fassen die Funktionen mehrerer Einzelmaschinen aus dem CAM-Katalog zusammen und ermöglichen es, mit einer Maschine mehrere Operationen bei einem Werkstück hintereinander abzuarbeiten. Dieses wird möglich, indem die erforderlichen Werkzeuge in einem Puffer gehalten und – von einem NC-Programm gesteuert – automatisch gewechselt werden. Die Bearbeitungszentren basieren damit auf dem Konzept der Bearbeitungsintegration. Hierdurch werden eine Vergrößerung der taktzeitbestimmenden Arbeitsinhalte und eine Ablösung des Bedieners vom Takt der Maschine möglich.

Eine Weiterentwicklung der Bearbeitungszentren stellen die **flexiblen Fertigungszellen** dar, die als zusätzliche Funktion verschiedene Werkstücke in einem Puffer aufnehmen und nacheinander bearbeiten können. Sie sind in der Lage, ein Werkstück einer Bearbeitungsfamilie komplett zu bearbeiten und bieten die Möglichkeit, während der Bearbeitung eines Teiles bereits das folgende Teil zu rüsten und mit Werkzeugen zu versehen. Die Rüstzeiten belasten daher nicht mehr die Phase der produktiven Hauptzeit der Maschine. Damit fallen die Opportunitätskosten der Rüstvorgänge stark ab, und kleine, rüstintensive Serien werden gegenüber den Großserien der Massenproduktion konkurrenzfähig. Auch gestattet es die Automatisierung von Bearbeitungssequenzen, bedienarme Schichten in der Nacht oder am Wochenende zu fahren, wobei problemlose Werkstücke in größeren Serien bevorzugt werden, um einen möglichst langen, störungsfreien Betrieb zu gewährleisten

Die Flexibilität der computergestützten Produktion ist eine der Hauptgründe für die Produktvielfalt auf den Konsumgütermärkten der Massenindividualisierung, die ohne CAM nicht realisierbar wäre. Wir bringen in Tabelle 16.1 ein Beispiel, das die Rüstkosten einer traditionellen Fertigungslinie der klassischen Massenproduktion den

Rüstkosten einer **flexiblen Kleinserienlinie** gegenüberstellt. Die Daten wurden in einem Werk für elektromechanische Steuerungen in der Bundesrepublik Deutschland im Jahre 1993 erhoben (Zich 1996). Die Rüstkosten werden mit verschiedenen Kategorien erfasst: Häufigkeit des Rüstens, Ausfall der Produktion, Stillstandszeiten und Ausschuss. Insgesamt wird deutlich, dass der Rüstaufwand der Kleinserienfertigung über ein Jahr gerechnet kaum höher ist als bei der klassischen Großserienfertigung.

	Großserie Starre Automatisierung Kapazitätsauslastung 100%	Kleinserie Flexible Automatisierung mit teilweise manuellen Arbeiten Kapazitätsauslastung 100%
Anzahl verschiedener Typen im Produktionsprogramm	70	1000
Fertigungskapazität ME/Std.	2600	3
Durchschnittlicher Preis der Produkte DM	1,5	1000
Anzahl der Rüstvorgänge p.a.	330	6000
Dauer eines Rüstvorgangs	2,3 Std.	30 Min.
Fertigungsausfall in Stück	5980	1,5
Hochlaufzeit nach dem Umrüsten in Std.	8	nicht vorhanden
Personalkosten gesamt DM	1380	30
Erhöhter Ausschuß	50% des Fertigungsvolumens in der Hochlaufzeit, sonst 9%	nicht vorhanden
Kosten eines Rüstvorgangs DM	25.950	1530
Gesamtkosten aller Rüstvorgänge p.a. DM	8.563.500	9.180.000

Tabelle 16.1: Vergleich der Rüstkosten von Groß- und Kleinserie

Werden mehrere Bearbeitungszentren oder flexible Fertigungszellen zusammengefasst, mit einem Transportsystem verbunden und mit einem Prozessrechner gesteuert, so bezeichnet man dieses System als ein **flexibles Fertigungssystem (FFS)**. Indem unterschiedliche Maschinen kombiniert werden, kann ein breites Spektrum an Bearbeitungsaufgaben in einem FFS vollständig erledigt werden. Insofern stellen sie eine Erweiterung von Bearbeitungszentren oder flexibler Fertigungszellen dar. Die FFS gestatten es, Arbeitsabläufe flexibel zu gestalten, indem für jedes Werkstück individuell ein bestimmter Ablauf und eine bestimmte Route zwischen den Bearbeitungsstationen festgelegt werden. Die flexiblen Fertigungssysteme erweisen sich als unabhängige Fertigungsinseln, die intern nach dem Werkstattprinzip organisiert sind. Für die Produktionsplanung stellen sie eine Komplexitätsreduktion dar.

Durch die Vergabe eines Komplettauftrags in einem FFS wird vermieden, dass Teile mit verschiedenen Arbeitsgängen in womöglich verschiedenen Werkstätten gefertigt werden und so verschiedene Arbeitsaufträge mit einem Koordinationsbedarf entstehen.

Vom Gesichtspunkt der Steuerung betrachtet, erhöhten FFS die Komplexität, da nun eine große Zahl von Alternativen für

- die Route des Werkstücks und
- die Zuordnungen von Werkzeugen zu Maschinen, Magazinen und Teilefamilien

entstehen (Becker/Rosemann 1993, S. 288-291). Die so erhöhte Komplexität in der Steuerung erforderte besondere Verfahren, um eine hohe Auslastung der Maschinenbelegung im FFS zu gewährleisten. Hierzu standen die Methoden der Simulation und die Anwendung von Expertensystemen zur Verfügung (Tempelmeier/Kuhn 1992; Warnecke/Mertens 1991; Schmidt 1994).

Zur Installation von flexiblen Fertigungssystemen waren sehr hohe Investitionen erforderlich. Andererseits lässt sich nur schwer ihre Wirtschaftlichkeit mit den Mitteln der Kostenrechnung nachweisen. Dieses hat darin seinen Grund, dass FFS komplexe Systeme mit umfangreichen Teilfunktionen darstellen, wie Leitrechner, Transportsysteme und Wechselbehälter für Werkzeuge und Vorrichtungen. Verschiedene Betriebsarten, wie mannarme Schichten in der Nacht sowie verschiedene Werkstückarten führen nach der Einschätzung von Eversheim und Fuhlbrügge dazu, dass keine allgemeinen Größen für die Nutzung der Teilfunktionen von FFS erfasst werden können und so auch die Umrechnung der Investitionssumme auf Stundensätze problematisch wird (Eversheim/ Fuhlbrügge 1993, S. 37).

Hohe Investitionen, verbunden mit dem Problem, die Wirtschaftlichkeit mit einfachen Modellen nachzuweisen, haben nach der Euphorie in den 1980er Jahren zu einer kritischen Neubewertung von FFS geführt. Als problematisch wird auch empfunden, dass die Strategie der Komplettbearbeitung im FFS dazu führt, dass Operationen mit lediglich geringer Wertschöpfung (z.B. das Entgraten) die teuren Kapazitäten in Anspruch nehmen. Die Sonderauswertung des Fraunhofer Instituts IPA in Stuttgart zusammen mit dem VDMA zeigt den Höhepunkt der FFS-Produktion in der Bundesrepublik Deutschland mit 372 Mio. DM im Jahre 1988, dem dann ein kräftiger Rückgang um 50% folgte. Anstelle von FFS haben die Bearbeitungszentren infolge eines deutlich verbesserten Preis-Leistungs-Verhältnisses stark aufgeholt und sich zur Standardausrüstung moderner Teilefertigung entwickelt.

CAQ bezeichnet das Computer Aided Quality. Diese Verfahren erzeugen automatisierte Meß- und Prüfpläne zur Qualitätskontrolle in der laufenden Produktion. Hierzu wird auf statistische Verfahren der Qualitätskontrolle zurückgegriffen, um durch die Prüfung einer kleinen Zahl von Werkstücken auf die Qualität einer ganzen Serie schließen zu können. Damit entfallen teure, und z.T. auch technisch nicht mögliche Überprüfungen aller Teile der Serie. Bei der Durchführung der Prüfung wird an den einzelnen Bearbeitungsmaschinen von ausgewählten Werkstücken mit Prozessrechnersystemen ein Datensatz aufgenommen, anhand dessen die Qualität der Verarbeitung beurteilt werden kann. Auf diese Weise wird mit CAQ die Qualitätskontrolle bei laufender Produktion am Ort und zum Zeitpunkt der Bearbeitung automatisiert und protokolliert. Fehlerhafte Teile können frühzeitig ausgesondert werden, ehe sie weitere Wege im Vorgangsgraphen zurücklegen. Damit ist ein wichtiges Element der Null-Fehler-Politik realisiert. Die Aufnahme der Protokolle dient ebenso der späteren Beweisführung ordnungsgemäßer Verfahren, welche bei Haftungsfragen eine Rolle spielen kann.

Als zweite Funktion automatisiert CAQ mit Prozessrechnern das Ausregeln der Toleranzbereiche von Fertigungsmaschinen und dient so der Sicherstellung eines Qualitätsstandards. Beim Überschreiten der Toleranzbereiche wird die Produktion angehalten. Beim CAQ geht es nicht allein um die Qualitätssicherung der Werkstücke und Prozesse, sondern auch um die Planung von Instandhaltungsarbeiten bei den einzelnen Transportsystemen und Werkzeugmaschinen. Hierzu hat CAQ die Stammdaten der einzelnen Maschinen ("Kapazitätsstellen") zu verwalten.

Die betriebswirtschaftlichen Teilfunktionen der Auftragsverwaltung und der Fertigungsplanung wurden durch die **PPS-Module** übernommen. Das CIM-Konzept formuliert das Ziel die CA-Techniken mit dem PPS datentechnisch zu integrieren, um

- Medienbrüche und Doppelerfassungen zu vermeiden,
- die Datenkonsistenz von mehrfach gehaltenen Daten zu sichern sowie
- den Samenfluss zwischen den arbeitsteiligen Einzellösungen deutlich zu beschleunigen.

Als Beispiel für eine Doppelerfassung von Daten können wir die Maschinen-Stammdaten in der Arbeitsplatz-Datei im PPS und im CAP ansehen.

Die Integration bezieht sich auf Daten und den Aufbau von Datensätzen, der als Datenstruktur bezeichnet wird. Gefordert wird, dass die verschiedenen computergesteuerten Komponenten gleiche Daten und gleiche Datenstrukturen verarbeiten und austauschen. Die weitergehenden Forderungen von CIM, die Integration auch auf die betriebswirtschaftlichen und technischen Funktionen zu erstrecken – die Modulintegration – meint, gleiche Computerprogramme gleichartige Funktionen steuern zu lassen (Becker 1991). So z.B. das gleiche Standardprogramm an allen Orten des Unternehmens einzusetzen, an denen Lager verwaltet werden und an denen – abstrakt formuliert – stets die gleichen Operationen der Lagerhaltung vor sich gehen: Einlagern, Lagerplätze verwalten, Kommissionieren und Auslagern.

Als Beispiel für eine bisher nicht realisierte Daten- und Datenstrukturintegration kann das Stücklistenproblem herangezogen werden. Stücklisten werden sowohl beim CAD, beim CAP wie auch in der PPS verwaltet. Hier eine durchgängige **einheitliche Datenbasis** zu schaffen, war das Ziel von CIM. Als weiteres Beispiel lässt sich der Datenübergang von der Phase CAD zur Phase CAP nennen. Bei der Erstellung der Arbeitspläne sind erneut Geometriedaten aus dem Bereich der Konstruktion heranzuziehen. Diese Daten sind im Prinzip in der Konstruktionsphase bereits angelegt worden. Durch Schaffung geeigneter Schnittstellen soll es möglich werden, in der CAP-Phase auf diese Geometriedaten zurückzugreifen, ohne sie erneut erzeugen zu müssen. Für die Erstellung von NC-Steuerungsprogrammen sind darüber hinaus noch dreidimensionale Modelle der Teile erforderlich, um die Kollisionen zwischen

Werkstück und dem Werkzeug vorab überprüfen zu können. Da die CAD-Software zumeist mit zweidimensionalen Modellen arbeitet, ist beim Übergang in das CAP ein Medienbruch erkennbar; dort sind dreidimensionale Modelle erforderlich.

Der CIM-Ansatz war sehr stark mit dem Konzept der zentralen Datenhaltung verbunden worden. Hierdurch hat CIM den hierarchischen Top-Down-Ansatz des Taylorismus nur noch mehr verstärkt und mit der sich aus diesem Ansatz ergebenden zentralen Datenbanklösung unterfüttert. CIM wurde zur datentechnischen Ergänzung der kapitalintensiven und hochautomatisierten Fertigung, allerdings in der von Doleschal im Jahre 1982 vorgenommenen Analyse des Volkswagenwerkes noch nicht vorhergesehen. Volkswagen hatte dann in der Halle 54 im Werk Wolfsburg das CIM-Konzept in großem Maßstab für die Endmontage des Golf II seit 1983 umgesetzt.[32] Der Golf II wurde eigens für die Zusammenführung von vormontierten Modulen in einer automatisierten Montage konstruiert. Ca. 25% der Montagearbeiten konnten in der Halle 54 automatisiert werden; die Zahl der Beschäftigten in der Halle 54 sank infolge der Automatisierung aber bloß um 100 Personen (Jürgens et a. 1989, S. 65). Günther Streit (1993, S. 103) schreibt zur Halle 54: "Dort stehen in der Montageautomation Roboter zur Verfügung, die die Montage folgender Teile ausführen: Montage von Kraftstoff- und Bremsleitungen, Auspuffanlage, Tank, Batterie, hintere Stoßfänger und das komplette Vordergrill mit Stoßfängern, komplettes Antriebsaggregat und Federbeine, Hinterachse, Räder, Einlagen des Ersatzreifens." Um die komplizierten Montagearbeiten automatisieren zu können, musste das Fahrzeug auf einen Millimeter genau in der Montagestation fixiert werden, was Innovationen in der Materialflusstechnik erforderte (Rögner 1988, S. 172). Gegenüber der japanischen Autoindustrie, die mit Lean Production eine ganz andere Strategie verfolgte, und den USA sah sich VW als führend an (Lünzmann 1984, S. 11). Innerhalb des VW-Konzerns wurde die Automatisierung von Montagearbeiten auch unter dem Aspekt der Arbeitserleichterung bei Überkopfarbeiten, die bei der Montage der Abgasanlage anfielen, und bei der Montage von schweren Teilen, wie z.B. der 20 kg schweren Batterie, gerechtfertigt (Rögner a.a.O.). Womöglich wurden die Investitionen der Halle 54 auch vom Programm „Humanisierung des Arbeitslebens" der Bundesregierung gefördert,

[32] Pressebasisinformation, Volkswagenwerk Wolfsburg, 15. März 2102.

da dieses den Abbau von körperlicher Schwerarbeit durch Robotereinsatz zum Ziel hatte (Trautwein-Kalms 1980, S. 118, vergl. auch Kapitel 23).

Vereinzelt wurde bereits in den 1980er Jahren an dem tayloristischen Aspekt von CIM Kritik geübt und ein Flexibilitätsverlust prognostiziert (Manske 1986; Brödner 1985). Konzeptionell knüpft CIM mit der zentralen Datenbasis an Konzepte der Unternehmensintegration der 1920er Jahre an. Dort ging es darum, Größendegressionseffekte durch Konzentration der Produktion auf wenige Anlagen auszunutzen, wie dies beispielsweise bei der Vereinigten Stahlwerke AG im Ruhrgebiet geschah. Ein weiterer Weg zur Unternehmensintegration bestand in der Vorwärts- und Rückwärtsintegration von Produktionsstufen und damit dem Herstellen einer hohen Fertigungstiefe, wie z.B. bei den Ford-Werken der USA. Flexibilität und rasche Marktanpassung waren bei dieser Produktionsstruktur nicht gegeben. Den Kritikpunkt der Inflexibilität finden wir in der Kritik an integrierten Bürosystemen der 1980er Jahre (Vahrenkamp 1987) und in der Kritik an CIM wieder, die wir nun behandeln.

Die Bundesregierung hat – stark gepuscht vom CIM Promotor Scheer (1990) an der Universität Saarbrücken – in den Jahren 1987 bis 1992 die CIM-Philosophie mit 580 Mio. DM stark gefördert. Piloteinführungen sowie fortgeschrittene Anwendungen in 1200 Unternehmen wurden mit 300 Mio. DM unterstützt. Parallel dazu wurden 21 **CIM-Transferzentren** an den Universitäten eingerichtet, welche CIM-Lösungen exemplarisch demonstrieren, Seminare durchführten, Beratungen für den Mittelstand anboten und eine rege CIM-Publizistik pflegten. Die folgende Karte zeigt die Standorte der CIM-Transferzentren. Die CIM-Förderung der Bundesregierung schloss sich an das ESPRIT-Projekt der EG Mitte der 1980er Jahre an, welches die CIM-Förderung als einen Schwerpunkt enthielt. Ziel war es, die technologische Lücke zwischen Europa, USA und Japan zu schließen (IG Metall CIM-Fachtagung 1986). Das CIM Projekt lief parallel zum Programm „Humanisierung des Arbeitslebens“ der Bundesregierung, in dem der Robotereinsatz gefördert wurde und das insofern den CIM-Ansatz ergänzte (vergl. Kapitel 23).

Abbildung 16.1: Standorte der CIM-Transferzentren

16.2 Das Scheitern der CIM-Projekte

Das klassische CIM-Konzept der 1980er Jahre konnte in der Praxis nicht zufriedenstellende Lösungen umgesetzt werden, so dass man vom Scheitern von CIM sprechen muss. Seit dem Ende der 1980er Jahre wurde das Realisierungsproblem von CIM allgemein bewusst (Burger 1993; Plapp 1993). Die Projektverantwortlichen aus Industrie und Softwarehäusern hatten CIM-Gesamtlösungen aus einem Guss als machbar eingestuft und mit umfassender Perfektion geplant, ohne die daraus resultierende, kaum beherrschbare Komplexität, die überlange Projektdauer und die entstehenden hohen Projektkosten angemessen abzuschätzen. Die Komplexität resultierte u.a. aus der softwaretechnischen Pionierarbeit, zwischen den Software-Anwendungspaketen den Datenaustausch zu ermöglichen, ohne auf Standards wie offen gelegte Schnittstellen oder relationale Datenbanken zurückgreifen zu können. Der hohe Entwicklungsaufwand führte zu langen Projektlaufzeiten, während derer die

Informationstechnik einem raschen Wandel unterlag; anfangs vernünftig erscheinende Projekte waren zum Zeitpunkt ihrer Realisierung womöglich überholt und nicht mehr bezahlbar. Auch konnte der Nutzen von fertiggestellten CIM-Investitionen nicht überzeugend nachgewiesen werden. In der Automobilindustrie, welche sehr hohe Beträge in CIM-Versuche, insbesondere mit Robotern, gesteckt hatte, musste der Abbruch von CIM-Projekten gemeldet werden. Während noch in der im Jahre 1988 erschienen 50-Jahre-Festschrift des VW-Konzerns durchaus positiv von der im Umfeld der CIM-Diskussion vielfach zitierten Halle 54 von VW in Wolfsburg, in welcher die Möglichkeiten hochautomatisierter, integrierter Systeme für die Endmontage demonstriert werden sollten, berichtet wurde (Rögner 1988), hatte der Konzernvorstand die Halle 54 schließlich Ende der 1980er Jahre stillgelegt. Lay und Schirrmeister (2000, S. 2) schreiben dazu: In der Halle 54 zeigten sich die „Nachteile der Hochautomatisierung besonders eindrucksvoll: Das System war durch seine Komplexität äußerst unflexibel. Der eingangs kalkulierte wirtschaftliche Vorteil wurde schnell von ungeplanten Kosten wie Verkettungsverlusten, Stillstandsverlusten, hohem technischen Support, hohen Umbaukosten für neue Varianten sowie der Erfordernis von Ersatzkapazitäten zur Befriedigung der Nachfrage zunichte gemacht.“

Die vielversprechende Idee von CIM ließ sich nicht umsetzten. Welche Gründe führten zu dieser Krise des CIM-Konzepts? Im klassischen CIM-Konzept verengte die Fixierung auf **Technik und Automation** alleine das grundlegende Verständnis vom Funktionieren einer Fabrikorganisation derart, dass andere Quellen von Produktivität und Effizienz ausgeblendet wurden (Brödner 1985). Das Expertenwissen der Mitarbeiter wurde zur vernachlässigbaren Restgröße herabgestuft. Mit kapitalintensiver Technik wurden überholte, hierarchische Organisationsstrukturen umso mehr festgeschrieben und auf diese Weise Organisationsschwächen mit Technologieeinsatz kompensiert (Plapp 1993; Burger 1993). Organisatorische Neuordnungen, wie etwa die der Lean Production, wurden nicht erwogen. Für Flexibilität, Verantwortung und Initiative gab es in einer derartigen Organisation keine Anreize. Kritisch wurde es auch insofern, als CIM u.a. auf den PPS-Bausteinen basiert, deren mangelnde Leistungsfähigkeit durch verbesserte Software nicht überwunden werden konnte. Die Planungsschwächen der PPS wurden in CIM reproduziert. Die hohe Integration führte bei Fehlern an einer Stelle zu Stillstandszeiten im Gesamtsystem. Die Halle 54 von VW erreichte Verfügbarkeitszeiten von lediglich 60%. Die Probleme der CIM-Realisierung trugen auch entscheidend zur **Kehrtwende im Produktionsmanagement** bei. Konzepte des Lean Production wie Dezentralisierung, Insellösungen und selbstorganisierende, teilautonome Arbeitsgruppen, fanden seit dem Ende der 1980er Jahre in der Autoindustrie eine hohe Beachtung, während sie bereits zu Anfang der 1980er Jahre in der Elektroindustrie auf den Endmontagestrecken eingeführt worden waren (Zink 1995).

Von Bullinger (1990) wurden die Probleme der CIM-Umsetzung in vier Punkten zusammen gefasst. Der technikzentrierte CIM-Ansatz

- führt zu einer Verarmung des geistigen Potentials. Die Qualifikationen der Facharbeiter verkümmern, und die Innovationsfähigkeit geht verloren.
- führt zu schwerfälligen Systemen. Bei Produktionsumstellungen fehlt eine ausreichende Flexibilität. Die Pflege von Software und Datenbanken ist sehr aufwendig.
- basiert auf zu umfangreicher Software, die hohe Entwicklungskosten verursacht, lange Anlaufzeiten erfordert, viele Fehler aufweist und infolge der Komplexität nur schwer beherrschbar ist.
- birgt eine Abhängigkeit von Spezialisten und von externen Beratern in sich. Die Qualifizierung des eigenen Personals ist teuer und langwierig.

Eine Umfrage des Forschungsinstituts für Rationalisierung der TH Aachen hat die Probleme bei der CIM-Einführung aus der Sicht der Anwender mit einer Umfrage im Jahre 1988 systematisch aufgelistet. Die folgende Tabelle gibt die Anzahl der Nennungen wieder (Elbracht 1992, S. 306).

Ein besonders markantes Beispiel von gescheiterten CIM-Implementationen ist bei **General Motors** auffindbar. Das Unternehmen hatte einen mehrjährigen Investitionsplan mit einem Volumen von 40 Mrd. $ aufgestellt, um die Fabriken völlig neu nach der CIM-Philosophie aufzubauen. Nach Investitionen von 60 Mrd. $ und der Inbetriebnahme der Werke musste General Motors Mitte der 1980er Jahre jedoch feststellen, dass die Produktionskosten pro Fahrzeug um 250 $ über denen der vergleichbaren Konkurrenten Chrysler und Ford lagen (Jürgens u.a. 1989, S. 68).

Probleme bei der CIM-Einführung	Anzahl der Nennungen
hohe Investitionen	79
Schnittstellenprobleme der Software	78
hoher Anpassungsaufwand	60
Schnittstellenprobleme bei Datentransfer	58
unübersichtliches Softwareangebot	42
ungenügendes Softwareangebot	35
mangelnde Betreuung durch Anbieter	19
unzureichende Sensorik zur Überwachung	17
hohe Betriebskosten	15
hohe Störanfälligkeit	13
schnelle Veralterung	10
mangelnde Kontrolle der Datenqualität	9
mangelnde Prozeßstabilität	8
zu hohe Antwortzeiten	5

Tabelle 16.2: Probleme der CIM-Einführung

General Motors hatte damit sogar seine traditionelle Rolle als Kostenführer eingebüßt. Am Fall von GM können wir die klassischen Fehler bei der CIM-Realisierung studieren: Technikzentrierung, geringe Systemverfügbarkeit durch überkomplexe Systeme und die Lähmung von Selbstorganisationsprozessen durch intensive, in 14 Ebenen gestufte Kontrollen von oben nach unten. Das Gegenkonzept zu CIM konnte GM in seinem eigenen Joint Venture mit Toyota – der New United Motor Manufacturing Inc. (NUMMI) in Fremont, Kalifornien – realisieren und die Effizienz einfacher japanischer Organisationsmodelle studieren. Mit einem Bruchteil der Investitionskosten wurden bessere Werte in Effizienz und Qualität erzielt als in jeder GM-Fabrik (Hampton/Norman 1987).

Es reicht nicht aus, das klassische CIM-Konzept alleine als datentechnische Integration zu beschreiben. Die Kritik an den mangelnden Realisierungsmöglichkeiten von CIM wurde derart aufgegriffen, dass in einem zweiten Schritt auch die Dimensionen der Mitarbeiterbeteiligung und der Organisation Berücksichtigung fanden. Auf die Integration von bislang durch die Arbeitsteilung getrennter Funktionen wurde abgezielt. Die Ideen der Fertigungssegmentierung wurden aufgegriffen. Insellösungen zu etablieren, die als Cost- oder Profitcenter unabhängig voneinander operieren, widerspricht dem CIM-Konzept. Nach dem Konzept der Vorgangsketten werden zusammengehörige Funktionen quer zur klassischen Abteilungsgliederung zusammen gefasst, um so mit einem fach- und ressortübergreifenden Handeln aufwendige Koordinationsaktivitäten zu minimieren.

Im Unterschied zu der klassischen Rationalisierungsstrategie, die Abläufe in Einzelbereichen durch den Einsatz von kapitalintensiven und hochautomatisierten Maschinen zu verbessern, basiert das erweiterte CIM-Konzept auf einem ganzheitlichen Ansatz, der über die Technik hinausgehend, ebenso die Personalwirtschaft, die Organisation und die strategische Ausrichtung des Unternehmens am Markt umfasst. Anstelle der Fixierung auf kapitalintensive Technik wurde das Produktionspotential der Mitarbeiter neu entdeckt. Diese Erweiterung des CIM-Konzepts lässt allerdings dessen Konturen weithin verblassen; CIM näherte sich dem Konzept von Lean Production stark an.

17 Das Toyota Produktionssystem – Lean Production

Anfang der 1980er Jahre gab es eine Diskussion um das Ende der Massenproduktion oder des „Fordismus“ und eine Renaissance von kleinen Produktionseinheiten mit kleinen Serien (Piore und Sabel 1984, Kern 1984, Dohse et al. 1984A). Hervorgehoben wurde die leichte Programmierbarkeit von computergesteuerten Werkzeugmaschinen (NC-Maschinen) für wechselnde Aufgaben. Auf dem Automobilmarkt hatte sich die japanische Konkurrenz in den 1980er Jahren zu einer ernsthaften Bedrohung entwickelt. Hinsichtlich von Qualität und Kosten übernahmen die japanischen Hersteller die Führung gegenüber den amerikanischen und europäischen Herstellern. Toyota errichtete in den USA eigene Fabriken („Transplants“) und setzte dort hohe Qualität durch (Russ 2009). Die Tabelle 17.1 vergleicht Fertigungsdauer und Fehlerquoten zwischen Toyota und General Motors und zeigt die Überlegenheit der japanischen Hersteller.

	GM Framingham	**Toyota Takaoka**
Brutto-Montagestunden	40,7	18
Montagestunden pro Auto	31	16
Montagefehler pro 100 Autos	130	45
Montagefläche pro Auto	0,75	0,45
Teilelagerbestand (Durchschnitt)	2 Wochen	2 Stunden

Tabelle 17.1: Vergleich der General-Motors-Montagefabrik Framingham und der Toyota Montagefabrik Takaoka 1986 (Quelle: Womack u.a. 1991, S. 85)

Als Reaktion auf die japanische Herausforderung haben seit 1985 die Forderungen nach schlanker Produktion die klassischen Konzepte der Produktionswirtschaft in Frage gestellt. Obwohl die Prinzipien von schlanker Produktion in Japan bereits seit den 1960er Jahren praktiziert wurden, haben sie die Produktionsmanager in den USA und Europa erst in den 1980er Jahren entdeckt und dann insbesondere in der Automobilindustrie als einen Ansatzpunkt aufgegriffen, neue Potenziale für die Kostensenkung und die Qualitätssteigerung zu erschließen. Früh wurde den Beobachtern klar, dass die japanische Überlegenheit nicht auf moderneren und produktiveren

Maschinen begründet lag, sondern in Organisationskonzepten der industriellen Arbeit. Allerdings beruhte die hohe Produktivität der japanischen Fabriken auch auf einer 10 bis 15 prozentigen höheren Ausnutzung der Arbeitskraft, wie Dohse et al. (1984) festgestellt haben. Wegen der Stärke der Automobilarbeitergewerkschaften im Westen war diese erhöhte Ausnutzung allerdings nicht auf die USA und Europa übertragbar. In seiner Analyse des Volkswagenwerks erkannte Doleschal im Jahre 1986 noch nicht die Tragweite des neuen Lean Production Konzepts, sondern beschreibt es bloß als eine unter anderen Alternativen der Rationalisierung, ebenso wenig wie Kern (1984). Sowohl Doleschal (1986) als auch Dohse et al (1984) bezweifelten die Übertragbarkeit von Lean Production Konzepten nach Europa, da dort die Zulieferstrukturen nicht wie in Japan in Konzernstrukturen eingebunden seien. Dann im Jahre 1988 publizierte der Vizepräsident von Toyota, Ohno, seine Darstellung des Toyota Produktionssystems auf Englisch (Ohno 1993). Die Studien von Horst Wildemann (1982), Ulrich Jürgens, Thomas Malsch und Knut Dohse am Wissenschaftszentrum Berlin (Dohse et al. 1984, Jürgens u.a. 1989) und von Womack, Jones und Roos am Massachusetts Institute of Technology (Womack u.a. 1991) haben diese neuen Ansätze weiter bekannt gemacht. Von Womack, Jones und Roos wurde der suggestive Begriff **Lean Production** (Schlanke Produktion) geprägt. Allerdings verlief der Austausch zwischen Amerika und Japan in beide Richtungen. Elis (2009, S. 3) weist auf den Technologietransfer zwischen Amerika und Japan in den 1950er Jahren hin. Bereits im Jahre 1950 besuchte ein Ingenieur von Toyota die Fordwerke in Detroit und übernahm von Ford die Konzepte des betrieblichen Vorschlagswesens, der betriebsinternen Schulungen mit dem Ziel der kontinuierlichen Verbesserung der Produktion sowie des Qualitätsmanagements. Die Ingenieure von Toyota bewunderten zwar das Fordsche Produktionssystem, konnten es aber wegen anderer Bedingungen nicht direkt auf Japan übertragen. So entstand Lean Production als Toyota-Produktionssystem in dem Bemühen, Elemente vom Fordsche Produktionssystem in Japan anzuwenden (Ebenda). Trotz des Arbeitsgruppenansatzes war die Arbeit bei Toyota nicht weniger zerlegt als bei Ford, wie Dohse et al. (1984) feststellen konnten. Die Gruppe diente vielmehr der Erzeugung von Druck auf den einzelnen Arbeiter, da die Gruppe als Ganze Ausschuss nacharbeiten musste. Allerdings waren die Schranken für einen Arbeitsplatzwechsel weniger hoch als bei Ford, sodass Arbeiter flexible und bedarfsgerecht an verschiedenen Arbeitsplätzen eingesetzt werden konnten. Man kann auch annehmen, dass Toyota die Steuerung des Materialflusses mit Laufkarten (Kanban) von den Fordschen Laufkarten (vergl. Abbildung 14.1A) übernommen hatte. Allerdings hatte Toyota diesem System die Innovation hinzugefügt, mit Abrufimpulsen das Push-System zu einem Pull-System umzuformen.

Mit dem Konzept der schlanken Produktion wurden die Grundsätze der hierarchischen Produktionsplanung und -steuerung der klassischen PPS-Systeme in Frage gestellt. Diese Grundsätze gehen auf Prinzipien des Taylorismus aus dem Jahre 1910 zurück und kommen im Top-Down-Ansatz zum Ausdruck, der die Planung von oben nach unten ohne Beteiligung der unteren Hierarchiestufen vornimmt. Dabei wird auf den unteren Stufen der Termin-, Kapazitäts- und Reihenfolgeplanung eine solche Fülle von Mengen-, Zeit- und Prioritätsinformationen hervorgebracht, die selbst moderne Computersysteme kaum bewältigen können. Während in den 1980er Jahren noch versucht wurde, mit Hilfe des CIM-Konzepts durch vermehrten Einsatz von computergestützten Informationssystemen den hierarchischen Ansatz effizient zu gestalten, zeigten die Fehlschläge dieses Versuchs, dass eine Abkehr vom hierarchischen Ansatz erforderlich wurde.

Die Konjunkturkrisen der 1980er Jahre in Verbindung mit Fehlern im Produktionsmanagement und in der Produktpolitik konnten auch große Unternehmen, welche jahrzehntelang unangefochten gewesen waren, unverhofft in gefährliche Verlustzonen leiten, wie dies bei VW, IBM, General Motors und Daimler Benz zu beobachten gewesen war. Die Erfolge der Vergangenheit hatten zu einer starken, nach innen gerichteten **Unternehmenskultur** mit tiefgestaffelten Hierarchieebenen geführt und so den Kontakt zum Markt verringert. Beispielsweise wurde General Motors mit 14 Hierarchieebenen gesteuert. Schlanke Produktion, welche Hierarchieebenen abbaut, mit Methoden des Simultaneous Engineering die Entwicklungszeiten deutlich verkürzt und die Durchlaufzeiten in der Produktion wesentlich beschleunigt, ist dann ein Gegenkonzept zur eingetretenen Marktferne, die sich in den Jahrzehnten hoher und stabiler Gewinne wohl beinahe unvermeidlich gebildet hatte.

17.1 Überblick zu den Konzepten von Lean Production

Aus der Krise der hierarchischen Produktionsplanung bietet das Konzept der schlanken Produktion einen Ausweg. Sie setzt sich aus verschiedenen Maßnahmen, Organisationskonzepten und grundsätzlichen Sichtweisen vom Funktionieren einer Fabrikorganisation zusammen. Die zeigt diese Elemente auf, die im Folgenden behandelt werden sollen.

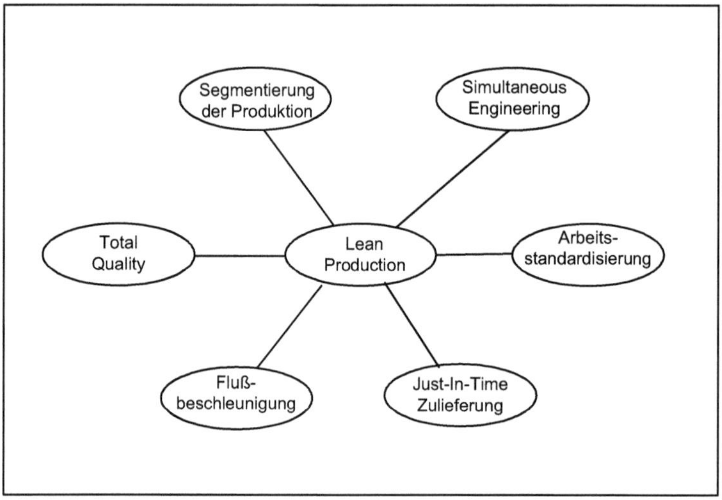

Abbildung 17.1: Elemente von Lean Production

Die schlanke Produktion zeichnet sich durch folgende Punkte aus:

- Senkung der Fertigungstiefe durch verstärkte Zulieferung im Just-in-time-Prinzip,
- Segmentierung der Produktion in Centern,
- Lernende Organisation und Standardisierung,
- Einbeziehung und Beschleunigung der Produktentwicklung (Simultaneous Engineering),
- Beschleunigung des Materialflusses,
- Total Quality.

Anders als die klassische PPS, welche die Vorplanung bis zum letzten Einzelteil und zur letzten Zeiteinheit immer mehr intensiviert, setzt das neue Konzept auf **autonome Insellösungen** und auf **selbstorganisierende Regelkreise**, welche die Planungskomplexität drastisch beschränken und stattdessen die Kooperation, Verantwortung und Kreativität der Mitarbeiter in der Organisationsform der Gruppenarbeit nutzen. Stark gegliederte Hierarchien, die keine Anreize für Entscheidungsfreude und Initiative bieten, werden von **"flachen" Verwaltungsinstanzen** abgelöst, welche ehemalige Zentralfunktionen auf die untere Ebene in ein Center delegieren, eine höhere Beweglichkeit für eine raschere Marktanpassung versprechen und geringere Kosten aufweisen. So hatte das Achswerk Kassel der Daimler AG in den 1990er Jahren die Zahl der Leitungsstellen von der Werksleitung bis zum Gruppenmeister von 364 auf 199 und die Zahl der Hierarchieebenen von 7 auf 5 reduziert.

Die Dezentralisierung der Organisation wird durch die Einrichtung von Arbeitsgruppen (Centern) ermöglicht, die eine Prozess-Struktur der Organisation realisieren, welche Lieferanten, Inputs, den eigentlichen Produktionsschritt, den Output und den Kunden unterscheidet. Intern werden die Center zumeist nach dem Prinzip der Gruppenarbeit organisiert. Ob die Gruppen tatsächlich teilautonom arbeiten können, bleibt umstritten. Kritiker bezeichnen die Teilautonomie als Management-Rhetorik, welche versuche, Lean Production als ein Produktionssystem zu verkaufen, das mit der Humanisierung der Arbeitswelt verbunden sei. Elis (2009, S. 12) hebt hervor: „Wenngleich ‚Gruppenarbeit‘ ein zentrales Element von Lean Production darstellt, handelt es sich dabei keineswegs um teilautonome Gruppen, die über ihre Arbeitsinhalte entscheiden und die Arbeitsabläufe selbstständig bestimmen könnten. Vielmehr werden die Arbeitnehmer nur insoweit in die Optimierung des Produktionsablaufs integriert, als damit Rationalisierungseffekte erzielt werden können, was tendenziell zu einer weiteren Verdichtung der Arbeit führt, ohne dass Hierarchien abgebaut würden.“

Nach Reiss (1998) unterscheiden wir die Profit-Center von den Cost-Centern. Die Profit-Center besitzen einen Kundenkontakt zum externen Markt. Ihre Autonomie ist lediglich bei Investitionsentscheidungen und bei der Beschaffung eingeschränkt. Die Lieferanten sind unter Umständen werks- oder konzernintern zu wählen. Die Cost-

Center besitzen keinen Kontakt zum externen Markt, sondern beliefern interne Kunden. Sie sind zur Einhaltung des Budgets, eines bestimmten Service- und Qualitätslevels und zur Senkung von Kosten nach einem vereinbarten Ziel verpflichtet. Produktionsnahe Dienstleistungen, wie Lager, Transport, Instandhaltung und Versuch, können gut als Cost-Center geführt werden. Die Segmentierungskriterien für die Einrichtung von Centern sind vielfältig:

- Produktgruppen und Großkunden,
- Wettbewerbsvorteile, wie differenzierte Spezialprodukte oder Kostenvorteile,
- Auftragsmerkmale, wie Groß-, Mittel- oder Kleinserien und Wiederholhäufigkeiten.

Das Konzept von Lean Production nimmt Ansätze der Lernenden Organisation auf und verbindet sie mit dem Konzept der Standardisierung. Im Zentrum des Ansatzes der Standardisierung steht die Dokumentation von Arbeitsprozessen (Bicheno 2004, S. 54). Damit kann das in der Dokumentation gesammelte Wissen über den Arbeitsprozess anderen Mitarbeitern zugänglich gemacht werden, und es entsteht eine Plattform für Diskussionen um die besten Prozesse innerhalb der bzw. zwischen verschiedenen Arbeitsgruppe(n) und Schichten. Ferner dient die Dokumentation als ein Ausgangspunkt für Benchmarks und als eine Wissensbasis zur Schulung neuer Mitarbeiter. Der von Toyota stammende Ansatz, die Durchführung von Arbeitsaufgaben zu dokumentieren, wird als „Standard-Arbeit" bezeichnet (Ohno 1993, S. 48). Der Standard ist bindend für die Durchführung und solange gültig, wie er von einem verbesserten Standard abgelöst wird, so dass sich die Organisation von Standard zu Standard fortentwickelt. Die Dokumentation der einzelnen Arbeitszyklen innerhalb einer vorgeschriebenen Taktzeit wird von den Arbeitern selbst erstellt und wird nicht von Produktionsingenieuren vorgegeben. Dadurch ist sichergestellt, dass die Arbeiter ihre Aufgabe vollkommen durchdringen und dass die Dokumentation ihr eigenes Wissen enthält. Die Standard-Arbeit umfasst die folgenden Elemente: Die Taktzeit, die detaillierte Arbeitssequenz mit der Zeit für jede Operation, der Standard-Lagerbestand, die erforderlichen Werkzeuge und Operationen der Qualitätsprüfung sowie Bemerkungen zu besonderen Arbeiten, die periodisch vorgenommen werden müssen. Die Standard-Arbeit enthält auch Kommentare zu auftretenden Fehlern und gibt Hinweise für Gesundheit und Sicherheit. Farbcodierungen erleichtern die Zuordnung von Operationen zur Anwendung auf gleich codierte Produkte. Unterstützt wird die Standard-Arbeit durch Fotos und Videos, welche die Kommunikation der Inhalte erleichtern. Die Inhalte können mit den folgenden drei Methoden visualisiert und für Gruppenprozesse kommuniziert werden:

1. Das Kombinations-Chart zeigt in Form eines Gantt-Diagramms die Folge der Arbeitsschritte im Zeitablauf, wobei die Taktzeit die Länge des Abschnitts auf der Vertikalen anzeigt.
2. Das Analyse-Chart zeigt einen Plan des Zellen-Layouts, worin der Weg des Arbeiters durch die Standardanordnung der Arbeitsplätze dargestellt und die Anordnung der Materialbestände dokumentiert wird.
3. Das Standard-Arbeits-Blatt listet die Arbeitsschritte mit deren Operationszeiten auf und gibt Fotos wieder.

Das Konzept der Standard-Arbeit dient zur Verstetigung der Materialflüsse, die zu einem Sinken der durchschnittlichen Länge der Warteschlagen führt. Damit wird eine Verkürzung der Durchlaufzeiten möglich. Das Konzept der Standard-Arbeit wird in einer Arbeitsumgebung realisiert, die übersichtlich gestaltet wird und so die Standardisierung von Prozessen unterstützt, z.B. durch ein 5S-Programm (Dickmann 2007, S. 20). Das 5S-Programm bereitet dann die Basis für weitergehende Konzepte, wie Standard-Arbeit und Total Quality, welche ohne dieses Programm zu weniger guten Ergebnissen führen würden.

Die Forderung nach schlanker Produktion betrifft auch die der eigentlichen Produktion vorgelagerten Stufen von Forschung und Entwicklung. Schlanke Produktion bedeutet hier eine Verkürzung der Entwicklungszeiten durch mehr Kompetenz, verkleinerte Instanzenwege und Parallelisieren der Einzelschritte durch Simultaneous Engineering, um so eine raschere Marktanpassung zu erzielen und die sehr langen Entwicklungszeiten für ein neues Modell von zehn Jahren auf vier Jahre zu senken. Auch kann die Einbeziehung der Produktentwicklung in den Prozess des Lean Production zu einer Reduktion des Teilespektrums und zu einer Zusammenfassung verschiedener Teile zu Teilefamilien führen und so Lagerhaltung und Herstellungsprozesse verschlanken. Ferner können veränderte Konstruktionen die Fertigung, die Montage und das Rüsten erleichtern (siehe unten).

Im traditionellen Ansatz der Produktionswirtschaft stand die Produktion im engeren Sinne im Mittelpunkt der Betrachtung. Die Beziehung zur Umwelt des Unternehmens wurde in Form von Beschaffungs- und Absatzmärkten eher abstrakt gesehen und Versuche, die Produktion mit diesen Märkten in eine enge Beziehung zu setzen, wurden kaum unternommen. Dagegen versucht das Konzept von Lean Production, diese Beziehungen zu konkretisieren und vom Vorlieferanten bis zum Endabnehmer als durchgehend aufzufassen und zu gestalten. Der durchgängige Materialfluss wird von einem entgegen gerichteten Informationsfluss begleitet, der die Nachfrage auf dem Absatzmarkt in Abrufimpulse verwandelt, die dann fortschreitend auf den einzelnen Stufen der logistische Kette Anstöße zur Produktion und Anlieferung auslösen (Pull Prinzip). Das Pull-Prinzip zur Steuerung des Materialflusses wurde von Toyota in den 1950er Jahren erfunden (Elis, 2009, S. 4) und als Kanban-System bekannt, bei dem kleine Pappkarten (Kanban) den Materialfluss steuern. Auf den Karten sind die Teileart, die Menge im Behälter sowie Quelle und Zielort angegeben. Nur dann wird die Produktion eines Teiles in der Menge eine Behälters angestoßen, wenn dafür ein Produktionsauftrag in Form eines Kanbans vorliegt. Das Kanban-System zur Steuerung von Produktion und Verteilung von Teilen innerhalb der Fabrik wurde seit den 1990er Jahren schrittweise in der Autoindustrie in Europa eingeführt und so der alte Top-Down-Ansatz abgelöst. In der Getriebefertigung des Volkswagenwerks Kassel mit einem Output von 10.000 Getrieben pro Tag gelang die Umstellung erst nach dem Jahre 2005.

Das Rückwärtsschreiten der Abrufimpulse wird durch vereinfachte Schnittstellen zwischen den Gliedern der logistischen Kette ermöglicht. Für die interne Organisation der Produktion bedeutet diese Forderung nach einfachen Schnittstellen eine drastische Entflechtung der Materialflüsse, die unten mit dem Konzept der Fertigungssegmentierung beschrieben wird. Bei dieser Überlegung wird die zentrale Rolle von Informationssystemen zur Steuerung der schlanken Produktion deutlich. Die Harmonisierung von Losen entlang der logistischen Kette führt zu einer Vereinfachung von Bestellvorgängen und zu einer Reduzierung der Lagerhaltung. Diese bei Just-in-Time-Zulieferung wesentliche Abstimmung von Beschaffung und Produktion kann auch in den übrigen Zulieferstrukturen genutzt werden, um die Lose des Einkaufs mit den Losen der Produktion abzustimmen.

Die Beschleunigung entlang der logistischen Kette wird durch verschiedene Maßnahmen erreicht: Zunächst ist die Vereinfachung des Produktionsprogramms hervorzuheben. Eine **Konzentration** auf die wesentlichen Umsatzträger wird erzielt, wenn marginale Produkte aus dem Programm gestrichen oder outgesourcet werden. Auf diese Weise kann bereits ein großer Anteil der Komplexität in der Produktionssteuerung und im Materialfluss abgebaut werden, wodurch sich entsprechende Beiträge einstellen, den Materialfluss entlang der logistischen Kette für die Hauptumsatzträger zu beschleunigen.

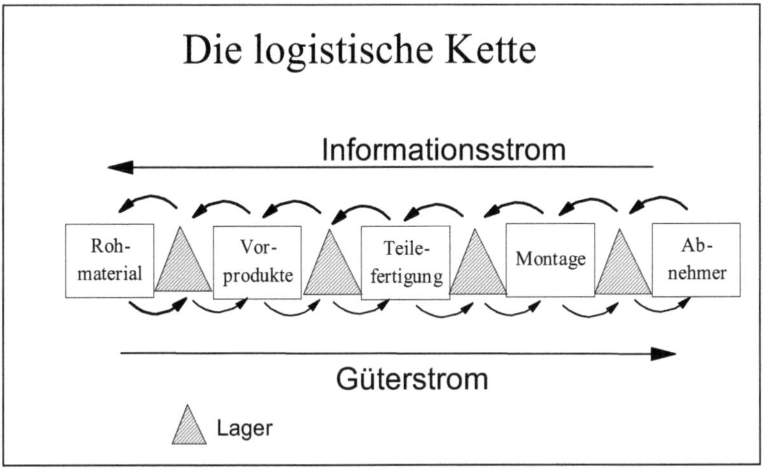

Abbildung 17.2: Die logistische Kette zwischen Abnehmer, Produzent und Zulieferer

Als zweiter Schritt ist die Senkung der Bestände auf den einzelnen Stufen anzustreben. Die Produktion geht mit **kleinen Losen** vor sich. Kleine Lose bedeuten geringe Wartezeiten an den Arbeitsstationen. Sie tragen auf diese Weise zur Beschleunigung des Materialflusses bei. Der Übergang zu kleinen Losen zeigt eine radikale Abkehr von hergebrachten Konzepten, welche große Lose präferierten, da diese aufgrund der Andlerschen Losgrößenformel lokal geringere Kosten versprachen und eine hohe Kapazitätsauslastung einzelner Arbeitsstationen garantieren sollten.

Das Konzept der kleinen Lose ist gegenüber dem Konzept der Andlerschen Losgrösse, die womöglich zu großen Losen führt, nicht einfach zu rechtfertigen und nicht leicht im Unternehmen durchsetzbar. Die Andlerschen Losgrösse berechnet mathematisch unabweisbar das Kostenminimum. Demgegenüber sind die Vorteile der kleinen Lose nicht so leicht quantifizierbar und in Kostensenkungspotentiale zurechenbar. Die Vorteile liegen in niedrigen Beständen, die eine Flexibilität bei Änderungen der Nachfrage ermöglichen und Fehler im Materialfluss aufdecken. Zudem bleibt bei der isolierten Optimierung von einzelnen Teilen mit der Andlerschen Losgrösse das Verbundproblem unberücksichtigt, wenn für die Lagerung nur eine knappe, gemeinsame Lagerfläche als gepoolte Ressource zu Verfügung steht.

Die Flussorientierung von Lean Production erfordert **kleine Lose**. Wechselnde Serien verbunden mit kleinen Losen führen zu einem erhöhten Aufwand für das **Rüsten** der Maschinen. Damit kleine Lose wirtschaftlich gefertigt werden können, müssen die Rüstvorgänge an den Betriebsmitteln verkürzt werden. In diesem Zusammenhang ist die geringe Breite des Produktionsprogramms von Bedeutung, die nur zu einer kleinen Zahl von Rüstalternativen führt und so eine bessere Beherrschbarkeit der Rüstvorgänge zulässt. Des Weiteren sind die eigentlichen Rüstvorgänge zu verkürzen. In Japan ist auf das Senken der Rüstzeiten ein besonderes Augenmerk gerichtet worden. Dort sind verbesserte Technologien zum Werkzeugwechsel entwickelt worden, um den Anteil der produktiven Hauptzeiten an den Maschinenlaufzeiten zu erhöhen. Den Rüstaufwand hat Toyota auf vier verschiedene Arten gesenkt:

1. **Konstruktive Vereinfachungen am Produkt**. Bei der Entwicklung eines Produkts sind rüstarme Fertigungstechnologien zu berücksichtigen. Dieses kann durch Mehrfachverwendung der Teile in einem Baukastensystem geschehen und durch Bildung von Teilefamilien. Damit werden die Variabilität des Teilespektrums und die Anforderungen an die Anzahl der Rüstvorgänge eingeschränkt. Das Einbringen von speziellem Fertigungswissen in den KonstruktionsProzess durch abteilungsübergreifende Projektgruppen des Simultaneous Engineering kann zu weiteren Einsparungen an Umrüstvorgängen beitragen.

2. **Organisatorische Maßnahmen**. Die Rüstvorgänge sind zu trennen in solche, die bei laufender Maschine parallel zur Hauptzeit ausführbar sind (OED = outside exchange dies) und solche, bei denen ein Maschinenstillstand notwendig ist (IED = inside exchange dies). Alle OED-Tätigkeiten kann man als vorbereitende Tätig-

keiten interpretieren. Dazu zählt etwa die Bereitstellung der benötigten Materialien in Reichweite des Umrüstpersonals. Demgegenüber stellen die IED-Tätigkeiten den eigentlichen Werkzeugwechsel dar.

3. **Technische Maßnahmen**. Hierzu zählt die Ausrüstung des Umrüstpersonals mit Handhabungsgeräten und Messwerkzeugen. Insbesondere ist die konstruktive Vereinfachung der Maschinen hervorzuheben, welche den Zeitaufwand beim Werkzeugwechsel merkbar absenkt.

4. **Qualifikationsmaßnahmen**. Die Spezialisierung und das Training des Umrüstpersonals führen zur Verkürzung der zum Stillstand führenden IED-Tätigkeiten.

Die Wirkungen der Rüstzeitreduktion konnten beachtlich sein. Zum Beispiel konnte im Hausgerätewerk Kassel von AEG mit der Unterstützung japanischer Unternehmensberater die Zeit zum Rüsten von Kunststoffspritzmaschinen von 60 Minuten auf 10 Minuten in den 1990er Jahren gesenkt werden.[33]

In das Konzept von Lean Production werden Zulieferer mit einbezogen, die mit dem Hersteller eine symbiotische Beziehung eingehen. Damit kann ein in weiterer Schritt der Bestandssenkung vollzogen werden, indem bei der Materialbeschaffung die Eingangslager durch das Konzept **Just-in-Time (JIT)** reduziert wurden.

Die Bestandssenkungen werden durch den Einsatz integrierter Informationssysteme entlang der vereinfachten Schnittstellen der logistischen Kette ermöglicht, welche die Materialbereitstellung mit den Produktionsterminen so genau koordiniert, dass nur geringe Pufferbestände erforderlich sind. Auf diese Weise kann der Produktionsfaktor "Bestand" durch den Produktionsfaktor "Information" substituiert werden. **"Information ersetzt Bestände"** lautet die JIT-Formel. Hingegen konnte der hierarchische Organisationsansatz infolge seiner hohen Komplexitätsanforderungen keine genauen Termine garantieren. Bestände besaßen folglich die Funktion, Ungewissheit über den Zeitpunkt des Materialnachschubs auszugleichen.

---

[33] Schwartz und Fish (1998, S. 51) geben Beispiele für Rüstzeitreduzierungen bei Toyota an.

Geringe Bestände können nur dann aufrechterhalten werden, wenn die Qualität der in der Produktionskette weitergegebenen Teile sehr hoch ist. Andernfalls reißt der Produktionsstrom an einer Stelle mangels Teilenachschub ab. Um diese hohe Qualität durchzusetzen, werden Konzepte von Total Quality in das Produktionsmanagement eingeführt.

Die vereinfachten Schnittstellen in der logistischen Kette senken den Koordinationsbedarf so weit ab, dass tatsächlich keine neue Informationskrise im JIT-Konzept auftreten kann, welche die alte Informationskrise der traditionellen PPS ablösen würde. Damit scheint ein Ausweg aus den Komplexitätsanforderungen des hierarchischen Planungsansatzes gefunden zu sein. Ursprünglich war das Informationssystem der schlanken Produktion in Japan auf Computerunterstützung gar nicht angewiesen. Die Idee der Komplexitätsreduktion an den Schnittstellen war so folgenreich, dass einfache Organisationsmittel der klassischen Büroarbeit ausreichten, wie am Beispiel der Kanban-Karte deutlich wird.

Jürgens, Malsch und Dose (1988, S. 44) sehen „in dem Toyotismus ein eigenständiges Modell der Arbeitsregulierung, das trotz zahlreicher Überlappungen ein deutlich anderes Profil aufweist als der Taylorismus-Fordismus westlicher Prägung. Die Hauptunterschiede liegen auf der Ebene der Arbeits- und Sozialorganisation:

- Die Arbeitsorganisation beruht auf einem höheren Maß an Selbstregulierung; die Aufgabenzuweisungen sind horizontal und vertikal weniger fragmentiert als im Taylorismus-Fordismus.
- Die Leistungsregulierung beruht auf dem Grundsatz umfassender Nutzung der menschlichen Ressourcen und der Erschließung, auch der Leistungsreserven die nur über informelle Gruppen- und Kommunikationsbeziehungen erreichbar sind. Im Gegensatz zum Taylorismus-Fordismus, der die „Normalisierung“ als Zielmarke der Leistungsregulierung setzt, zielt der „Toyotismus“ systematisch auf Extra- und Sonderleistungen der Arbeitspersonen in allen Tätigkeitszusammenhängen.
- Die Institutionen der Interessenvertretung zielen auf Konformitätssicherung und Fügsamkeit, wo sie authentischen Konsens, Fügsamkeit nicht erreichen können. Konfliktive Arbeits- und industrielle Beziehungen sind systemfremd.

Im Taylorismus-Fordismus ist der Interessenkonflikt für die Institutionen und Verfahren der Arbeits- und der industriellen Beziehungen im System konstituieren."

Während Ansätze von Lean Production erst in den 1990er Jahren in den Autoindustrie umgesetzt wurden, gelang dies in der Elektroindustrie bereits in den 1980er Jahren, wie auch zahlreiche Versuche zur Gruppenarbeit dort zeigen (Zink 1995). Die folgende Success-Story zeigt die Reorganisation bei der Schaltermontage in einem Siemenswerk auf, an der auch die Orientierung an den Anforderungen des Absatzmarkts deutlich wird:

„In einem unserer Werke werden Schalter in drei Baugrößen mit diversem Zubehör wie Hilfsschalter, Unterspannungs- und Arbeitsstromauslöser von 50 Mitarbeitern in 18.000 Varianten gefertigt. Der Markt konnte mit einer Lieferzeit von drei Wochen erfolgreich bedient werden, und man hatte «keinen Anlaß», etwas zu verändern – bis eines Tages der größte Konkurrent seinen Kunden versprach, ab Lager zu liefern oder in einem Tag zu fertigen. Nun drängten also die verschärften Wettbewerbsbedingungen zu einer Reorganisation mit dem Ziel der Sicherung (und wenn möglich Erweiterung) des Marktanteils. Dies konnte in diesem Fall jedoch nur durch eine Lieferzeitreduzierung von drei Wochen auf einen Tag erreicht werden, was wiederum eine erhebliche Verkürzung der Durchlaufzeit voraussetzt, will man eine Kostenexplosion über Bestände an Fertigproduktenvermeiden. So ein «Quantensprung» der Lieferzeitverkürzung, darüber war man sich einig, konnte nicht durch isolierte Maßnahmen erreicht werden, sondern nur durch eine konsequente, organisatorische Umsetzung logistischen Denkens in der ganzen Pipeline. Die Reorganisation lief daher unter dem Motto: «Die Gesetze des Marktes fordern ganzheitliche, logistische Konzepte!». Eine Organisationsanalyse zeigte sehr rasch den Engpaß: Ein Kundenauftrag durchläuft vom Eingang der Bestellung bis zur Auslieferung 19 Stationen. Das waren 14 Entscheidungs- bzw. Bearbeitungsstationen zu viel, denn heute durchläuft ein Auftrag nur mehr fünf Stationen, und das dauert nur noch einen Tag. Dieser Erfolg konnte erreicht werden durch eine ganzheitliche Reorganisation der Prozesse (kleine Losgrößen in den Vorwerkstätten, Kanbansteuerung in Fertigung und Montage, Auftragsvorgabe durch die Werkstatt, Lieferung ab Werk), der Strukturen (räumliche und funktionale Integration von Auftragszentrum, Fertigung und Versand sowie disziplinarische Integration der Qualitätsprüfung zu einer organisatorischen Einheit, Reduzierung der Arbeitsteilung, Produktverantwortung in einer Hand), der Systeme (tagesaktuelle und auftragsbezogene DV-Dispositionsverfahren, maschinelle Postgebührenermittlung und Postlistenausfertigung, Liefervereinbarungen mit den Kunden, Fernschreiben als Auftragspapier) und der Menschen (Selbststeuerung der Arbeitsgruppen, Selbstkoordinierte Job-Rotation über die Kanbankreise, Qualitäts-Zirkel). Aufgrund dieser ganzheitlichen, logistischen Vorgehensweise konnten mit einem relativ geringen Aufwand (keine Veränderungen der Fertigungskapazitäten!) erhebliche Verbesserungen erzielt werden: Reduzierung der Lieferzeit um 95 Prozent (von drei Wochen auf einen Tag), Reduzierung der Durchlaufzeit um 30 Prozent sowie Reduzierung der Bestände um 15 Prozent; und dies alles bei einer deutlichen Erhöhung des Umsatzes. Die Fertigung ist flexibel, transparent und überschaubar, wodurch nicht zuletzt auch ein entscheidender Faktor der Leistungsmotivation positiv beeinflußt wurde – das «Wir-Gefühl» der Mitarbeiter in dieser Einheit." (entnommen aus Tress, 1986, zitiert nach Bungard und Herbert 1995, S. 381).

Wir schließen diesen Abschnitt mit der Abbildung 17.2 ab, welche die Unterschiede von Lean Production zur klassischen Massenproduktion in den wichtigsten Dimensionen zusammenstellt.

	Massenproduktion	Lean Production
Zielsystem	hohe Kapazitätsauslastung	Flussbeschleunigung
Datenmenge auf unterer Ebene	groß	klein
Beschaffung	Standardteile	Systemteile
Fertigungstiefe	hoch	niedrig
Bestände	hoch	niedrig
Varianz der Bearbeitungszeiten	hoch	niedrig
Qualität	mittleres Niveau	Null-Fehler
Zulieferer	Konkurrenzmodell	Kooperationsmodell
Mitarbeiterkooperation	gering	hoch
Hierarchie	groß	flach
Forschung und Entwicklung	arbeitsteilig, langsam	kooperativ, schnell

Tabelle 17.2: Lean Production im Vergleich zur klassischen Massenproduktion

17.2 Methoden der Fertigungssegmentierung

Der Grundgedanke der Konzepte, die mit **fraktaler Fabrik**, **modularer Fabrik**, **Fertigungsinseln**, der **Wertstromfabrik** oder **der Fertigungssegmentierung** beschrieben werden, besteht darin, die industrielle Großorganisation in kleine bewegliche Einheiten zu zerlegen und damit übersichtlicher zu gestalten. Dieses hat die tschechische Schuhfabrik Bata bereits in den 1920er Jahren erstmals in der Welt praktiziert (vergl. Kapitel 17.3). Dieser Ansatz geriet aber wegen der politischen Wirren in Europa des 20. Jahrhunderts in Vergessenheit und wurde von Toyota in den 1950er Jahren wieder entdeckt und dann nach Europa importiert (Elis2009).

Das Konzept der Fertigungssegmentierung basiert auf der Idee, dass in kleinen Einheiten die Verantwortung für Erfolg oder für Fehler besser zugeordnet werden können und dass die Kommunikationsstrukturen in ihnen direkter und effektiver sind. Man rückt in den Einheiten von einer lokalen Funktionsoptimierung der Produktionssysteme, wie z.B. Losgrößenrechnungen, ab und steuert stattdessen die **Durch-**

flussoptimierung als vorrangiges Ziel an. Mit diesem Ziel ist eine deutliche **Senkung der Bestände** verbunden. Bei diesen Konzepten wird das Steuerungsproblem mit seiner Komplexität drastisch reduziert, indem Kapazitäten zwischen verschiedenen Wertschöpfungsketten entflochten und diese jeweils einzeln, unabhängig von den übrigen gesteuert werden. Außerdem wird ein Teil der Steuerungsaufgabe dezentralisiert und in den Verantwortungsbereich der Mitarbeiter gelegt, die als selbststeuernde, teilautonome Gruppen eigenständig Entscheidungen zum Fertigungsablauf fällen können. Eine Flussoptimierung und eine Verkürzung der Durchlaufzeiten werden auch dadurch erreicht, dass kleinere Lose gefertigt werden, welche die Pufferlager nur in einem geringen Ausmaß beanspruchen.

Um die **Fertigungssegmentierung** zu realisieren, ist es erforderlich, eine ganze Reihe von Voraussetzungen zu schaffen. Die oben beschriebene Bereinigung des Produktionsprogramms ist vorzuschalten, um die Komplexität zu reduzieren. Das Produktionsprogramm muss dann eine gewisse Stetigkeit aufweisen, Serienproduktion zulassen und eine geringe Breite aufweisen. Reine Einzelstückbearbeitung mit der Losgrösse 1 muss auf die Werkstattfertigung beschränkt bleiben, sie eignet sich nicht für die Literarisierung und Flussbeschleunigung nach den Prinzipien der Fertigungssegmentierung.

Die Flussoptimierung wird durch die **Abkehr vom Werkstattprinzip** erreicht, das ein Organisationsprinzip nach dem Kriterium gleichartiger Maschinen darstellt: Gleichartige Maschinen werden zu einem Cluster zusammengefasst. Die Vorgangsgraphen der um Betriebsmittel konkurrierenden Aufträge verlaufen kreuz und quer durch die Werkstatt und schaffen durch ihre interdependenten Weg-, Zeit-, Mengen- und Prioritätsstrukturen eine hohe Planungs- und Steuerungskomplexität.

Der Segmentierungsansatz zerlegt die Gesamtheit der Fertigungsvorgänge in parallel laufende logistische Ketten oder Wertschöpfungsketten nach bestimmten Produkt-Markt-Kombinationen. Die Wertschöpfungsketten werden organisatorisch und im Layout in räumlich getrennte, stark **nach dem Flussprinzip linearisierte Fertigungslinien** umgesetzt und damit voneinander entkoppelt. Auf diese Weise wird die Komplexitätsreduktion organisatorisch als räumlich voneinander getrennte Bereiche realisiert und auch anschaulich gemacht. Die Komplexität der Abläufe kann drastisch reduziert werden. Im Vergleich zur Werkstattfertigung wird die Konzentration gleichartiger Maschinen aufgegeben. Diese werden auf die verschiedenen Wertschöpfungsketten verteilt. Mit dieser Dezentralisierung der Maschinen kann eine sinkende Kapazitätsauslastung verbunden sein, da Bedarfe verschiedener Wertschöpfungsketten nicht mehr gebündelt werden können.

Des Weiteren sind im Segmentierungsansatz kleine Lose gefordert, deren beschränkter Umfang das Materialflusssystem nicht zu stark belastet. Um eine Harmonisierung des Materialflusses zu erzielen, sind die Lose der verschiedenen Stufen abzustimmen. Deren Größe stellt das Vielfache eines Transportbehälters dar und besteht meistens aus einem Tagesbedarf. Kleine Lose können jedoch nur dann wirtschaftlich gefertigt werden, wenn die Rüstzeiten beim Übergang von einem Los auf das nächste niedrig sind. Um einen gleichmäßigen Produktionsfluss herzustellen, ist ferner die **Standardabweichung** der Fertigungszeiten an den einzelnen Stationen drastisch zu reduzieren. Hohe Standardabweichungen erzeugen rasch **lange Warteschlangen** vor den einzelnen Stationen, wie anhand einer Simulationsstudie gezeigt werden konnte. Die Gleichmäßigkeit des Flusses erfordert daher an jeder einzelnen Station die Einhaltung hoher Qualitätsstandards, um zu verhindern, dass fehlerhafte Teile an die nächste Station weitergegeben werden, wo sie zu Produktionsstockungen führen.

Damit erfordert der Segmentierungsansatz eine höhere Maschinenausstattung als das Werkstattprinzip. Dem damit verbundenen höheren Kapitalbedarf steht jedoch eine höhere Verfügbarkeit der Maschinen gegenüber, die der niedrigeren Kapazitätsauslastung entspricht. Die höhere Verfügbarkeit korrespondiert mit dem von der marktorientierten Unternehmensführung hoch gewichteten Ziel der raschen Marktanpassung. Interne Organisation und Auftreten am Markt sind aufeinander abgestimmt. Mit der Konzentration auf Maschinen geht bei der Werkstattfertigung die räumliche Konzentration einher. Die Entflechtung und Linearisierung im Segmentierungsansatz bedeutet also auch einen erhöhten Flächenbedarf.

Die Segmentierung erfolgt zunächst nach dem Kriterium der Produktähnlichkeit. Die Wertschöpfungsketten für unterschiedliche Produkte werden dementsprechend voneinander getrennt. Diese Trennung wird auch als **vertikale Segmentierung** bezeichnet. Segmentierungskriterien resultieren im Wesentlichen aus Produktcharakteristika. Zu einer Wertschöpfungskette werden Produkte zusammengefasst, die ähnlich sind hinsichtlich:

- Produktionsvolumen,
- Wiederholhäufigkeit,
- Produktarten,
- Produktionsverfahren und
- Absatzstruktur.

Das Produktionsvolumen als Segmentierungskriterium unterscheidet Produkte nach ihrer Losgrösse und der Auflagehäufigkeit. Eine Unterscheidung nach Produktarten und Produktionsverfahren beinhaltet Segmentierungen nach Ähnlichkeiten der Funktionen, der Komponenten, des Aufbaus der Produkte und des Fertigungsablaufs. Diese Ähnlichkeiten werden mit dem Ziel aufgesucht, innerhalb der einzelnen Segmente ähnliche Abläufe herzustellen bezüglich der Nutzung gleicher Anlagen, gleicher Arbeitsgangfolgen mit gleichem Vorgangsgraphen und vergleichbarer Nutzungsintensität an den Maschinen. Die Absatzstruktur als Segmentierungskriterium betrifft die Unterscheidung von Segmenten mit nachfrageorientierter Kundenproduktion oder mit angebotsorientierter Lagerproduktion in der Teilefertigung bis zur Bevorratungsebene. In der Teilefertigung werden die Segmente vornehmlich nach dem Gruppenlayout eingerichtet.

Innerhalb der so identifizierten einzelnen Ketten können weitere Segmente gebildet werden. Für die weitere Zerlegung spielen der Fertigungsprozess, die vorhandenen Maschinen und Ausrüstungen sowie Personalaspekte eine Rolle. Ein durch Fertigungssegmentierung geschaffener überschaubarer Materialfluss kann für ein definiertes Teilespektrum mit flexibler Automatisierung gezielt rationalisiert und einfach gesteuert werden.

Bei dem sich an die vertikale Segmentierung anschließenden Segmentierungsschritt der **horizontalen Segmentierung** geht es um die Harmonisierung der Kapazitäten entlang einer Wertschöpfungskette. Die einzelnen Bearbeitungslose sollen an den einzelnen Arbeitsstationen ungefähr gleiche Bearbeitungszeiten aufweisen, um einen gleichmäßigen Materialfluss zu erzielen. Auf diese Weise kann dem Aufbau von Lagerbeständen entgegengewirkt und damit die Steuerung durch niedrige Bestände und Übersichtlichkeit drastisch vereinfacht werden. Die Übersichtlichkeit wurde z.B. bei Toyota auch mit ganz elementaren Mitteln hergestellt, wie etwa der farbigen Kennzeichnung von Zonen. Weitere Kriterien für die horizontale Segmentierung ergeben sich aus dem Platzbedarf der Anlagen, deren Kompatibilität untereinander in einer integrierten Kette, sowie der Verfügbarkeit von Transportsystemen.

Eine Harmonisierung der Durchlaufzeiten an den einzelnen Stationen wird erreicht, indem der **Materialfluss in bestimmten Transportbehältern** vor sich geht. Größe und Füllung der Behälter ist so aufeinander abgestimmt, dass an jeder Station der Inhalt der Behälter eine ungefähr gleiche Bearbeitungszeit aufweist. Fertigungssegmentierung bedeutet daher auch besondere Investitionen in Transport- und Behältersysteme.

Neben den bisher hervorgehobenen Aspekten des Materialflusses sind jedoch noch weitergehende Aspekte bei der Fertigungssegmentierung zu beachten. Die Segmente operieren autonom, als wären sie eigene Geschäftsbereiche. Sie werden als Costcenter oder als Profitcenter geführt, je nachdem, ob sie unmittelbaren Kontakt zum Absatzmarkt besitzen oder nicht. Der Verkehr untereinander wird von den Segmenten nach dem Prinzip einer **Kunden-Lieferantenbeziehung** geführt, als seien sie Markt-Prozessen ausgesetzt. Ferner wird die Funktionsteilung zugunsten einer **Aufgabenintegration** aufgegeben. Das Motivations- und Kreativitätspotential der Mitarbeiter wird in die Produktion einbezogen. Die gestärkte Stellung der Mitarbeiter wird exemplarisch am Stopschalter deutlich. Für jeden erreichbar kann der Stopschalter betätigt und damit der Produktionsfluss unterbrochen werden, wenn ernsthafte Qualitätsmängel nicht anders behoben werden können. Auch die neue Opel-Fabrik in Eisenach verfügte über diese Interventionschance. Daneben stellten lohnbezogene Anreizsysteme eine geeignete Möglichkeit dar, das Verantwortungsbewußtsein der Mitarbeiter zu steigern.

Die Verlagerung von Tätigkeiten und damit auch von Personal aus den Zentralbereichen auf die Segmente führt zu einer Abflachung der Hierarchie im Sinne von **Lean Management** und bezieht sich auf eine Vielzahl von Aufgaben:

- Planungen von Personal, Kapazitäten, Layout, Budget, Betriebsmitteln und Investitionen,
- Instandhaltung,
- Qualitätssicherung,
- Zeitwirtschaft,
- Maschinenkontrolle und
- Endkontrolle.

Die Verlagerung von Aktivitäten aus den Zentralbereichen in die Segmente überlässt den Zentralbereichen die verbleibenden Aufgaben der strategischen Planung und der Koordination der einzelnen Segmente. Die Aufgaben der operativen Ebene in den Segmenten lassen sich in einer schlanken Organisation zu drei Schwerpunkten zusammenfassen:

- Logistik und Produktion,
- Produktgestaltung sowie
- Information und Kontrolle.

Abbildung 17.3 verdeutlicht die drei Säulen der schlanken Organisationsform:

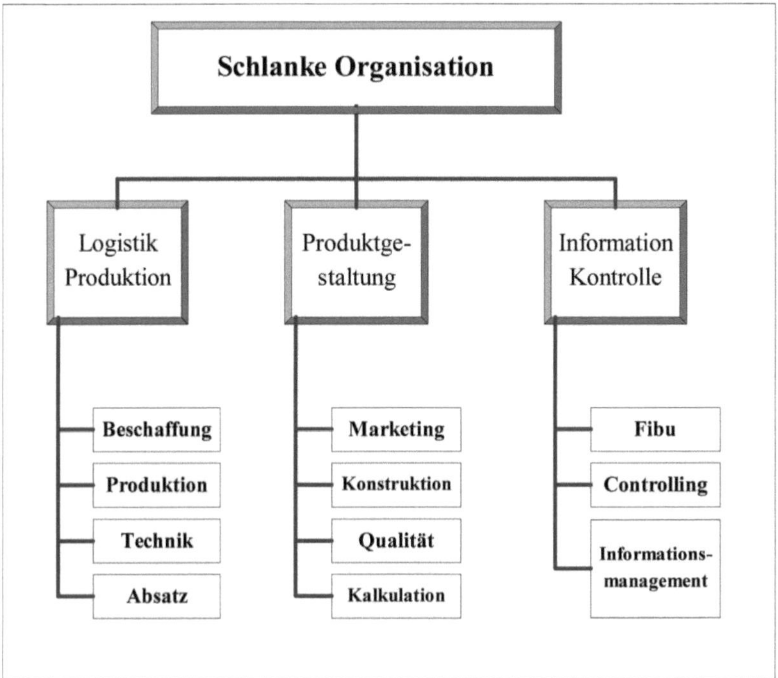

Abbildung 17.3: Schlanke Organisation

Kritische wurde gegen die schlanke Organisation eingewandt, dass der Abbau des mittleren Managements zur Entscheidungslähmung in Großunternehmen führe. Zu viele ungelöste Probleme würden nun von unten gleich dem Top Management vorgelegt, das damit aber überfordert wäre.

In einer empirischen Studie von 32 Fertigungssegmenten zeigte Horst Wildemann (1992, S. 95) die Übertragung von Tätigkeiten aus Zentralbereichen („indirekte Funktionen") auf und kam zu den in folgender Abbildung zusammen gefassten Daten, welche den deutlichen Anstieg der indirekten Funktionen in den Segmenten nach dem Segmentierungsvorgang gegenüber dem alten Zustand ausweisen.

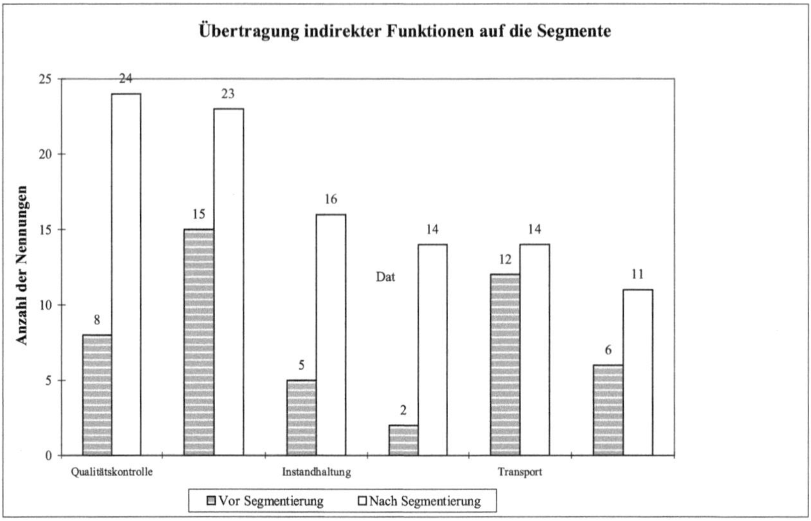

Abbildung 17.4: Zunahme der indirekten Funktionen bei der Segmentierung

Teilautonome Arbeitsgruppen zu bilden, bedeutet eine wesentliche Steigerung der Qualität des Arbeitslebens. Die Reduktion auf ausführende und kurzzyklische Arbeit allein, die in den hocharbeitsteiligen Organisationsansätzen gegeben ist, wird zugunsten der Aufgabenintegration überwunden, und ganzheitliche Abläufe werden möglich. Seit den 1970er Jahren wurde von den Gewerkschaften und der Arbeitswissenschaft immer wieder die Forderung nach Aufgabenintegration erhoben. Modellversuche wurden von der Bundesregierung mit dem Programm "Humanisierung des Arbeitslebens" gefördert (vergl. Kapitel 23). Allerdings wurde die weitere Verbreitung der Aufgabenintegration erst mit den Konzepten der Fertigungssegmentierung der späten 1980er Jahre möglich (Zink 1995). Die Abbildung 17.5 veranschaulicht die Segmentierung in eigenständige Units des Zulieferers Löhr & Bromkamp, Offenbach, der mit 2000 Mitarbeitern einen Umsatz von ca. 250 Mio. € erzielt. Drei Units A, B, C sind mit der Teilefertigung beschäftigt, eine vierte Unit D betreibt die Montage und die Unit E den Versand als logistische Funktion.

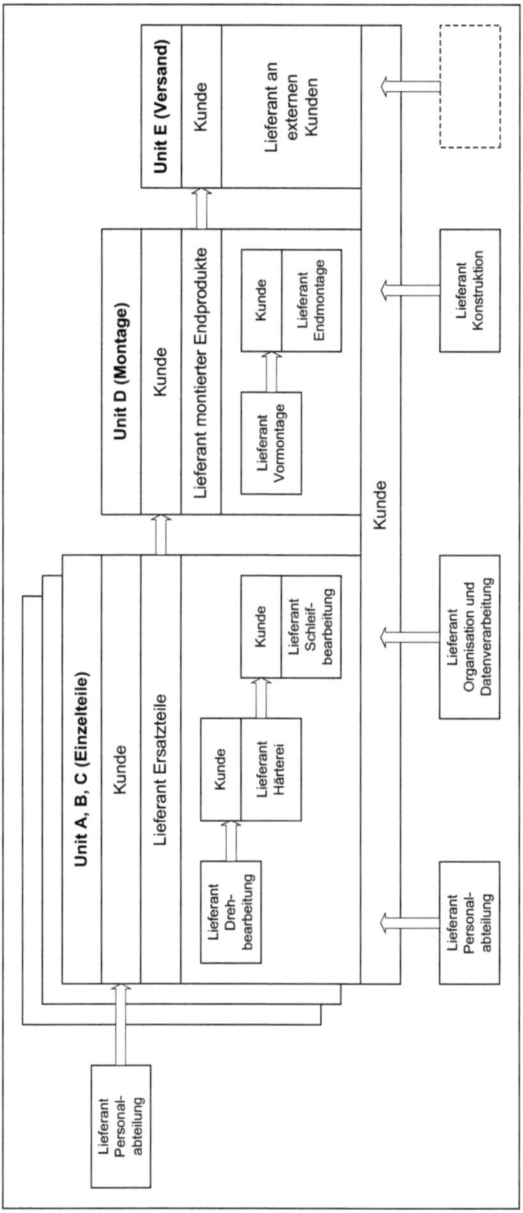

Abbildung 17.5: Beispiel zur Segmentierung (APG 1992, S. 98)

Die Kommunikation und Koordination der Mitarbeiter untereinander wird in Kleingruppen abgewickelt, welche zu regelmäßigen Sitzungen zusammenkommen. Die Abbildung 17.6 zeigt die Teamarbeit von Kleingruppen bei Löhr & Bromkamp auf:

Beispiele für Teamarbeit: Kleingruppen
• Kleingruppen setzen sich aus 6-7 Mitarbeitern eines Arbeitsbereiches zusammen. • Die Kleingruppe wird durch einen speziell hierfür ausgebildeten "Teamer" koordiniert. • Es finden regelmäßige Teamsitzungen statt, in denen Probleme im Arbeitsablauf und -umfeld der Teammitglieder diskutiert und Lösungsvorschläge erarbeitet werden. • Die Themen, die in der Kleingruppe behandelt werden, legt ausschließlich die Gruppe selbst fest. • Die Kleingruppen werden durch Unitleiter, Shop-Floor-Ingenieure usw. in der Lösung ihrer Probleme unterstützt. • Problemlösungen und Verbesserungen können im betrieblichen Vorschlagswesen als Gruppenvorschlag eingereicht werden.

Abbildung 17.6:Teamarbeit von Kleingruppen (APG 1992, S. 103)

17.3 Bata – ein vergessener Vorläufer von Lean Production in der Tschechoslowakei

Wenn man das Konzept von Lean Production dem Mainstream folgend auf das Toyota-Produktionssystem der 1950er Jahre zurückführt, so bleibt das Bata-Produktionssystem in der Tschechoslowakei der 1920er Jahre dabei ausgeblendet. Dies ist aber nicht gerechtfertigt, da der Unternehmer Thomas Bata historisch erstmals die Verknüpfung von durchrationalisierter Produktion in großen Maßstab mit der Idee von lose gekoppelten kleinen, teilautonomen Einheiten vorgenommen hat. Dieses geschah im Sektor der Schuhproduktion, die Bata vom handwerklichen Zustand zu einem Fabrikbetrieb in Zlín umformte.[34] Mit diesem Ansatz vermochte er die Schuhproduktion stark zu verbilligen und so einen großen Markterfolg auf der Absatzseite zu erzielen.

[34] Der Übergang von handwerklicher Produktion von Schuhen zur industriellen ging auch in Deutschland der 1920er Jahre mit der Bildung der Großunternehmen Salamander und Tack vor sich, siehe Bräutigam 1997 und Kallai 1936, S. 81.

Die Elemente von Lean Production in dem historischen Material von Bata zu identifizieren, ist schwierig, da die Darstellungen des Bata-Produktionssystems auf den affirmativen Autobiografien von Thomas Bata (Senior) und seinem Sohn Thomas Bata (Junior) beruhen sowie auf kritischen Stellungnahmen des Berliner Publizisten Rudolph Philipp (1928, 1936) als gewerkschaftliche Kampfschriften. Eine wissenschaftliche Aufarbeitung des Bata-Archives unterblieb bisher weitgehend. Jüngst hat Anne Sudrow (2010) dieses Archiv ausgewertet, allerdings mit Blick auf die Auslandsexpansion von Bata, ohne den Aspekt von Lean Production zu erforschen. Die Bata Universität in Zlín produziert bis heute weitgehend affirmatives Material, ohne einen Erkenntnisfortschritt zu bieten (Koncitikova und Ales 2012). Der von Paul Devinat (1930) im Auftrag des Internationalen Arbeitsamts in Genf verfasste Bericht erscheint einigermaßen brauchbar. Devinat konnte sich für seine Recherche drei Wochen lang in der Batafabrik in Zlín aufhalten. Ebenfalls sticht die Arbeit von Hana Cygonkova (1998) hervor, die Zugang zu tschechischen Studien fand.

Zu Batas Erfolg trug auch bei, dass Zlín abseits der mährischen Hauptstadt Brünn lag und dass er dort seine Arbeitskräfte aus dem Reservoir des mährischen Landproletariats schöpfen konnte, das bis 1918 für österreichische Großgrundbesitzer arbeiten musste, das als sehr genügsam und anpassungswillig beschrieben wird und keine Forderung nach eine gewerkschaftliche Vertretung erhob (Bata 1990, Philipp 1928).[35] In Prag hätte Bata dagegen mit den gewerkschaftlich organisierten Schuharbeitern rechnen müssen, wo die Schuhmachergenossenschaft gegen Bata demonstrierte (Philipp 1928, S. 378). Im abgelegen Zlín konnte Bata selbstherrlich auftreten; kollektive Lohnverhandlungen mit Gewerkschaften lehnte er ab (Devinat 1930, S. 185). Man kann hier die These aufstellen, dass Zlíns Randlage die großartige Innovation des Bata-Produktionssystems ermöglichte.

Die Bata-Fabrikanlage im mährischen Zlín war im Avantgarde-Stil der Moderne gebaut und wuchs in den 1920er Jahren stark an. Sie umfasste die Vorstufen der Ledergerbung und der Lederfärbung, des Zuschnitts von Leder und von Gummisohlen

---

[35] Devinat (1930, S. 64) hebt hervor, das Kennzeichen der Arbeitskräfte in Zlín sei deren Jugendlichkeit und ländliche Herkunft. Er gibt für den Standort Zlín den Anteil von männlichen Arbeitern unter 21 Jahren mit 13 % der Gesamtzahl der Beschäftigten an, von weiblichen unter 18 Jahren mit 13 %, d.h. ein Viertel der Beschäftigten war jugendlich und konnte so geringer entlohnt werden.

und schließlich die Werkstätten der Endfertigung. Vergleichbar mit Henry Ford verfolgte Bata ein Konzept von Social Engineering. Die Fabrikanlage von Zlín erweiterte er – dem Konzept der Fabriksiedlungen seit dem Ende des 19. Jahrhunderts folgend – im Stil der Moderne um Wohnhäuser für die Arbeiter, um Sportanlagen, Bildungsstätten und um ein Kaufhaus.[36] Thomas Bata machte Zlín damit zu einer Modellstadt der Moderne und zur Pilgerstätte der Architekturavantgarde der 1930er Jahre. So wurde der Kongress der CIAM, der Internationale Kongress für Moderne Architektur, dort im Jahre 1935 abgehalten. Als äußerst erfolgreicher Unternehmer avancierte Thomas Bata zum Vorzeigeunternehmer der jungen Tschechoslowakei und Zlín zum Stolz des Landes; Staatspräsident Beneš besuchte Zlín im Jahre 1936. Bis heute gibt es eine heftige Publizistik in der Architekturgeschichte, Urbanistik und Stadtsoziologie zu Zlín als Laboratorium der Moderne.[37] Die betriebswirtschaftlichen Aspekte der lose gekoppelten Einheiten in Batas Fabrik als Vorläufer von Lean Production gerieten aber in Vergessenheit. Von den Standardwerken zur Frühgeschichte von Lean Production, wie Jürgens et al. 1989, Piore und Sabel 1984, Womack et al. 1992, Bonazzi 2008, nennt keines Bata als Vorläufer, ebenso wenig wie die Studie von Elis (2009) zu den japanischen Anfängen von Lean Production. Natürlich ist die Frage hoch spannend, inwieweit Bata das japanische Konzept von Lean Production beeinflusst hat. Der Herausgeber der englischen Ausgabe der Autobiografie von Thomas Bata (Senior), Professor Milan Zeleny von der irischen Universität York, behauptet sogar von Einflüssen von Bata auf Japan in den 1930er Jahren, allerdings ohne Beleg (Bata 1992, S. V). Die globale Expansion von Bata macht einen Japan-Kontakt nicht unwahrscheinlich. Zuerst hat Jana Gerslova (2011) auf den innovativen Ansatz in der dezentralen Unternehmensorganisation von Bata hingewiesen. Allerdings hat sie keine Verbindung zu Lean Production gezogen.

Während seinen Reisen in die USA lernte Thomas Bata das Architekturprinzip des Betonskelettbaus kennen und übernahm das US-Rastermass von 20 Fuss in seinen

---

[36] Überraschender Weise durften die Arbeiter in den Gärten ihren Modellhäuser kein Gemüse anbauen, obwohl sie doch vom Land stammten und keine Stadtmenschen waren. Der Purismus der Moderne duldete bloß Gras in den Gärten (siehe auch die Fotos der Bata-Siedlungen an anderen Standorten auf Flickr). Die Arbeiter waren gezwungen, vom Supermarkt ihr Gemüse zu beziehen (Vacková und Galčanová 2009, S. 319). Im Gegensatz zu Bata verpflichtete Ford seine Arbeiter zum Gemüseanbau (Nevins und Hill 1954, S. 542ff).

[37] Cohen 2009, Nerdinger 2009A, Moravcikova 2004, Pybersky 2011, Riha 2009, Sedlakova 2009, Steinführer 2002, Vacková und Galčanová 2009.

Fabrikgebäuden in Zlín mit dem Modulmass von 6,15 Metern.[38] Dem wachsenden Absatz – 1923 setzte Bata 8.000 Paar Schuhe pro Tag ab, aber bereits 75.000 pro Tag im Jahre 1930 (Devinat 1930, S. 49) – folgend baute er in den 1920er Jahren schrittweise neue Fabrikgebäude für die Endproduktion. Diese waren aber keine Rieseneinheiten, sondern bloß dreistöckig im Maß von 80 mal 12 Metern.[39] In jede dieser so entstehenden Fabrikhallen wurde zwei Werkstätten für die Endfertigung untergebracht. So erhielt Bata bereits durch die Architektur kleine überschaubare Werkstatteinheiten. Jede Werkstatt beschäftigte 150 bis 200 Arbeitskräfte und hatte einen Output von ca. 2000 Paar Schuhen pro Achtstundenschicht. Devinat (1930, S. 57) gibt 40 weibliche Arbeitskräfte in der Näherei und 108 männliche Arbeitskräfte am Fließband pro Werkstatt an. In den drei Stockwerken konnten demnach sechs Werkstätten untergebracht werden, sodass einem Fabrikgebäude daher 12.000 Paar Schuhe pro Tag erzeugt werden konnten. Legt man diese Zahl auf die 75.000 Paar Schuhe um, die im Jahre 1930 täglich produziert wurden, so konnte dies in sechs bis sieben Fabrikgebäuden geschehen.

Wie die Werkstätten für die Endfertigung waren auch die Vorstufen der Produktion, die Versorgungseinrichtungen sowie das ultramoderne, auf der neuartigen Idee der Selbstbedienung beruhende Kaufhaus[40] nach dem Prinzip des Profitcenters bzw. Kostcenters organisiert, d.h. dass die Einheiten unter gegebenen Rahmenbedingungen einen Gewinn zu erwirtschaften hatten. Die Einheiten, von denen es bis zu 250 gegeben haben soll, standen untereinander im Austausch in Form von Kunden- und Lieferantenbeziehungen und konnten nach innen teilautonom arbeiten. „Der gegenseitige Austausch sowohl der Halb- als auch der Fertigfabrikate geschieht in der Form eines richtigen Geschäftes: durch Verkauf...Das gegenseitige Verhältnis der einzelnen Abteilungen und Betriebe regeln gegenseitige Handelsverträge. Bei der Vergabe und Übergabe der Arbeit handeln einzelne Betriebe wie fremde Kontrahen-

[38] Den Betonskelettbau mit ausgefachtem Ziegelwerk findet man bereits in Fords 1908 erbauten Autofabrik Highland Park, siehe die Abbildung in Arnold und Faurote (1919, S. 3).

[39] Zu den Breitenangaben der Fabrikhallen gibt es Unterschiede in der Literatur. Sie schwanken zwischen 12 Meter bei Devinat (1930), über 20 Meter bei Nerdinger (2009A) und bis 25 Meter bei Philipp (1928).

[40] Das Kaufhaus war als Selbstbedienungskaufhaus organisiert – ein Prinzip, das Thomas Bata (Senior) auf seiner USA-Reise kennengelernt hatte. In den 1930er Jahren experimentierte der Osnabrücker Kaufmann Eklöh ebenfalls mit der Selbstbedienung im Lebensmittelhandel, siehe Vahrenkamp (2011, S. 53).

ten (Offerten mit Voranschlag, Lieferfristbestimmungen, Lagerzins, Pönale…bei Nichteinhaltung des Vertrags usw.)“, berichtet Bata (1936, S. 66f). Gerslova interpretiert diesen Ansatz von Bata wie folgt: „Die dezentrale Unternehmensorganisation hatte das Ziel, einen konkreten Verantwortlichen für jede einzelne im Unternehmen erbrachte Leistung zu bestimmen“ (2011, S. 284). In der Produktionsplanung wurden die einzelnen Einheiten koordiniert. Für die Halbjahresplanung der Produktion hatten die Leiter der Einheiten ihre Produktionskapazität anzugeben, die in den Plänen auf Wochenbasis verpflichtend wurde (Cygonkova 1998, S. 47).

Die Leiter der Einheiten sollten einen Gewinn erwirtschaften, den sie nur durch sparsames Wirtschaften und kritische Prüfung der ein- und ausgehenden Materialien sichern konnten. Den Gewinn konnten sie unter den Arbeitern der Einheit nach einem Pyramidensystem verteilen. Die Arbeiter waren in fünf verschiedene Kategorien eingeteilt, wobei diejenigen in den drei unteren Kategorien bloße Lohnempfänger waren und keinen Anspruch auf einen Gewinnanteil besaßen (Bata 1936, S. 67), sodass nicht wirklich alle Arbeiter am Gewinn beteiligt waren. Philipp (1928, S. 208) gibt an, er habe sogar Einheiten mit 180 Arbeitern kennengelernt, von denen 170 Arbeiter gar nicht am Gewinn beteiligt gewesen seien. Sollte die Einheiten aber Verluste machen, so konnten diese auf alle Arbeiter als Lohnkürzungen umgelegt werden. Damit war das Gewinnmodell eher auf Propaganda angelegt als wirklich die Arbeiter zu unterstützen, zumal 50% des Gewinn gar nicht ausgezahlt sondern von Bata einbehalten und auf ein „Sparkonto“ für den Arbeiter mit 10% Zinsen angelegt wurde (Devinat 1930, S. 174).[41] Um zu zeigen, wie die Arbeiter in Zlín unter dem „Diktator“ Bata zu leiden hätten, vergleicht Philipps (1936, S. 115) dieses Zwangssparen mit den Zwangsanleihen, welche Arbeiter in der Sowjetunion auf Anordnung von Stalin zeichnen mussten und die einen Umfang von einem Monatsgehalt hätten. Die Verrechnung der Gewinne mit eingetretenen Verlusten machte eine Einschätzung der Lohnhöhe fast unmöglich, da sie von zahlreichen Variablen äußerst komplex abhing

[41] Philipps (1936) gibt an, dass ausscheidende Arbeiter ein Jahr auf die Auszahlung ihres Sparkontos warten müssten, während Devinat (1930) sagt, dass in der Praxis alle Arbeiter sofort ihr Geld erhielten.

(Devinat 1930, S. 175). Die Lohnkonten der Arbeiter zu führen, erzeugte damit hohe Verwaltungskosten.[43]

Bata vertrat seine Idee damit, dass er durch die Gewinnbeteiligung aus Lohnempfängern hochmotivierte „Mit-Arbeiter“ („Co-Worker“) mache, die auch unternehmerische Verantwortung trügen. Im Unterschied zum Stücklohnsystem, das Bata als zu individualistisch ablehnte, sprach das Gewinnmodell die Arbeiter als Gruppe an und konnte so Motivationspotentiale der Gruppe freisetzen. Die Arbeiter in einer Einheit waren hochmotiviert, gute Arbeit zu leisten, da ihnen klar war, dass schlechte Qualität deren „Gewinn“ schmälern würde. Mit diesem Ansatz löste Bata das Problem der Qualitätskontrolle, die nun intern in der Arbeitsgruppe erfolgte, während im klassischen Taylorismus diese Funktion einem externen Spezialisten zugewiesen war. Demgegenüber meinte Philipp (1928; S. 209), die Leiter der Einheiten seien keine Unternehmer, sondern bloß Agenten, die mit fremden Material, Maschinen und Anlagen wirtschafteten und Prämien für ihr Tun erhielten. Auch war deren Entscheidungsspielraum begrenzt, da Bata Limits setzte für die An- und Verkaufspreise einer Einheit. Philipp (1928, S. 212) beschreibt ferner, wie das Konstrukt Qualität opportunistisch im Bata-Verbund eingesetzt wurde, um den Output der Einheiten an die Fluktuationen des Absatzmarkts anzupassen. Von Bata eingesetzte, aber von den Einheiten unabhängige Kontrolleure wachten über die Qualität der intern ausgetauschten Produkte. Wenn der Absatzmarkt boomte, wurde niedrige Qualität akzeptiert. Umgekehrt wurde die Produktion gedrosselt, indem nur hohe Qualität anerkannt wurde. Die bereits in den 1920er Jahren bei Bata auffindbare Fokussierung der Produktion auf Qualität entspricht einer der Zielsetzungen von Lean Production, wie King et al. bereits 1999 betonten. Cygonkova (1998, S. 45) gibt an, dass in den Werkstätten weitgehend mit einem Gruppenakkord entlohnt würde. Die Leistung der Gruppe bestimme den Lohn, sodass der Gruppendruck den einzelnen Arbeiter zur Leistungsabgabe anhalte, ähnlich wie später bei Toyota (Dohse et al. 1984).

Erst in den 1980er Jahren warf die Institutionen-Ökonomik die zunächst naiv erscheinende Frage auf, warum es überhaupt Firmen gäbe, wenn doch alle Produzen-

---

[43] Auch das Erreichen der Schwelle von 5 Dollar Tageslohn als Gewinnanteil bei Ford war von komplizierten Bedingungen abhängig, wie Eifert (2009, S. 4) ausführt.

ten individuell auftreten könnten und ihre Produkte auf dem Markt austauschen könnten (Williamson 1985). Mit dieser Frage gelangte die Institutionen-Ökonomik zu dem Begriff der Transaktionskosten, die aus Koordinationskosten und der Kontrollkosten von Austauschprozessen bestehen. Koordinationskosten entstehen, wenn die Vertragspartien Bedingungen für Mengen, Preise, Liefertermine und Qualität aushandeln. Kontrollkosten entstehen, da die Einhaltung der Verträge überwacht werden muss. Die Bildung von Firmen senkt die Transaktionskosten gegenüber den Einzelproduzenten – so die These der Institutionen-Ökonomik. Transaktionskosten können in großen Firmen aber zum Problem werden, wenn wegen der Größe die Kontrollkosten stark anwachsen. Zunächst verbinden Ökonomen die Betriebsgröße mit Economies of Scale Wenn die Zunahme der Produktivität bei steigender Betriebsgröße größer ist als die Zunahme der Kontrollkosten, wird die Firma durch Economies of Scale produktiver. Wenn aber die Kontrollkosten schneller wachsen als die Economies of Scale, dann sind zwei kleine Einheiten produktiver als eine große. Bata hatte diesen von der Abbildung 17.7 veranschaulichten Zusammenhang erkannt und seine Idee so umgesetzt, dass er die Endfertigung in 36 kleine, parallele Einheiten aufteilte, während Salamander in Kornwestheim eine große Fabrik mit einer Tagesproduktion von 24.000 Paar Schuhen führte (Sturm 1967, S. 332).

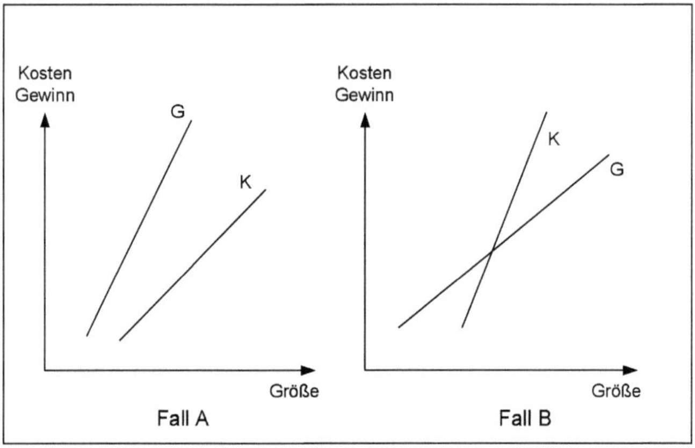

Abbildung 17.7: Gewinne G durch Economies of Scale wachsen schneller als die Kontrollkosten K (Fall A) oder langsamer (Fall B).

Hiermit entwarf Bata mit erstaunlich innovativer Kraft ein Gegenmodell zu dem gerade in den 1920er Jahren in der Wirtschaftspolitik vorherrschenden Glauben an die besondere Produktivität großer Einheiten. So besaßen die drei Fabrikhallen in dem berühmten Fordautowerk in Highland Park im Jahre 1914 ein riesiges Ausmaß von jeweils 9540 Quadratmetern Grundfläche, worin die Arbeitsmaschinen dicht an dicht aufgestellt waren.[44] Trust und Konzerne beherrschten die Wirtschaft als Leitbilder.[45] Wie Chandler (1977) in seinen Arbeiten nachweist, war die Entstehung der modernen Managementlehre den Steuerungsproblemen der dominanten Großunternehmen geschuldet. Eine Änderung der Sichtweise mit der Fokussierung auf dezentrale Organisationen setzte sich erst zu Ende des 20. Jahrhunderts durch.

Die Massenproduktion von Schuhen verband Bata mit einem vertikal integrierten System des Massenabsatzes. Dazu dienten 450 eigene Schuhläden in der Tschechoslowakei (Devinat 1930, S. 51). Auch in anderen europäischen Ländern, sowie in Asien, Afrika und Amerika baute er ein Netz von Verkaufsfilialen auf. In Deutschland vertrieb Bata die Schuhe zunächst über den deutschen Schuh-Hersteller Tack in Burg bei Magdeburg. Dann ab 1930 errichtete er 150 eigene Verkaufsfilialen in Deutschland (Bräutigam 1997, S. 39), machte mit hohem Reklameeinsatz seine Schuhe zu einer bekannten Marke und standardisierte die Filialen soweit, dass sie für die Kunden einen hohen Wiederkennungswert besaßen (Bata 1936, S. 73). Die Zentrale führte die Filialen mit strengen Vorgaben für Ausstattung und Reklameauftritt. Damit bewegte sich Bata in dem in den 1920er Jahren üblichen Rahmen, wie Einzelhandelsketten in Europa aufgebaut und geführt wurden (Vahrenkamp 2011, S. 37).

In den tschechischen Bata-Filialen waren die Geschäftsführer und Verkäufer Angestellte der Zlíner Zentrale.[46] Die Geschäftsführer konnten allerdings eigenverantwortlich in einem engen, von Bata vorgegebenen Rahmen wirtschaften. Sie erhielten 9% des Umsatzes und musste dafür die laufenden Kosten des Geschäftsbetriebs, einschließlich der Gehälter für die Verkäufer, sowie sonstige Abgaben an Bata bestrei-

---

[44] Angaben nach Arnold und Faurote (1919, S. 23, 38).

[45] In der NS-Zeit schwärmten Promotoren der Luftrüstung von Riesenfabriken für Bomber, siehe Budrass (1998). Am Kontrollproblem der Riesenfabriken ist die Wirtschaft der UDSSR gescheitert, wie Siegelbaum (2008) am Beispiel der Autofabriken beschreibt. Piore und Sabel (1984) konnten in ihrer Kritik an Großunternehmen nicht wirklich überzeugend das Kontrollproblem herausarbeiten. Sie sprechen etwas schwammig von „Bürokratisierung“ (S. 38).

[46] Vertrag mit den Geschäftsführern, nach Philipp 1928, S. 126. Allerdings musste der Geschäftsführer die Verkäufer entlohnen (ebenda, S. 129).

ten, wie z.B. Kosten von 2 Promille des Umsatzes für zentrale Reklameaktionen, aber auch Verluste abdecken, die von den von der Zentrale angeordneten Preissenkungen ausgingen (Silbermann 1934, S. 33). Die Geschäftsführer hatten wöchentlich Nachweise über den Lagerbestand, die Verkaufszahlen und die Kassenbestand an die Zentrale nach Zlín zu senden (Philipp 1928, S. 134). Die Bareinnahmen wurden täglich mit der Post an die Zentrale überwiesen. Das Liefergebiet der Tschechoslowakei war in zehn von Regionsdirektoren geleiteten Regionen („Rayons") unterteilt. Die Bildung der Regionen folgte den Eisenbahnlinien, so dass für jede Region die Filialen wie eine Perlenkette an einer Eisenbahnlinie aufgereiht waren und so mit einem Güterzug an einem Tag aus dem Zlíner Zentrallager beliefert werden konnten (Cygonkova 1998, S. 65-68). Bata verließ sich nicht auf den Service der tschechoslowakischen Eisenbahn. Vielmehr überwachte ein Batamitarbeiter, dass die Wagons aus Zlín an die richtigen Güterzüge angekoppelt wurden.

Die wirtschaftlichen Anreize, die Bata in den Verträgen mit den Geschäftsführern für einen raschen Abverkauf setzte – wie die Kaution und deren Verzinsung, Verzinsung des Lagerbestandes, Preissenkungen und Verzinsung für die nicht amortisierten Investitionen in der Filiale – waren an der Grenze zu Knebelverträgen, sodass für die Steuerung der 450 Filialen in der Tschechoslowakei hohe Kontrollkosten entstanden.[47] An den zahlreichen detaillierten Regelungen zur Führung einer Filiale, die Philipp (1928) publizierte, wird die Komplexität der Steuerung der Filialen deutlich. Die Kontrollkosten, die Bata in der Produktion einsparte, tauchen in der Distribution wieder auf. Das komplexe Regelwerk könnte problemlos in einer Geschäftswelt mit Computerunterstützung und elektronischer Datenfernübertragung des Jahres 2000 angewandt werden. In den 1920er Jahren aber, in einer Zeit ohne Computer, verlangte das Regelwerk einen immensen Aufwand in der Verwaltung bei der Kontrolle der Durchführung der Anordnungen. Hier zeigt sich, dass die Rationalisierung bei Bata einseitig auf die Gütererzeugung und den Güterfluss in der Verteilung erstreckte, aber Bata keine einfachen Modelle bei der Filialsteuerung finden konnte, um hohe Kontrollkosten zu senken. Die Kontrollkosten können an einem der zahlreichen

[47] Philipp 1928 veröffentliche einen Vertrag mit den Geschäftsführern, S. 126-147.

Rundschreiben zu Sonderaktionen der Zlíner Zentrale an die 450 Bata-Filialen in der Tschechoslowakei deutlich gemacht werden, das Philipp (1928, S. 146) publizierte:

> Rundschreiben Nr. 241/C, Zlín, am 29. Mai 1926
> Herabsetzung der Sorte 5137s und 9137s
> Wir haben Ihnen depeschiert:
> „Wir setzen 9137s und 5137s von Kč 69,- auf Kč 59,- herab",
> was wir hiermit bestätigen. Die Herabsetzung geht auf Kosten der Geschäftsführenden. Wir werden sie auf ein eigenes Konto buchen und erst nach Beendigung der Frühjahrssaison, in der 32. Woche, und zwar zu Lasten der Geschäftsführenden. Wir geben Ihnen aber die Möglichkeit, den für die Herabsetzung notwendigen Betrag zurückzugewinnen, und zwar: wir führen als Voraussetzung der Einnahme die Wochen 22 bis 32 an, welche insgesamt Kč 7 Millionen 18000,- ausmacht. Bei Erreichung von 100% dieser Voraussetzung ersetze ich Ihnen 50% der Herabsetzung, bei der Erreichung von 110% der Voraussetzung ersetze ich Ihnen 65%, bei Erreichung von 120% ersetze ich Ihnen 80%, bei Erreichung von 130% ersetze ich Ihnen 100%

Allerdings konnten die Abverkäufe der einzelnen Filialen relativ einfach mit den in den 1930er Jahren in Großunternehmen verbreiteten Tabelliermaschinen ausgewertet werden. Die Filialen lieferten wöchentliche Nachweise ihrer Verkäufe und Nachbestellungen an das Zentrallager, das nach der Fakturierung der Bestellungen die Belege an ein Rechenzentrum weitergab, wo die Verkäufe auf Lochkarten übertragen wurden. Mit denen konnten dann in einfacher Weise, unter Nutzung der Reportfunktion der Tabelliermaschinen der Firma Powers, Übersichten über die Verkäufe nach Modellen, Filialen, Regionen und Zeiträumen erzeugt werden (Cygonkova 1998, S. 69). Der Vertriebszweig der Firma Bata war damit in den 1930er Jahren womöglich eines der ersten Handels-Unternehmen in Europa, das die Kontrolle der Filialen mit Hilfe von Tabelliermaschinen vorgenommen hatte, da zu dieser Zeit diese Technologie vornehmlich in den Sektoren Industrie, Banken, Versicherungen, Eisenbahn und öffentliche Verwaltung eingesetzt wurde.[48]

Die niedrigen Preise der Bata-Schuhe basierten nicht allein auf den rationellen Fertigungsmethoden der Massenproduktion und den bei Bata üblichen Niedriglöhnen, sondern Bata reduzierte zusätzlich die Handelsspanne der Filialen von den damals üblichen 50% auf 20% (Cygonkova 1998, S. 76). Insofern war Batas Reklamespruch „Schuhe zu Fabrikpreisen" nicht ganz aus der Luft gegriffen. Mit der Senkung der Vertriebskosten kam Bata der Strategie der Kostenführerschaft nahe. Der Import-

---

[48] Black (2001, S. 110) gibt eine entsprechende Liste der Wirtschaftszweige mit Tabelliermaschineneinsatz an, die auch von den Berichten der Zeitschrift Hollerith-Nachrichten im Zeitraum 1931 bis 1936 bestätigt wird, siehe auch Heide (2009, S. 180-192).

druck durch Niedrigpriese, dem das Ausland ausgesetzt war, löste in vielen Ländern erregte Debatten über das angeblich ausbeuterische Bata-System bei allen politischen Lagern aus, denen sich sowohl die lokalen Schuhfabrikanten als auch die Gewerkschaften anschlossen (Cygonkova 1998, S. 73).[49] In Deutschland bot Salamander einen Standardschuh für 12 Mark 50 an, wogegen Bata seinen Preis auf 4 Mark 90 setzte (Sudrow 2010, S. 64). Anne Sudrow (2010, S. 127) berichtet von zahlreichen Klagen gegen Bata in Deutschland wegen unredlicher Geschäftsmethoden. Die Forderung nach Importzöllen für Schuhe wurde in allen Ländern Europas erhoben und auch durchgesetzt. Hierauf reagierte Bata. Um Importzölle zu umgehen, errichtete er in einem zweiten Schritt seiner Auslandsexpansion eigene Fabrikationsstätten im Ausland, die nach dem Muster von Zlín als integrierte Arbeits- und Wohnstätten gebaut wurden, wobei er, wie Fotos auf Flickr zeigen, von den bloß dreistöckigen Fabrikgebäuden zugunsten von höheren Bauwerken zum Teil abwich. Diese Fabriken produzierten Standardschuhe, während die modischen, hochpreisigen Modelle, die besser die Zollschranken überwinden konnten, nach wie vor Zlín lieferte (Cygonkova 1998, S. 75). Bata hielt den Lagerbestand an Fertigschuhen niedrig. Damit keine Ware auf Lager produziert wurde, mussten die Bestellungen des Exportsektors beim Produktionssektor der Zlíner Zentrale mit Bestellungen von ausländischen Handelsvertretern oder Filialen unterlegt sein (Cygonkova 1998, S. 73). Das bereits in den 1930er Jahren von Bata angestrebte Ziel des niedrigen Bestandes im Zentrallager entspricht einer der Zielsetzungen von Lean Production. Wöchentlich fuhren Güterwaggons der Eisenbahn von Zlín zu den Exporthäfen Triest, Marseille und Hamburg.

Bata legte ein erstaunliches Tempo seiner globalen Expansion mitten in der Weltwirtschaftskrise 1929 bis 1933 vor; offen bleibt, wie er den hohen Kapitalbedarf für die Expansion aufbringen konnte. Bis zum Jahre 1939 unterhielt er in 33 Ländern Vertriebsgesellschaften (Cygonkova 1998, S. 71). Gründungen von ausländischen

---

[49] Devinat (1930, S. 15) gibt einen Hinweis auf die Debatten des Jahres 1928: Kuno GROHMANN: "Bata", in: Veröffentlichungen des Ausschusses für Wirtschaftlichkeit in der Textil-Industrie, Supplement der Mitteilungen des Allgemeinen deutschen Textilverbandes, Reichenberg, 15. Jan. 1928. "Europa gegen Bata", in: Die deutsche Volkswirtschaft, 29. Juni 1928. "Für und gegen Bata", in: Tagesbote, Brünn, 6.-7. Aug. 1928. "Bata", in: Die deutsche Volkswirtschaft, 24. Aug. 1928. "Das Problem Bata", in: Kölnische Zeitung, 10.-11. Okt. 1928. Arthur KORNHÜBER : "Von Schusterlehrling zum tschechischen Ford", in: Münchener Neueste Nachrichten, 19. Nov. 1928. Rudolf SCHWENGER: "Das System Bata", in: Soziale Praxis, 29. Nov. 1928.

Fabrikstandorten[50] erfolgten in Deutschland (in Ottmuth bei Krappitz[51] in Oberschlesien 1929, Ota Schlesische Schuhwerke Ottmuth AG), Polen (in Chelmek 1930), Schweiz (in Möhlin 1930), Frankreich (in Hellocourt 1931[52] und in Vernon 1931), Jugoslavien (in Vukova an der Donau in Kroatien, 1931), British Indien (in Konagar-Betangar 1932), England (in Tilbury 1932), Holland (in Best 1932) und die USA (in Belcamp, Maryland 1940) (Cygonkova 1998, S. 72, Sudrow 2010, S. 143). Die Abbildung 17.8 zeigt die Schuhwerke Ottmuth. Überraschend erscheint auch, wieso Bata mitten in der Weltwirtschaftskrise so stark expandieren konnte. Zeleny (2010) beschreibt diese Fähigkeit, die Weltwirtschaftskrise gut zu überstehen, als eine in das Bata-Organisationskonzept der dezentralen Einheiten eingebaute Robustheit (built-in-resilience), ohne dies aber wirklich überzeugend belegen zu können. Die Studie von Sudrow (2010, S. 123-143) weist auf, dass Bata seine Auslandsfabrikationsstandorte in Deutschland, England und den USA nach dem Muster von Zlín in ländlichen Regionen mit hoher Arbeitslosigkeit wählte und dort vornehmlich jugendliche Arbeiter beschäftigte, die er geringer als erwachsene entlohnen konnte.[53] Zudem missachtete er die gesetzlich fixierte Rechte der Arbeiter auf Mindestlohn und Länge des Arbeitstages, was z.T. in jahrelangen juristischen Auseinandersetzungen mündete.

Wie Henry Ford entfaltete auch Bata eine heftige Publizistik, um seine Modellfabrik bekannt zu machen und sich als Wohltäter und „tschechischen Ford" feiern zu lassen. In den tschechischen Zeitungen schaltete er viele Anzeigen und machte sich so die Presse gewogen. Kritik an seinem Modell war in der Presse gar nicht möglich (Philipp 1928, S. 364). Kritiker außerhalb der Presse überzog er mit Verleumdungsklagen. Selbst skeptische Parlamentsabgeordnete griff er mit Texten in Zeitungsanzeigen an.

---

[50] Fotos von den Fabrikstandorten von Bata finden sich auf Flickr.

[51] Heute das polnische Krapkowice.

[52] Auf Youtube kann man sich einen Bata-Film zu Hellocourt anschauen: http://www.youtube.com/watch?v=XqIbBn0T7Ik.

[53] Auch der Standort Hellocourt war ländlich geprägt, wie der Bata-Film zum Standort Hellocourt auf Youtube zeigt. Devinat (1930, S. 64) gibt für den Standort Zlín den Anteil von männlichen Arbeitern unter 21 Jahren mit 13 % der Gesamtzahl der Beschäftigten an, von weiblichen unter 18 Jahren mit 13 %.

Abbildung 17.8: Das Bata Schuhwerk in Ottmuth 1939[54].

Als der Berliner Journalist Rudolph Philipp es 1928 wagte, in Berlin eine Streitschrift gegen Bata herauszugeben, ließ Bata das Buch verbieten (Devinat 1930, S. 15).[56] Zahlreiche ausländische Delegationen besuchten Zlín und verfassten für die Presse ihrer Heimatländern Reiseberichte aus dem Material von Batas Pressestelle. Die Berichte waren womöglich oberflächlich, da die Besucher aus Unkenntnis der tschechischen Sprache keine Interviews mit Arbeitern auf Tschechisch führen konnten. Zur Verbreitung der Bata-Idee trugen auch die zahlreiche Filme über seine Werke und Modellstädte bei.[57] Die gewerkschaftliche Presse bekämpfte Bata und erhob Vorwürfe der Ausbeutung und der Überschreitung des in der Tschechoslowakei gesetzlich vorgeschriebenen Achtstundentages (Devinat 1930, S. 168). Prag erlebte große Demonstrationen der Schuhmachermeister, die geltend machten, dass Bata die 60.000 Schuhmacher in der Tschechoslowakei ins Unglück stürze. Da auch in anderen Ländern die Schuhproduktion vom handwerklichen Stand in die Phase der industriellen Fertigung in den 1920er Jahren überging und zugleich Bata die Konkur-

---

[54] Quelle: Webseite der Stadt Krapkowice. Freigegeben nach Wiki Common. Urheber: sludgegulper.
[56] Das Buch von Philipp (1936) ist eine Variante des Buches von 1928.
[57] Die Filme sind heute auf Youtube abrufbar. Gerslova (2011, S. 289) berichtet über die Einrichtung eines Filmstudios bei Bata.

renz unterbot, erregte das Bata-Konzept in ganz Europa Aufsehen und stieß auf Ablehnung.

Als Frage bleibt, weshalb das dezentrale Organisationkonzept von Bata trotz seiner intensiven Publizistik in der zweiten Hälfte des 20. Jahrhunderts in Vergessenheit geriet und nicht als Vorläufer von Lean Production anerkannt wurde. Zweifellos trug dazu auch die biografische Besonderheit seines frühen Todes im Jahre 1932 bei. Hätte er länger gelebt, hätte er womöglich für die breite Leserschaft ein Buch wie Henry Fords Buch „Mein Leben und Werk" publiziert. Zwei weitere Einschnitte störten die Fortentwicklung des Bata-Unternehmens und behinderten die Bata-Publizistik: Die Besetzung der Tschechoslowakei mit deutschen Truppen 1939 bis 1945 und die kommunistische Herrschaft bis 1990. Thomas Bata (Junior) erkannte noch rechtzeitig die Gefahr, die von Hitler-Deutschland für die Tschechoslowakei und sein Unternehmen ausging. Er verselbständigte die Bata-Auslandstöchter, um sie vor dem Zugriff der Nazis zu schützen, zog erstklassige Mitarbeiter, über 1000 Maschinen und große Geldbeträge aus dem Unternehmen in Zlín heraus und startete im Jahre 1939 die Bata-Schuhwerke neu in Kanada. Von seiner kanadischen Zentrale aus baute er mit den Fabrikationsstätten und Vertriebsgesellschaften außerhalb des kommunistischen Machtbereichs die Firma Bata zu einem global agierenden Konzern aus (Bata 1990, S. 52). Ironischer Weise befanden sich die von dem kapitalistischen Unternehmer Bata in Zlín verfolgten Ansätze in weitgehender Übereinstimmung mit kommunistischen Vorstellungen:

- Die Verknüpfung von Arbeiten, Leben und Wohnen auf einem Campus mit den daraus entstehenden Abhängigkeiten,
- die Wohnanlagen ohne Gotteshäuser,
- die Instrumentalisierung von Feiern zum Tag der Arbeit am 1. Mai,[58] um die Betriebsgemeinschaft von Belegschaft und Firmenleitung zu demonstrieren,
- der Personenkult um Bata und
- der Glaube an den „Neuen Menschen".

Allein bei der Einschätzung der optimalen Betriebsgröße gab es große Unterschiede. Während Bata kleine, teilautonome Einheiten bevorzugte, gingen kommunistische Planer vom Konzept des Großbetriebs aus, in welchem Economies of Scale auffind-

---

[58] Siehe die Fotos der Maifeiern auf Flickr. "The May Day festival has been used by him (Bata) to celebrate the common achievement", schreibt Devinat (1930, S. 67).

bar seien. Wegen der weitgehenden Übereinstimmung konnten die Bata-Werke in Zlín nahezu bruchlos in kommunistische Herrschaft übergehen, als sie 1949 unter dem Namen Svit verstaatlicht wurden. Philipp (1936, S. 108) zieht sogar explizit einen Vergleich von Zlín mit Werken in der Sowjetunion: Der Sowjet-Schuhprolet sei zwar, ebenso wie der Bata-Prolet, Mitbesitzer des Betriebs, stehe aber bei einer Entlassung vor dem Nichts: "Er verliert bei Entlassung ebenso wie sein Zlíner Schicksalsgenosse das Recht auf Wohnung, das Recht auf Verpflegung in der billigen Werkskantine, das Recht auf Bezug von verbilligter Ware aus der Kooperative." Dem sowjetischen Personenkult folgend wurde im Jahre 1949 die Stadt Zlín sogar nach dem tschechoslowakischen Staatspräsidenten Gottwald in Gottwaldov umbenannt (Sedlakova 2009, S. 174). Die für die Überlieferung der Bata-Story wichtigen Namen Bata und Zlín waren damit ausgelöscht (Pribersky 2011, S. 132)[59], und Bata geriet in Vergessenheit. Der kommunistische Glaube an die Economies of Scale von Großbetrieben unterbrach den stetigen Fluss der Fertigprodukte von der Fabrik in die Verkaufsfilialen. Stattdessen wurde im Jahre 1955 in Zlín ein riesiges Zentrallager für Schuhe gebaut, worin die Produkte verschwanden (Nerdinger 2009, S. 193).

---

[59] Nach der kommunistischen Machtübernahme wurde auch in Jugoslavien am Bata-Fabrikstandort Vukovar in Kroatien der Name Bata ausgelöscht, siehe www.hnkborovo.webs.com/cetvrta.en.htm.

18 Die Lieferantenintegration der Just-in-Time-Beschaffung

18.1 Die Entstehung von Just-in-Time in Japan

Das Just-in-Time-Konzept entstand in Japan aufgrund spezifischer Gegebenheiten in der Zeit nach 1945. Die Automobilindustrie, welche zu dieser Zeit aufzubauen war, hatte einerseits den Kapitalmangel der Nachkriegszeit und andererseits einen kleinen Absatzmarkt zu berücksichtigen. Aus diesen Gründen kamen die Konzepte der Massenproduktion, die japanische Ingenieure in den USA studiert hatten (Elis 2009), nicht ohne weiteres für die japanischen Verhältnisse in Frage. Massenproduktion bedeutete, dass große Serien für einen großen Absatzmarkt gefertigt wurden. Zudem war das US-Konzept der Automobilproduktion durch eine hohe Fertigungstiefe von ca. 50% - 70% der Wertschöpfung gekennzeichnet. Demgegenüber ließ der Kapitalmangel nur eine geringe Fertigungstiefe von 15% zu, die eine Vergabe vieler Teilarbeiten an Zulieferer implizierte (Womack u.a. 1991, S. 63 f.). Hierdurch wurden die besonderen Beziehungen zwischen Hauptproduzent und Zulieferern in Japan etabliert.

Die japanische Strategie war es, die Fertigungstiefe im Vergleich zu dem klassischen amerikanischen Konzept der Massenproduktion zu reduzieren. Dadurch war für den Aufbau der Automobilindustrie weniger Kapital notwendig, da die Produktionskapazitäten der Zulieferer in Anspruch genommen werden konnten. Die Reduktion der Fertigungstiefe in Japan wurde insbesondere durch den **dualen Arbeitsmarkt** begünstigt. Arbeiter werden mit 50 Jahren von den Automobilwerken entlassen und mit einer kleinen Rente in den Ruhestand geschickt. Diese Arbeiter standen dann der Zulieferindustrie als preiswertere Arbeitskräfte zur Verfügung und wurden nur zu zwei Drittel ihrer alten Lohnrate beschäftigt; ein Teil ihrer Lebenshaltungskosten ist bereits durch die Pensionszahlungen abgedeckt (Dohse et al. 1984, S. 452). Volkswirtschaftlich bedeutet dieses Pensionierungssystem eine Subventionierung des zweiten Arbeitsmarktes der Zulieferer. Auf diese Weise konnten die Zulieferer auf relativ billige Arbeitskräfte zurückgreifen und damit ihre Zulieferteile preisgünstiger anbieten, als es die Automobilwerke mit ihrem deutlich höheren Lohnniveau vermochten.

Als zweite Komponente des japanischen Just-in-Time-Konzepts trat der Zwang zu kleinen Serien aufgrund des zunächst kleinen japanischen Absatzmarktes hinzu. Infolge dieser Restriktionen haben die japanischen Ingenieure ihr besonderes Augenmerk auf die Effizienz von Umrüstvorgängen bei den Produktionsmaschinen gelegt, um wechselnden Kundenanforderungen rasch folgen zu können. Die MIT-Studie zur zweiten industriellen Revolution in der Automobilindustrie nennt als Beispiel die Reduktion von Umrüstzeiten bei der Karosseriepressung von 8 Stunden auf 3 Minuten,[60] (vergl. Kapitel 17.2).

18.2 Hand-to-Mouth in Old Detroit

Während die Entstehung des Just-in-Time-Konzepts bisher in Japan der 1950er Jahre verortet wurde, zeigen nun Arbeiten von Schwartz und Fish (1998) und von Yarnell (2010), dass das Just-in-Time-Konzept bereits in den 1920er Jahren in Detroit angewandt wurde. Die Entstehung in Japan ist damit eine Wiederentdeckung, aber keine Originalerfindung. Dass lange Zeit die Anwendung des Just-in-Time-Konzepts in Detroit so wenig Beachtung fand, führen Schwartz und Fish (1998) darauf zurück, dass in Detroit diesem Ansatz keine besondere Bedeutung zugemessen, sondern als selbstverständlich verfolgt wurde, aber auch zu Ende der 1930er Jahre eingestellt wurde. Hingegen hat Toyota das Just-in-Time-Konzept offensiv als eine Innovation vermarktet. Forscher stellten in ihren Berichten zum Fordautowerk das Fließband in den Mittelpunkt, aber niemals die Just-in-Time-Belieferung bei Ford.

In den Automontagewerken wurde in den Jahren 1900 bis 1910 die Senkung der Bestände von Montageteilen auf einen kurzfristigen Bedarf von zwei bis drei Tagen in Detroit als „Hand-to-Mouth"-Politik bezeichnet. Dieses war nicht ungewöhnlich, da die Automontagewerken in dieser Zeitperiode als riskante, kapitalschwache Neugründungen in Detroit wie Pilze aus dem Boden schossen, welche die benötigten Teile aber nicht selbst produzierten, sondern bei Zulieferern in Auftrag gaben. Die Zulieferer finanzierten sogar die spekulativen Neugründungen, indem sie ihnen Zahlungsziele von 30 bis 90 Tagen einräumten, während Autokäufer im Voraus bezahl-

[60] Ähnliche Beschleunigungen des Umrüstens bei Toyota nennen Schwartz und Fish (1998, S. 51).

ten. Schwartz und Fish (1998, S. 52) schildern die Flexibilität des Zulieferer-Netzwerkes, als im Jahre 1905 in Detroit das Autowerk Olds abbrannte. Die Montage von Olds-Autos konnte rasch wieder aufgenommen werden, indem Zulieferer in Detroit mit der Produktion der Teile beauftragt wurden. Detroit war klein und überschaubar, sodass auf einen Auftrag am Morgen die Lieferung der Teile bereits am Nachmittag erfolgen konnte.

Auch die Ford-Autowerke hingen von Zuliefererbeziehungen stark ab, als zwischen 1908 und 1922 der Absatz von Ford von 6000 Autos pro Jahr auf fast 2 Millionen explodierte. Diese Expansion mündete fast wie von selbst in die Hand-to-Mouth-Politik, da kaum vorstellbar ist, dass bei einer derartigen Massenproduktion Lagerflächen für einige 100 oder gar 1000 Teile von einem Wochenbedarf oder gar länger zur Verfügung stehen könnten (Yarnell 2010, S. 229).[61] Bereits 1914, als die Produktion 1000 Autos pro Tag in der Ford-Fabrik Highland Park erreichte, kontrollierten Knappheitsjäger („shortage chaser") alle zwei Stunden, ob die Bestände die vorgegebene Reichweite von drei Tagen (entsprechend 3000 Stück) nicht unterschritten, um dann bei den Teileproduktionsstellen Nachbestellungen aufzugeben (Arnold und Faurote 1919, S. 8, S. 63ff). Allerdings ist dies streng genommen keine Anwendung von Just-in-Time-Lieferungen, da es bei dieser nicht nur um niedrige Vorräte, sondern auch um die Anlieferung in einem bestimmten Zeitfenster geht. Um Materialengpässen zu entgehen, waren auch Teillieferungen möglich, die mit der Teil-Lieferkarte (Serie C) verwaltet wurden.

Das Autocluster von Detroit hatte sich zu einer breiten Zuliefererkultur von spezialisierten Herstellern von Teilen soweit entwickelt, dass Just-in-Time-Lieferungen innerhalb des Clusters von Detroit mit kurzen Wegen nahe lagen. Als Chrysler 1924 die Produktion aufnahm, waren Zulieferer fester Baustein in dessen Produktionskonzept. Die eigentliche zeitsynchrone Anlieferung von Teilen an die Montagestrecke wurde zwar in einem Fordwerk erstmalig realisiert, aber nicht im Autowerk, sondern im Traktorenwerk von Ford. Dies geschah im Jahre 1924. Erst im Jahre 1926 wurde dies Konzept auf das Detroiter Fordautowerk übertragen (Schwartz und Fish 1998,

[61] In der Just-in-Time-Theorie wird dies als das Mengenproblem von Just-in-Time bezeichnet, siehe Vahrenkamp und Kotzab (2012, S. 359).

S. 56). Im Detroiter Autocluster verbreitete sich das Just-in-Time-Konzept rasch von Ford zu GM. Der jährliche Modellwechsel machte bei GM, anders als bei Ford, ohnehin große Vorräte fragwürdig, da die Gefahr der Veraltung der Teile bestand. Auch war die Autoindustrie von einem schnellen technischen Fortschritt und häufigen Konstruktionsänderungen geprägt, was ebenfalls dazu führte, die Vorräte niedrig zu halten. Eine Reportage in der Wirtschaftszeitung Fortune vom August 1935 belegte, wie bei der Montage im Plymouthwerk der Chrysler Corporation pro Tag 1800 Autos gemäß kundenindividueller Bestellungen montiert wurden. Täglich gingen mit den Kundenvarianten abgestimmte Bestellungen an die Zulieferer. Die variantenreiche Endmontage erreichte ein Maß an Flexibilität, dass sie ebenso schnell ablief wie eine Montage ohne Varianten. Flexibilität wurde auch zum Kennzeichen der Zulieferer, da sie sich auf zahlreiche Abnehmer mit unterschiedlichen Anforderungen in kleinen Serien einstellen mussten, wie Schwartz und Fish (1998) am Beispiel des Detroiter Bremsenherstellers Bendix aufweisen.

Die intensiven Zulieferbeziehungen im Autocluster von Detroit führten zu einer Neubewertung der werksexternen Transportsysteme. Der Materialtransport wurde vom Bahntransport auf den LKW-Transport umgestellt, der sich als flexibler erwies.[62] Die Montagewerke von Ford außerhalb von Detroit wurden von den Zulieferern allerdings weiterhin mit vollen Waggonladungen der Eisenbahn von Detroit aus beliefert. Wegen der Zuverlässigkeit der Transportsysteme erfasste die Hand-to-Mouth-Bewegung in den 1920er Jahren auch andere Industriezweige sowie die Herstellung und Verteilung von modischen Zyklen unterworfenen Konsumgütern (Yarnell 2010, S. 259f). Damit wurde die Hand-to-Mouth-Politik zu einem Kennzeichen der modernen Massenkonsumgesellschaft, die in Europa wegen der Langzeitfolgen des Zweiten Weltkriegs erst 50 Jahre später zum Durchbruch kam und die Hand-to-Mouth-Politik unter dem Namen Just-in-Time auch im Handel umsetzte (Vahrenkamp 2011).

Naheliegend ist eine lineare Success-Story des Just-in-Time-Konzepts von Detroit nach Japan, als in den 1950er Jahren japanische Ingenieure die amerikanische Autoindustrie besuchten (Elis 2009). Allerdings erfand Toyota das Zulieferer-Modell in

---

[62] Die Umstellung auf den LKW geschah bei der Einführung von Just-in-Time in Europa der 1980er Jahre, siehe Vahrenkamp (2011).

den 1950er Jahren in Japan neu. Denn zu Ende der 1930er Jahre beendete die US-Autoindustrie die Just-in-Time-Kooperation mit Zulieferern, die sie selber vertikal integrierten (Schwarz und Fish 1998, S. 62). Die Gründe dafür sind nicht ganz klar. Aus den Studien von Pietrykowski (1995, S. 394) geht hervor, dass die Big Three Autohersteller gegen den Einfluss der Gewerkschaften bei den Zulieferern vorgingen und daher Zuliefererbeziehungen kappten.

18.3 Ausgestaltung von Just-in-Time-Kooperationen

Die Just-in-Time-Beschaffung bedeutet für die Materialwirtschaft, dass keine Eingangslager mehr gehalten werden. Vielmehr werden die Einzelteile einmal pro Tag bzw. mehrmals am Tag (gemäß des Produktionsbedarfs) angeliefert. Dabei sind die angelieferten Teile bereits in speziell konstruierten Transportbehältern griffbereit, so dass sie ohne Reibungsverluste in den Produktions- und Montageprozess eingefügt werden können. Zum Teil geht die Anlieferung direkt bis an das Montageband. Demnach entfallen umständliche Umladeoperationen, wie z.B. von Containern auf Paletten, wodurch ein erhebliches Maß an Zeit eingespart werden kann.

Die produktionssynchrone Beschaffung basiert auf einer engen Kooperation zwischen Zulieferern und Abnehmern. Das traditionelle **Konkurrenzverhalten** auf dem Beschaffungsmarkt wird dabei zugunsten einer engeren Kooperation mit einem höheren Nutzen für beide Seiten überwunden, um auf diese Weise die Funktionsdefizite des Konkurrenzsystems auszugleichen. Diese Defizite lassen sich wie folgt beschreiben: Der Abnehmer wählt die Lieferanten nach dem Hauptkriterium des günstigsten Preises aus. Hohe Qualität und Null-Fehler-Quoten werden bei der Angebotsauswahl nicht vorrangig berücksichtigt. Als Folge des Konkurrenzprinzips müssen beim Wareneingang umfangreiche Kontrollen der Produktqualität vorgenommen werden. Bei den Lieferanten besteht die Unsicherheit bezüglich der Langfristigkeit der Zusammenarbeit, da die Kontrakte meistens nur über ein Jahr ohne Garantie einer Verlängerung laufen. Auch eine Kooperation zwischen Abnehmer und Lieferant – bereits im Vorfeld von Forschung und Entwicklung – unterbleibt. Der Zulieferer wird dadurch erst relativ spät bei der Angebotseinholung in die Konzeption neuer Produkte einbezogen. Insgesamt ist das Verhältnis zwischen Zulieferern und Abnehmern auf beiden Seiten von großer Unsicherheit geprägt. Dieses führt zu unrealistisch niedrigen Preisen bei der Angebotsabgabe, zu hohen Fehlerquoten und zu starken Auslastungsschwankungen auf Seiten der Zulieferer. Die negativen Konsequenzen dieser mangelnden Kooperationsmöglichkeit im Konkurrenzmodell werden durch hohe Lagerbestände und hohe Kapazitätsreserven aufgefangen. Insgesamt ist das Konkurrenzmodell von hohen Transaktionskosten gekennzeichnet.

Durch **Kooperation** zwischen Hersteller und Zulieferer ergeben sich ein hoher Synergienutzen und sinkende Transaktionskosten. Dies geschieht, indem der Zulieferer in die Entwicklung neuer Teile frühzeitig einbezogen und in Rahmenverträgen die Rechte und Pflichten beider Partner abgesteckt, die Logistik, Informations- und Transportsysteme beider Unternehmen aufeinander abgestimmt werden. An den Zulieferer ergeben sich die folgenden Anforderungen:

- Der Zulieferer ist für eine Null-Fehler-Qualität der Produkte verantwortlich, da eine direkte Anlieferung keine Zeit mehr für Wareneingangskontrollen lässt.
- Die Kosten für die Qualitätssicherung steigen an.
- Die JIT-Beschaffung setzt Vereinbarungen voraus, wie Material- und Informationsflüsse zu handhaben sind.

Ist dies einmal geregelt, so kann bei einem kurzfristigen Materialbedarf eine organisatorische Vereinfachung eintreten, welche die Transaktionskosten deutlich senkt. Durch die Integration der Informations- und Transportsysteme beider Partner kann kurzfristig Material abgerufen werden, ohne dass Einkäufer eingeschaltet, Vertragskonditionen ausgehandelt und die Waren beim Eingang nach den üblichen Prozeduren kontrolliert und gelagert werden müssen. Der Abruf von Material wird durch eine Übertragung eines nach VDA standardisierten Datensatzes über ein Computernetz ausgelöst. Durch Rahmenverträge ist der Zulieferer so weit in das Geschehen eingebunden, dass er bereits frühzeitig über Absatzschwankungen informiert wird. Hierdurch kann er die eigenen Kapazitäten besser auslasten. Die Lieferabrufe nach VDA sind nach der Dauer der Vorausschau gegliedert. Mit dem Lieferabruf VDA 4905 wird dem Lieferanten eine Vorausschau auf die nächsten 6 Monate gegeben, die wöchentlich fortgeschrieben wird. Der Lieferabruf VDA 4915 ist ein Feinabruf und legt einen kurzfristigen Planungshorizont von 14 Arbeitstagen fest und wird täglich revidiert bei einer Mengentoleranz von ± 5%. Der Sequenzabruf 4916 stellt den tatsächlichen Ist-Abruf von Komponenten dar, die unmittelbar zum OEM zur Endmontage angeliefert werden. Die Steuerung der Lieferabrufe erfolgt mit dem Konzept der Fortschrittszahlen.

Die Auswahl eines Lieferanten erfolgt im Kooperationsmodell nicht mehr nach dem klassischen Prinzip des niedrigsten Angebotspreises. Vielmehr wird ein höherer Preis als der des niedrigsten Mitbieters durchaus akzeptiert. Die Partnerschaft ist dafür langfristig angelegt, und man geht von den Effekten der Erfahrungskurve aus. Dadurch können bestimmte Raten der Preissenkung für die folgenden Jahre vertraglich festgelegt werden. Für den Zulieferer besteht dann ein besonderer Anreiz, die Effekte der Erfahrungskurve intensiv zu nutzen, wenn ihm vertraglich zugesichert wird, dass alle über die vereinbarte Rate hinausgehenden Kosteneinsparungen ihm gutgeschrieben werden. Das hohe gegenseitige Vertrauen und der Know-How-Austausch mit dem JIT-Abnehmer begünstigen das technische Entwicklungspotential des Zulieferers. Der Zulieferer kann seinen Qualitätsstandard erhöhen und die eigenen Durchlaufzeiten durch den kontinuierlichen Planungs- und Produktionsablauf reduzieren. Er besitzt die Möglichkeit, die Produktentwicklung aus fertigungstechnischer Sicht mit zu beeinflussen.

Bei der JIT-Kooperation verliert der Zulieferer einen Teil seiner rechtlichen und wirtschaftlichen Selbständigkeit. Dieses ist Folge der symbiotischen Kooperation. Ein besonderer Aspekt dieses Selbständigkeitsverlustes ist der Zugriff des Abnehmers auf das Rechnungswesen des Zulieferers. Informationen über Produktionskosten stehen nicht mehr allein im Ermessen des Zulieferers, sondern werden mit dem Abnehmer geteilt. Auf dieser Basis wird ein – so jedenfalls im theoretischen Modell von JIT – fairer Preis ausgehandelt. Hier entsteht die Frage, ob bei Aufgabe der Selbständigkeit der Zulieferer nicht nach §17 und §18 des Aktiengesetzes Teil eines **Konzerns** wird. Die empirischen Untersuchungen von Nagel, Riess und Theis (1990) konnten zu dieser Frage nur wenige Fälle ausfindig machen, da nur einzelne Werke abhängig sind, nicht aber das Zulieferunternehmen als Ganzes, das normalerweise mehrere Werke umfasst. Die folgende Tabelle gibt die partielle Abhängigkeit von Zulieferwerken im Raum Wolfsburg von VW im Jahre 1992 an.[63]

Firma	Standort	Lieferprogramm	Umsatzanteil mit VW (in %)	Umsatz mit gesamter Autoindustrie (in %)
Alfred Teves	Gifhorn	Bremssysteme	20	100
Bosch Elektronik	Salzgitter	Elektronische Steuergeräte	40	100
Triangel DW	Triangel	Dämmstoffe, Verkleidungen	17	100
Phönix	Schöningen	Kunststoff- und Gummiteile	10	keine Angabe
Peiner Umformtechnik	Peine	Verbindungselemente	30	keine Angabe
Casimir Kast	Peine	Kunststoffe, Türverkleidungen	90	100
Alibert Industrie GmbH	Peine	Kunststoffteile	95	100
Magna Helmstedter	Salzgitter	Press- und Stanzteile	100	keine Angabe
Lack GmbH	Helmstedt	Autoserienlacke	85	100
F. S. Fehrer	Braunschweig	Formposter, Innenverkleidungen	100	keine Angabe
Rockwell	Gifhorn	Schiebedächer	95	100
SIV GmbH	Braunschweig	Autoscheiben, Rückspiegel	85	100

Tabelle 18.1: Zulieferverflechtung VW-Wolfsburg

Es ist erkennbar, dass nur die Firmen Magna und F.S. Fehrer zu 100% des Umsatzes von VW abhängen. Da die Zulieferer im Normalfall mehrere verschiedene Hersteller beliefern, ergäbe sich auf der Zulieferebene ein Rationalisierungspotential, wenn gleiche Teile verschiedenen Abnehmern geliefert würden und damit die Produktionslose der Zulieferer deutlich größer werden könnten. Allerdings wurde die sich ergebende Kostendegression großer Lose noch nicht wahrgenommen. Beispielsweise musste der Sitzfabrikant Recaro noch 80 verschiedene Einstellräder produzieren.

Der Abnehmer zieht Vorteile aus der JIT-Kooperation durch eine geringere Kapitalbindung in der Lagerhaltung, durch einen geringeren Handlings-Aufwand beim Wareneingang sowie einen stetigeren Produktionsfluss durch Null-Fehler-Qualität und

---

[63] Top Business, Heft 9, 1993, S. 28.

durch eine gestiegene Qualität des Endproduktes überhaupt. Aus der Rationalisierung der Lagerhaltung ergibt sich beim Abnehmer eine Vereinfachung der Abläufe.

Der Abnehmer geht bei der JIT-Kooperation gewisse **Risiken** ein. Die Bindung an einen Zulieferer impliziert, dass kurzfristig keine Alternativen zu anderen Zulieferern möglich sind, sofern die Kooperation nicht mehr zufriedenstellend ist. Bedenkt man, dass eine Reduktion der Fertigungstiefe auch eine Kooperation auf den Gebieten von Forschung und Entwicklung bedeutet, so ergibt sich aus strategischer Sicht die Gefahr, dass spezielles Know-How an den Zulieferer übergeht und der Abnehmer seine technologische Kompetenz mehr und mehr abgibt. Aus der täglichen Anlieferung von Material ergeben sich ebenfalls Risiken. Bleibt z.B. ein LKW im Stau auf der Autobahn stecken, führt dies zu einer Unterbrechung der Produktion. Auch an überraschende Wintereinbrüche ist zu denken, welche den Verkehr zum Stillstand bringen können. Ein Teil dieser Transportrisiken kann gemildert werden, indem im Nahbereich des Abnehmerwerkes Auslieferungslager eingerichtet werden, aus denen im kurzfristigen Pendelverkehr Material abgerufen werden kann.

Bei der JIT-Versorgung der Produktion spielt das **Anliefersystem** eine große Rolle. Für die einzelnen Materialarten werden täglich mehrfache Anlieferungen vereinbart. Die hohen täglichen Transportleistungen werden am geeignetsten durch einen Spediteur gebündelt, welcher die Vielzahl der kleineren Mengen aus einem Aufkommensgebiet kostengünstig kombinieren kann (Gebietsspediteur). Die folgende Abbildung zeigt die Bündelung auf, die von einem Gebietsspediteur erzielt wird.

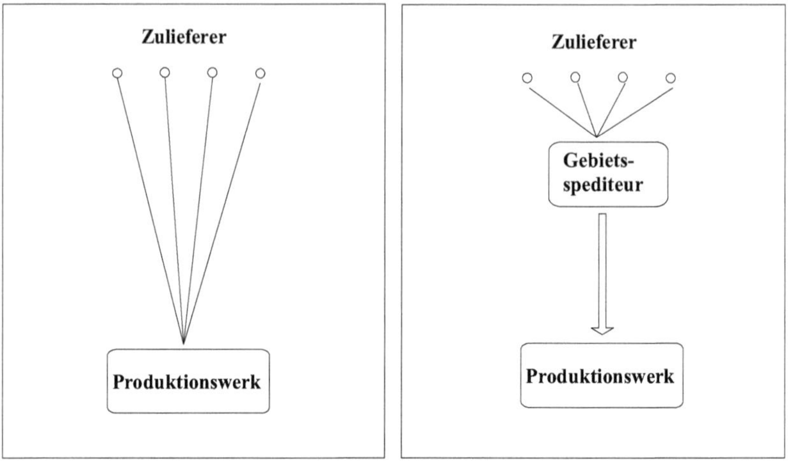

Abbildung 18.1: Bündelung der Transporte durch einen Gebietsspediteur

Die folgende **Tabelle 18.2** fasst die Vorteile, die bei Übertragung der logistischen Funktionen auf eine Gebietsspedition zum Tragen kommen, zusammen.

Gebietsspediteur	Abnehmer	Zulieferer
• stabile Pläne für Termine und Transportvolumen • enger Kontakt zwischen Abnehmern und Zulieferern • Wegoptimierung • langfristige Zusammenarbeit • sicherte Zahlungseingänge • verringerte Akquisitionsaufwendungen • festgelegte Aufgabenbereiche • Übernahme von zusätzlichen Funktionen • hohe Kapazitätsauslastung	• geringe Anzahl von Spediteuren • geregelte Rückführung von Leergut • geringere Verkehrsprobleme bei Anlieferung • vereinfachter Wareneingang • automatische Datenverarbeitung • einfachere Terminsteuerung • schnellere Bereitstellung von Sonderlieferungen • Verlagerung von Routinefunktionen • geringere Transportkosten • abgegrenzte Verantwortungsbereiche • Verringerung des Logistikaufwandes	• Verringerung des Logistikaufwandes • Nähe zum Spediteur • einfachere Kostenkalkulation • einfachere Vereinbarung des Bereitstellungszeitpunktes für den Spediteur • höhere Terminpünktlichkeit • geregelte Rückführung von Leergut • Verlagerung des Transportrisikos

Tabelle 18.2: Aspekte zur Vergabe logistischer Funktionen an einen Gebietsspediteur

Oft unterhielten Spediteure nahe dem Produktionswerk **Auslieferungslager**, welche eine Versorgung der Produktion nach dem JIT-Prinzip im Pendelverkehr ermöglichen. Die Versorgungslager können dann im längeren Zeitrhythmus und in größeren Partien von den Zulieferern aufgefüllt werden.

Mit der Einrichtung von Auslieferungslagern war eine bisher wenig beachtete Schnittstellenvereinfachung in der **Eingangszone** der Werke möglich. Anstatt in der Eingangszone eine Vielzahl von LKWs der einzelnen Zulieferer zu entladen, kommen nun dort deutlich weniger Versorgungsfahrzeuge im JIT-Pendelverkehr an, da diese Fahrzeuge den Einzelbedarf bündeln und deswegen voll beladen eintreffen, während bei der Einzelbelieferung die Ladekapazität lediglich zum Teil ausgenutzt werden konnte. Z.B. trafen im Mercedes-Werk Kassel vor der JIT-Anlieferung täglich ca. 100 LKWs mit durchschnittlich sechs Tonnen Ladung ein. Nach der Umstellung auf die JIT-Versorgung durch ein Lager im Nahbereich reduzierte sich diese Zahl auf täglich 20 vollbeladene LKWs - eine deutliche Verringerung der Anlieferfrequenz. Die **JIT-Nahbereichsversorgung** finden wir ebenfalls im Motorenwerk von VW in Salzgitter mit drei von Spediteuren verwalteten Lagern, oder auch im BMW-Werk München. Nicht allein Auslieferungslager, sondern auch Zweigwerke von Zulieferern siedeln sich im Nahbereich an, wie z.B. im Raum Stuttgart, im Nahbereich des BMW-Werkes Regensburg (30 Zuliefererwerke) und im Nahbereich des neuen Opel-Standortes Eisenach. Neuerdings werden die Zulieferer direkt in die Montagewerke einquartiert, um dort die Module zu montieren und um sie dann ohne Zeitverzug in das Fahrzeug am Band einzubauen. So weist z.B. Audi den Zulieferern in seinem Werk in Ingolstadt farbige Zonen in der Werkshalle zu.

Bei einer derartigen Arbeitsteilung zwischen Zulieferern und Spediteuren fielen den Spediteuren erhöhte **Logistikfunktionen** zu. Sie sind verantwortlich für das Management des Lagers und tragen die Verantwortung für die pünktliche JIT-Anlieferung. Ferner erledigen sie in Kooperation mit dem Produktionswerk die Qualitätssicherung der eingelagerten Zuliefererteile, sofern dies nicht bereits bei den Zulieferern erfolgt ist. Bei dieser Form des Vertragslagers ist unter den drei Vertragspartnern Produktionswerk, Zulieferer und Spediteur sauber zu definieren, wie die Verantwortlichkeit im Vertragslager geregelt wird. Die Übernahme der Lagerkosten, die Definition der Zeitpunkte für die Fakturierung sowie die Verantwortung für die Bestandshöhen sind wesentliche Punkte dieser Regelungen. Übernimmt etwa der Spediteur die logistische Funktion der Bevorratung, so gehen die Teile zum Zeitpunkt der Einlagerung vollständig in seine Verantwortung über. Ein bekanntes Beispiel für dieses Konzept ist die Kooperation von BMW mit der Spedition Schenker für das Vertragslager bei München. Die vorgegebenen Zeitrhythmen der Anlieferung verändern die Kalkulationsbasis der Spedition. Ein Ausgleich von Spitzen durch eine zeitliche Verschiebung ist hier nicht möglich. Der Spediteur muss daher betriebswirtschaftlich ungünstige Spitzenkapazitäten für die JIT-Kooperation vorhalten und vermehrte Leerfahrten in Kauf nehmen.

Die Übertragung **logistischer Funktionen** auf den Spediteur bedeutete eine langfristige Bindung beider Partner. Treten Fehler und Unregelmäßigkeiten bei den logistischen Dienstleistungen auf, so können diese nur in mühsamen Verhandlungen beseitigt werden. Ein Wechsel des Spediteurs zusammen mit dem Lagerhausmanagement als Konsequenz für unzureichende Leistungen ist nur schwer möglich. Insgesamt ergibt sich eine Abhängigkeit des Werkes vom Spediteur. Auf Seiten der Zulieferer kann die Übernahme logistischer Funktionen durch Speditionen unter Marketinggesichtspunkten als problematisch gesehen werden, wenn man bedenkt, dass ein Teil des Kontaktes zum Abnehmer verloren geht.

Beispiele für die **JIT-Fernversorgung** fand man vornehmlich bei vormontierten Modulen, die für die Endmontage im PKW vorgesehen sind. So montiert das Unternehmen Fichtel und Sachs pro Jahr 1,6 Mio. Federbeine mit eingebautem Stoßdämpfer. Im Dreischichtbetrieb setzen 120 Mitarbeiter jeden Tag 6.500 Federbeine zusammen, die täglich Just-in-Time mit zwei LKWs von Schweinfurt in das belgische Ford-Werk Gent geliefert werden. Als weiteres Beispiel wird auf die Lieferstruktur für Achsen des weltweiten Produktionsverbundes des DaimlerChrysler Werks in Kassel verwiesen. Der britische Zulieferer Wagon plc zielt mit seinem Werk in Fontaine bei Belford auf die Belieferung der bis zu 250 km entfernten Werke von Renault in

Batilly, DaimlerChrysler in Rastatt, Smart in Hambach und Mercedes in Sindelfingen[64].

18.4 Die Reduktion der Fertigungstiefe und Outsourcing

Die Just-in-Time-Beschaffung wurde häufig mit der Strategie verbunden, die Fertigungstiefe zu reduzieren. Sie ist jedoch von dieser Strategie zunächst zu unterscheiden. Als **Fertigungstiefe** wird der Anteil an der Wertschöpfung bezeichnet, der im eigenen Werk, also nicht von den Zulieferern erbracht wird. Diese ist definiert als

(Umsatz – Materialaufwand)/Umsatz.

Die Ziele der Kostensenkung und Flussbeschleunigung sprechen generell für eine Reduktion der Fertigungstiefe. In der deutschen Automobilindustrie (OEM) lag diese in den 1980er Jahren noch bei 37% und fiel bis zum Jahre 2001 auf 24%[65]. Vom hohen Lohnniveau der Automobilindustrie geht ein starker Anreiz aus, die Fertigungstiefe zu senken und anstelle der Eigenproduktion von Teilen, Komponenten und Modulen diese von Vorlieferanten zu beziehen. Wenn diese in Deutschland angesiedelt sind, entstehen in der Produktion Lohnkosten in der Höhe des IG-Metall-Flächentarifs, der deutlich unter den Haustarifen der Autowerke liegt. Bei Zulieferern in Niedriglohnländern sind die Lohnkosten entsprechend niedriger. Eine Verlagerung von Logistikaktivitäten, wie z.B. der Lagerhaltung, von den Autowerken auf Speditionen (siehe unten), senkt die Lohnkosten auf das niedrige Niveau der Tarife der Logistikgewerkschaft Verdi. Die Auslagerung von Produktions- und Logistikaktivitäten wird als Outsourcing bezeichnet. Die Abbildung 18.2 zeigt in prinzipieller Weise den Vergleich der Lohnkosten in den verschiedenen Outsourcingbereichen im Vergleich zu den OEM. Das Outsourcing vereinfacht zudem die Steuerungsprobleme in der Teilefertigung und senkt dort den Bestand. Damit werden wichtige Teile des Konzepts der schlanken Produktion realisiert. Fortgeschrittene Produktionskonzepte, wie die Fertigungssegmentierung und hochautomatisierte Systeme der flexiblen Fertigung, benötigen deutlich mehr Platz und Fläche, so dass der Flächenbedarf für die

---

[64] Automobilproduktion, Heft 1/2004, S. 52.
[65] Verband der Automobilindustrie (Hrsg.): Jahresbericht Auto 2003, Frankfurt 2003, S. 30.

Fertigung stark ansteigt. Hieran knüpfen sich Überlegungen, wie durch Outsourcing in der Materialwirtschaft Lagerflächen zugunsten der Fertigung umgewidmet werden können. Zugleich können in den outgesourcten Lagerflächen die niedrigen Tarife der Logistikgewerkschaft Verdi genutzt werden.

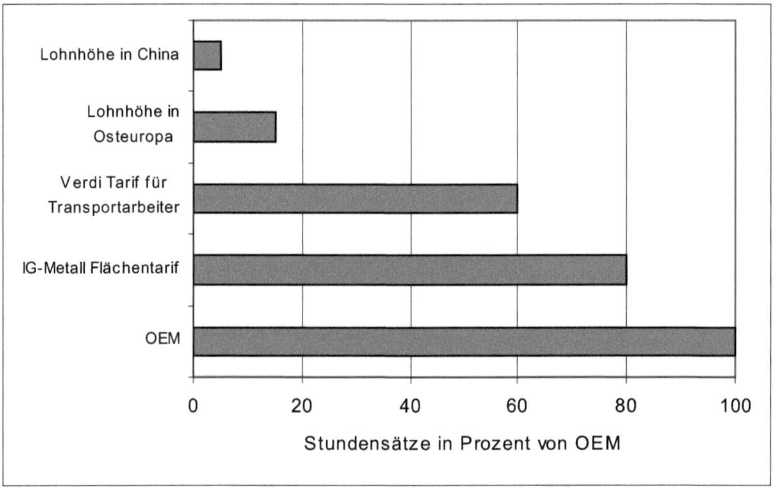

Abbildung 18.2: Lohnkostenvergleich in den verschiedenen Outsourcingbereichen im Vergleich zu den OEM im Jahre 2000

Das Lohnkostenargument bezieht sich nicht allein auf Einzelteile im engeren Sinne, sondern ebenso auf vormontierte Baugruppen, Aggregate und Komplettsysteme, wie z.B. Bremsen, Türen, Armaturenbretter, Stoßfänger, die von Zulieferern bezogen werden. Die Beschaffung von Teilen und Komponenten erfolgt weltweit. Man spricht von einem **Global Sourcing**. Die **Tabelle 18.3** veranschaulicht die Herkunftsländer von Zulieferern für den VW Golf IV.

Land	Teil	Land	Teil
Frankreich/Monaco	Lager, Getriebelager	Belgien	Lautsprecher
	Lenksäule		ABS-Aggregat
	Türwarnleuchte	Österreich	Ladeluftrohr
Niederlande	CD-Wechsler		Lautsprechergitter
	Klima-Kompressor		Flachsteckergehäuse
Italien/San Marino	Antenne	Türkei	Kühlwasserschlauch
	Radzierde		Fensterführung
	Dämpfungsschäume	Polen	Handschuhkasten
	Schalter		Aluräder
	Innenleuchten		Abdeckkappen
Großbritannien/ Nordirland	Dämpferfilter	Tschechien	Achsdämpfer
	Klima-Kompressor		Heizgerät
Portugal	Radio, CD, Verstärker		Scheinwerfer
	Verkleidung B,C-Säulen	Ungarn	Sicherheitsgurt
	Kupplungsträger		Rückblickspiegel außen
Spanien	Ladeluftkühler	Slowenien	Handbremsseil
	Tankklappen		Klappenzug
	Türscharniere	USA	Innenspiegel
	Bowdenzug		Abdecklappe
	Lichtdrehschalter	Israel	Schwerkraftventil

Tabelle 18.3: Zulieferstruktur VW Golf IV
(Angaben nach Konzernlogistik Volkswagen)

Die folgende Tabelle 18.4 zeigt einen Ausschnitt von den 53 First Tier Zulieferern des Opel Astra[66]. Deutlich wird an verschiedenen Komponenten, wie Reifen oder Einspritzanlagen, dass Opel die Beschaffungsstrategie des multiplen Sourcing betreibt. Die Chancen durch Global Sourcing ergeben sich nicht allein durch Nutzung von Kostenvorteilen, sondern ebenso durch die Präsenz an potentiellen Wachstumsmärkten und am Zugang zu neuen technologischen Entwicklungen und Know-How. Global Sourcing erhält damit eine strategische Dimension, zukünftige Absatzmärkte zu entwickeln. Es bedeutet eine besondere Herausforderung für das Supply Chain Management, da hier weit entfernte Zulieferer und lange Beschaffungswege koordiniert werden müssen. Auch entstehen **Zielkonflikte**: Lange Beschaffungswege implizieren einen relativ hohen Bestand in der Lieferkette. Werden die Kosten für den Bestand in der Lieferkette berücksichtigt, dann wird der Lufttransport wieder relativ kostengünstig, der aber wegen der hohen ökologischen Belastung eigentlich vermieden werden sollte. Die vergleichsweise hohen Transportkosten der internationalen

66 Automobilproduktion, Heft 2, 2004, S. 19

Beschaffung führen ferner zu größeren Losen, die nicht dem Ziel der Just-in-Time-Beschaffung, kleine Lose anzuliefern, entsprechen. Beschaffungen über große Entfernungen stellen die Schnelligkeit und die Zuverlässigkeit in Frage. Zur Erhöhung der Versorgungssicherheit sind bei der internationalen Beschaffung daher Vorratsbildungen zum Risikoausgleich vorzusehen.

Zulieferer	System/Komponenten	Zulieferer	System/Komponenten
Aisin	Getriebe	Brose	Fensterheber, Türschlösser, Schließsysteme
Arvin Meritor	Schiebedach	Buderus	Bremsscheiben
ATS	Leichtmetallräder	Continental	Reifen
Autoliv	Airbags	ContinentalTeves	EPS
Blaupunkt	Audio/Sound-Systeme, Informations- und Telematiksysteme	Delphi	Klimaanlage, Kühlsysteme, Stoßdämpfer, Hinterachse, Federbeine, Einspritzanlage, Motormanagement, Abgassysteme
Borbet-Gruppe	Leichtmetallräder	Denso	Lichtmaschine
Bosch	Lichtmaschinen, Einspritzanlage, Motormanagement	Dunlop	Reifen
Breed	Airbags	Eberspächer	Abgassysteme
Bridgestone	Reifen		

Tabelle 18.4: Lieferanten für den Astra

Die Beziehungen zu den Zulieferern sind nicht allein unter dem Aspekt von Kostenvorteilen zu betrachten. Vielmehr entwickeln Zulieferer als Modullieferanten spezifische technologische Kompetenzen und treiben durch Spezialisierung auf ihrem Feld den technischen Fortschritt viel intensiver voran, als dass es ein OEM vermochte. Dieses trifft etwa auf die Hersteller von Türen, Dachsystemen und Lichtanlangen zu. Damit entwickeln sich Zulieferer zu bedeutenden Kompetenzzentren, die eine wichtige Rolle im Entwicklungsprozess einer neuen Autogeneration spielen. Die OEM beziehen die Zulieferer bereits in einem frühen Stadium der Entwicklung ein und profitieren von deren Kompetenz. Auch kann die Entwicklung durch die Verteilung auf die Zulieferer gegenüber einer Eigenentwicklung im Hause des OEM beschleunigt werden. Damit wurden Entwicklungszeiten von 10 Jahren, wie sie in den 1970er Jahre im Hause Daimler-Benz auftraten, deutlich verkürzt. Ist das Verhältnis zu den Zulieferern von intensiver Kooperation geprägt, so trifft das auf die Autoproduktion im früheren Ostblock nicht zu. Dort erkannte man nicht die Chance der technologischen Spezialisierung bei den Zulieferern. Deren Kooperationsverhalten war ausgesprochen unwillig, wie Reinhold Bauer (1999, S. 209) in seiner Studie der DDR-Autoproduktion feststellte.

In den **technologiegetriebenen** Zulieferer-Netzwerken der PC-Industrie spielt sich der Einfluss des technischen Fortschrittes ausschließlich auf der Ebene der Komponenten-Zulieferer ab (Vahrenkamp 2003). Prozessoren, Speicherbausteine, Grafikkarten und Betriebssysteme werden von weltweit verteilten Herstellern angeboten, deren Produkte infolge starken technischen Fortschritts einem sehr kurzen Produktlebenszyklus von wenigen Monaten bzw. wenigen Jahren unterliegen. Der starke technische Fortschritt führt zu rapiden Leistungssteigerungen bei gleichzeitig sinkenden Preisen, wodurch große Anreize für den Absatz der Endprodukte gegeben werden. Deswegen ist die Bezeichnung "technologiegetriebenen Zulieferer-Netzwerke" für die PC-Industrie gerechtfertigt. Die Komponenten-Zulieferer bilden zum Teil eigene starke Marken heraus, die international kommuniziert werden, so z.B. die Marken Microsoft und Intel. Die Hersteller von Personalcomputern betreiben keine eigene Herstellung von Teilen, sondern beschränken sich auf die Montage von Komponenten, die wegen der starken Normung der Bauteile und der Schnittstellen nur ein sehr niedriges Know-How erfordert. Um rasch auf Nachfrageänderungen reagieren zu können, werden die PCs entweder im Absatzland oder nahe dem Absatzland montiert, nicht aber in weit entfernt liegenden Niedriglohnländern. Sobald Innovationen von den Komponentenherstellern angeboten werden, entstehen in der Supply Chain Lieferengpässe, die durch Rationierungen gesteuert werden müssen und die zu starken Ausschlägen in der Supply Chain führen (Peitschenschlageffekt, Bullwip-Effekt, siehe Alicke 2003). Die Hersteller von Personalcomputern werden von einer schwachen Marktstellung und einer schwachen Finanzausstattung gekennzeichnet. Sie liefern entweder im Direktvertrieb aus (Dell, Vobis) oder besitzen kein eigenes Vertriebsnetz, sondern liefern ihre Produkte an Handelsorganisationen. Die Ausbildung von Marken ist schwach, und es dominieren viele No-Name-Produkte. Die Markteintrittsbarriere ist sehr niedrig. Die **Tabelle 18.5** weist die Marktanteile in Deutschland der fünf führenden PC-Hersteller im ersten Quartal 2003 auf und zeigt die starke Zersplitterung mit dem Anteil von 47% in der Kategorie „Andere“ auf. Mit Hilfe von hohem Werbeaufwand versucht Dell im Umfeld schwacher Marken eine eigene starke Marke aufzubauen.

Hersteller	Marktanteil
Fujitsu/Siemens	21,20%
New HP	9,70%
Medion	8,80%
Dell	6,70%
Vobis	5,90%
Andere	47,10%

Tabelle 18.5: Marktanteile in Deutschland der fünf führenden PC-Herstellern im ersten Quartal 2003[67]

Die Prozesse der Supply Chain der PC-Hersteller sehen für unterschiedliche Vertriebstypen vollständig anders aus. Die Steuerung der Aufträge für die PC-Montage erfolgt bei Dell und bei Vobis über die einzelnen Kundenaufträge von Endkunden. Durch den Direktvertrieb über das Internet gehen die Kundenaufträge ohne Einschaltung einer Handelsstufe ein. Innerhalb von fünf Tagen wird der PC kundenindividuell konfiguriert montiert und per Paketdienst an den Endkunden im Direktvertrieb ausgeliefert. Medion montierte im Auftrag von Handelsorganisationen eine große Stückzahl (10 Tsd. bis 100 Tsd.) von identisch konfigurierten PCs und lieferte diese als Auftragslos geschlossen an die Handelsorganisation aus. Siemens, IBM und HP produzieren aufgrund von Absatzprognosen eine Palette von unterschiedlich konfigurierten PCs und bieten diese Handelshäusern an. Die folgende Abbildung zeigt die globale Struktur des technologiegetriebenen Netzwerkes der PC-Industrie auf. Der Markt für Fahrräder ist ein weiteres Beispiel für reine Montageindustrien. Die Komponenten werden aus Südostasien bezogen.

Neben Lohnkostenvorteilen und Steuerungsüberlegungen gab es noch einen weiteren Grund für die Reduktion der Fertigungstiefe bei den OEM. Bei der Entwicklung, Planung und Beschaffung im eigenen Haus wird bei den internen Aushandlungsprozessen zuviel Rücksicht auf das Selbstdarstellungsbedürfnis der Kollegen genommen. Die Folgen sind "Over-Engineering" mit zu hohem Qualitätsniveau und zu hohen Fertigungskosten. Schaltete man bei der Beschaffung von Teilen stattdessen

[67] Marktforschung IDC , Bad Homburg

über Marktprozesse externe Partner als Zulieferer ein, werden die Aushandlungsprozesse um Kosten und Leistungen nicht durch Rücksichtnahme auf Kollegen tangiert. Das Leistungsspektrum der Teile kann auf die eigentlich intendierten Grundfunktionen beschränkt werden.

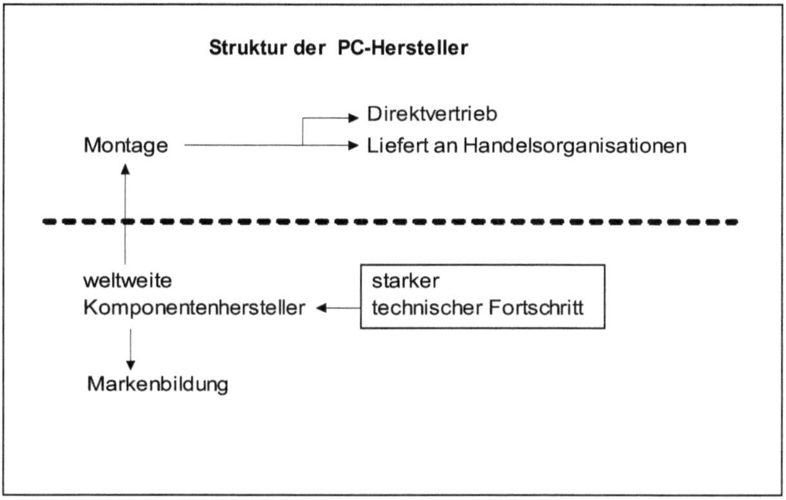

Abbildung 18.3: Technologiegetriebenes Netzwerk der PC-Industrie

Mit der Reduktion der Fertigungstiefe ist besonders die drastische Verringerung der Anzahl der Zulieferer verbunden. Automobilwerke besitzen traditionellerweise 800 bis 2.000 verschiedene Zulieferer. Hingegen wird mit der Strategie der Reduktion der Fertigungstiefe die Zahl der Zulieferer drastisch auf 50 bis 100 beschränkt. Die Bedeutung des einzelnen Zulieferers steigt dabei an; er wird zum **Modul-** oder **Systemzulieferer**, der nicht mehr einzelne Teile, sondern ganze Aggregate oder vormontierte Teile, wie z.B. Autotüren oder komplette Armaturenbretter, liefert. Unter der Ebene der Systemlieferanten befindet sich dann die Ebene der Komponentenlieferanten und darunter die der klassischen Einzelteilzulieferer.

Beginnt man die **Zulieferkette** mit der Grundstoffindustrie, welche Bleche und Kunststoffe liefert, so erhält man folgende fünf Stufen einer Zulieferpyramide:

1. Grundstoffindustrie,
2. Teilehersteller,
3. Komponentenhersteller,
4. Systemlieferanten und
5. Automobilwerke.

Die folgende Abbildung veranschaulicht den Zusammenhang in einer Zulieferpyramide.

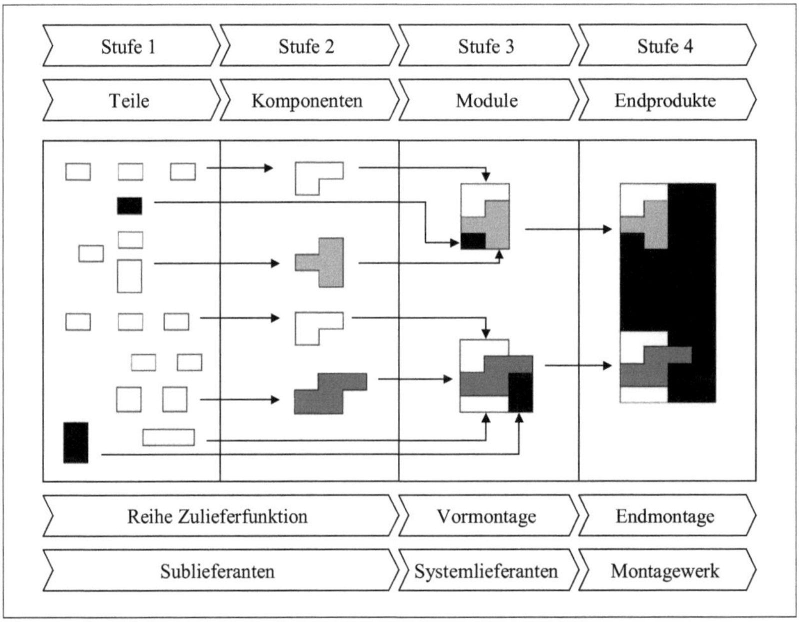

Abbildung 18.4: Pyramidisierung der Zulieferstruktur

Das neue VW-Werk in Mosel wird nur noch von 50 Systemlieferanten beliefert. Darunter zählt auch der Zulieferer ZF mit 9,1 Mrd. € Umsatz und 53.000 Mitarbeitern im Jahre 2002 einer unter den 10 größten deutschen Zulieferfirmen. In dessen Werk Glauchau bei Mosel werden Instrumententafeln aus 75 Einzelteilen zusammengesetzt und dem VW-Werk in Mosel im JIT-Verbund sequenzgenau zugeliefert. Als Systemlieferant greift ZF auf 23 Vorlieferanten zurück.

Wie die Wertschöpfungsanteile in Prozent sich zwischen OEM und Zulieferern bei den verschiedenen Modulen im Jahre 2004 verteilten, gibt die folgende Tabelle wieder[68].

Modul	OEM	Zulieferer
Fahrwerk	23	77
Antriebsstrang	37	63
Motor und Aggregate	50	50
Karosseriestruktur	96	4
Body (exterior)	55	45
Interior	16	84
Elektrik/Elektronik	16	84

Tabelle 18.6: Wertschöpfungsanteile in Prozent nach Modulen

Die Tabelle zeigt auf, dass bei Karosserie und Motoren der Anteil der OEM nach wie vor hoch ist.

Der wirtschaftliche Konzentrationsprozess ging seit 1950 sowohl bei den OEM wie bei den Zulieferern weltweit kräftig voran, wobei insbesondere bei den Zulieferern seit 1980 eine drastische Reduktion der Unternehmen von 30000 auf 5600 von statten ging. Die Tabelle 18.7 zeigt die Daten dazu auf[69].

Jahr	Anzahl OEM weltweit	Anzahl Zulieferer weltweit
1950	50	40.000
1980	30	30.000
2000	13	5.600

Tabelle 18.7: der weltweite Konzentrationsprozess bei OEM und Zulieferern

18.5 Die Grenzen von Just-in-Time

Die auf Konkurrenz und Individualismus ausgerichtete Kultur in Europa kann Kooperationsmodelle nur ein Stück weit durchhalten. Die Kooperation mit den Zulieferern wird von diesen eher negativ als Abhängigkeits- und Margen drückendes Ausbeutungsverhältnis gesehen und in der Literatur kritisch bewertet. Die Boston Consulting

[68] Automobilproduktion, Heft 2/2004, Sonderausgabe Future Automotive Industry, S. 5.
[69] A.a.O., S. 6

Group hatte in einer Studie sowohl in Europa und Japan, als auch in den USA seit Ende der 1980er Jahre ein deutlich stetiges Absinken der Gewinnmargen bei den Zulieferern festgestellt. Die deutschen Zulieferer haben reagiert und inszenierten einen Eklat im Verband der Automobilindustrie e.V., um ihren Auszug aus dem Verband vorzubereiten. Andererseits können die Automobilwerke die Zulieferer nicht in den Ruin treiben, da sie durch JIT von ihnen selbst abhängig geworden sind. Die Abhängigkeit betrifft die technologische Kompetenz und auch das Liefermonopol einer Single Source, die kurzfristig gar nicht änderbar ist. Viele Fälle sind bekannt, wo einzelne OEM oder gar OEM-Verbünde vom Konkurs bedrohte Zulieferer finanziell unterstützen oder gar ganz übernehmen. Zu fragen ist ferner, ob die von JIT unterstützte Steigerung der Variantenvielfalt im Automobilbau mit den damit verbundenen hohen Kosten in der Komplexität und im Marketing nicht auch eine Gegenbewegung zum Standardauto („Aldi-Auto") auslösen könnte, siehe Kapitel 19 (Vahrenkamp 2004).

Auch unter Kostengesichtspunkten greift das JIT bisher zu kurz. Solange sich die Zulieferer in einem Lieferantenpark im Nahbereich der Automobilwerke ansiedeln, können wegen der dort herrschenden hohen, von den Haustarifen der Automobilwerke bestimmten Löhne keine großen Lohnkostenvorteile gewonnen werden. Unter modellhaften Gleichgewichtsüberlegungen ist es dann unerheblich, ob die Teile im Hauptwerk oder beim Zulieferer gefertigt werden. Der Lohnkostenvorteil eines dualen Arbeitsmarktes, wie er in Japan gegeben ist, wo im Niedriglohnsektor nur 35% der Rate des Hochlohnsektors gezahlt wird, kann nicht genutzt werden. Zunehmend wird jedoch die JIT-Belieferung von Systemlieferanten aus einem Lagerhaus im Nahbereich mit einer Teilefertigung in Niedriglohnländern, wie Portugal oder Osteuropa, kombiniert.

Unter dem Aspekt der Umweltschonung wird JIT vielfach kritisiert, indem vorgebracht wird, dass die JIT-Anlieferung keine Bündelung großer Partien vornehme, sondern viele kleine Partien liefere und damit zusätzlichen LKW-Verkehr mit all seinen Umweltbelastungen erzeuge (Steven 1993; Reese 1993). Diese Zusatzbelastung durch JIT ist jedoch empirisch wenig abgesichert. Die Tendenz zu kleineren Ladungsgrößen betrifft eher die Paketdienste als das JIT-Konzept. Eine ökologische Zusatzbelastung durch JIT entstand nur dann, als der Bahntransport durch LKWs mit einem höheren spezifischen Schadstoffausstoß als die Bahn abgelöst wurde.[70] Durch den insgesamt zunehmenden Verkehr ergibt sich eine immer stärkere Verkehrsdichte auf den Straßen, wodurch die zeitgenaue Anlieferung selber in Frage gestellt wird. Wegen der besonderen Überlastung in den japanischen Ballungsgebieten wird dort bereits von der JIT-Anlieferung abgegangen und traditionelle Eingangslager werden als Puffer aufgebaut.

[70] Die in den 2000er Jahren aufgrund einer EU-Richtlinie eingeführten EURO V Motoren emittieren ungefähr die gleiche Schadstoffbelastung wie die Bahn, siehe Vahrenkamp (2011).

19 Das Aldi-Auto als neues Rationalisierungskonzept

Der Absatz von Automobilen war im 20. Jahrhundert von zwei Eigenschaften gekennzeichnet: Die Absatzorganisation war teuer und zweitens war die Kaufentscheidung des Konsumenten eine individuelle Entscheidung ohne Bindung an andere Konsumenten. Die Internet-Technologie der 1990er Jahre ermöglicht, die Vertriebskosten zu senken und über Social Media die individuellen Kaufentscheidungen der Konsumenten in Gruppenentscheidungen umzuformen.

In der Beschreibung des Konsumentenverhaltens sind die Vokabeln „Geiz" und „Aldi" in der letzten Zeit immer häufiger verwendet worden. Im Lebensmitteleinzelhandel beobachten wir eine stetige Ausweitung des Marktanteils der Discounter, wie Aldi oder Lidl. Auch auf anderen Gebieten erkennt man den Vormarsch von Niedrigpreisangeboten, wie etwa die Non-Food Artikel bei Tchibo oder die Reiseangebote der No-Frill Airlines. Das Verbraucherverhalten wird als gespalten beschrieben: Einerseits die Suche nach Niedrigpreisartikeln, andererseits die Inanspruchnahme von Luxusartikeln.

Überträgt man diese Konzeptionen auf die Autoindustrie, so stellt sich die Frage, ob ein Standard-Auto Marktchancen hätte, das als „Aldi-Auto" umschrieben werden könnte. Zweifellos ist in den Zeiten von wirtschaftlicher Unsicherheit und hoher Arbeitslosigkeit ein Bedarf an Niedrigpreislösungen auch auf dem Autosektor vorhanden. Das Thema „Aldi" könnte für die Autoindustrie dann zum Vorbild werden, da Vertrieb und die Logistik von Aldi sehr einfach aufgebaut sind. Weniger als 800 Artikel werden angeboten.

In der Autoindustrie verursachen dagegen eine große Variantenkomplexität und Steuerung der Logistiksysteme hohe Kosten. Während die Premiumhersteller die Variantenvielfalt problemlos über hohe Verkaufspreise refinanzieren können, ist die Situation bei den Volumenherstellern anders. Dennoch werden selbst bei Einstiegsmodellen eine Vielzahl von Varianten angeboten, etwa beim VW Polo 10 verschiedene Motoren.

Das Aldi-Konzept besitzt die folgenden Vorteile: Es würden Modelle mit geringer Variantenvielfalt angeboten oder sogar nur in einer einzigen Ausführung. Dann könnten erhebliche Logistik- und Steuerungskosten vermieden und die Kostensenkungspotentiale der klassischen Massenproduktion ausgenutzt werden. Ferner könnten die Autozulieferer, die bisher durch das Konzept der Lieferantenparks zu einer fragmentierten Fertigung gezwungen werden, in die Dimension großer Stückzahlen vorstoßen.

Heute werden die hohen Vertriebskosten der OEM, die bis zu 40 % der Herstellkosten ausmachen, kritisch bewertet. Der Vertrieb des Aldi-Autos müsste daher kostengünstig über das Internet geschehen, wie es die No-Frill Airlines bereits vorgemacht haben. Aus der Verbraucherforschung ist bekannt, dass die aus der geringen Artikelzahl bei Aldi resultierende Übersichtlichkeit und Einfachheit der Kaufentscheidung geschätzt wird. Gegenüber dem Konfigurationsproblem, unter millionenfachen Ausstattungsvarianten beim Automobilkauf zu wählen, mit dem der Autokäufer konfrontiert ist und das nur mit Beratung bei einem teuren Händlerstützpunkt gelöst werden kann, ist der Internetvertrieb des Aldi-Autos zweifellos kostengünstig.

Die Kundenzahl der Discounter könnte zur Abschätzung des Marktpotentials für das Aldi-Auto herangezogen werden. Wie der Einkauf beim Discounter als eine Funktion der Versorgung ohne Erlebnisqualitäten betrachtet werden kann, so kann die Benutzung des Aldi-Autos als ein reines Transportmittel bezeichnet werden, das keinen oder nur einen geringen Raum für ein emotionales Erlebnis zu vermittelt.

Die Artikel bei Aldi sind keine Billigware minderer Qualität. Vielmehr werden sie beschrieben als solche mit einem sehr guten Preis-Leistungsverhältnis. Für das Aldi-Auto hieße dies, dass es kein Einfachauto sein dürfte, sondern ein definiertes Niveau an Ausstattung aufweisen müsste. Welches zu wählen ist, kann mit den Mitteln der Marktforschung bestimmt werden. Unter den vielen Varianten auf dem Markt sind solche Ähnlichkeitsgruppen zu ermitteln, die ein großes Absatzvolumen versprechen.

Hier können Social Media eingesetzt werden. Der ADAC mit seinen Millionen von Mitgliedern wäre ein geeigneter Träger zur Umsetzung der Gruppenentscheidungen in Produktionsaufträge für ein „ADAC"-Auto.

20 Das Qualitätsmanagement in den 1990er Jahren

Die in den 1980er Jahren aufgeflammte Diskussion um die geringen Fehlerraten bei japanischen Automobilen und um den Nachholbedarf von europäischen Herstellern wies die Dringlichkeit des neuen Denkansatzes von „Qualität" auf. Die 1990er Jahren wurden zum Jahrzehnt des Qualitätsmanagements, um höhere Qualität der Produkte durchzusetzen. Interessant ist, wie es dem Produktionssystem des Westens, das auf dem von Konflikten gekennzeichneten Verhältnis zwischen Kapital und Arbeit basiert, gelang, hohe Qualität der Produkte zu erzielen, während dies im ehemaligen Ostblock scheiterte (Bauer 1999). Folgende Akteure lassen sich in der Qualitätsbewegung der 1990er Jahre identifizieren. Die Deutsche Forschungsgesellschaft regte an den Universitäten Forschungen zur Qualität mit besonderen Programmen an. Die Bundesministerien initiierten über ihre Projektträger Umsetzungen des Qualitätsgedankens in der Industrieproduktion. Die bayerische Staatsregierung lobte im Jahre 1994, auf Anregung von Professor Horst Wildemann, einen Wettbewerb der Unternehmen um den bayerischen Qualitätspreis aus.

In der Qualitätsbewegung erhielt die Forderung nach höchster Qualität eine Eigendynamik, der sich die von Großabnehmern abhängigen Zuliefererketten kaum entziehen konnten. Unternehmen konnten sich darauf mit der Darlegung von Qualitätssicherungssystemen nach DIN ISO 9000 einstellen und mit der Zertifizierung gemäß DIN ISO 9000 nach außen dokumentieren.[72] Die Zertifizierung besaß demnach auch eine aquisitorische Wirkung. Die Normungsverbände legten mit der deutschen Norm DIN ISO 9000 (entsprechend der europäischen Norm EN 29000) die Dokumentation des Qualitätsmanagements in den Unternehmen fest. Die Zertifizierungsstellen dokumentierten die Zertifizierung mit einer Urkunde. Sie wurde z.B. von der Deutschen Gesellschaft für Qualität e.V. oder dem TÜV Rheinland ausgegeben. Die Abbildung 20.1 zeigt ein Muster einer Zertifizierungsurkunde von der Zertifizierungsgemeinschaft der Technischen Überwachungsvereine CERT aus dem Jahre 1994.

---

[72] Siehe die auf Google Bilder dokumentierten Feierlichkeiten zur Übergabe der Zertifizierungsurkunde (Suchbegriff: TÜV Zertifikat Qualitätssicherungssystem).

TÜV CERT

ZERTIFIKAT

DAR

Die TÜV-Zertifizierungsgemeinschaft e.V.
bescheinigt hiermit, daß das Unternehmen

NUR ZUR INFORMATION

für den Geltungsbereich

ein Qualitätssicherungssystem eingeführt hat
und anwendet.

Durch ein Audit, Bericht-Nr.
wurde der Nachweis erbracht, daß die Forderungen der
DIN ISO 9001
erfüllt sind.

Dieses Zertifikat ist gültig bis

Zertifikat-Register-Nr.

TÜV Rheinland

Abbildung 20.1: Zertifizierungsurkunde

Die angelsächsischen Länder trugen die Zertifizierungswelle nach Deutschland. Dort lief sie erst Mitte der 1990er Jahre an. Während in Großbritannien bereits mehr als 14.000 Unternehmen zertifiziert waren, lag in Deutschland im Jahre 1993 diese Zahl erst bei 650 (VDI-Zeitung vom 14.01.1994). Für die Beratungsindustrie brachte die Qualitätsbewegung ein neues Geschäftsfeld. Für den Vorgang der Zertifizierung nahmen die Zertifizierungsstellen die betriebsinternen Abläufe in einem Handbuch detailliert auf und schrieben sie damit fest. Hierdurch erhielt die Zertifizierung allerdings einen konservativen Charakter, da nicht auf Neuerungen oder Effizienz, wie etwa bei einer Systemanalyse mit dem Sollkonzept für ein Informationssystem, abgezielt wurde. Von den Zertifizierungsstellen wurde jedoch als Vorteil einer Zertifizierung angeführt, dass Qualitätssicherungsmaßnahmen präventiv wirken würden. Dem Entstehen von Fehlern und Schäden im Produktionsprozess werde vorgebeugt und die daraus resultierenden Risiken, auch in der Produkthaftung, könnten vermindert werden (Deutsche Gesellschaft für Qualität 1993, S. 18).

Das Qualitätsmanagement hatte die Forderung nach hoher bzw. höchster Qualität, auch als **Null-Fehler-Qualität** oder sogar als **Total Quality** bezeichnet und stand im Zusammenhang mit der Senkung der Bestände von Zwischenprodukten. Dieser Zusammenhang stellt sich dadurch her, dass bei kleinen Beständen besonderer Verlass auf die Qualität der einzelnen gelagerten Teile gelegt wird. Ansonsten besteht die Gefahr, dass die Bestände zu klein werden, wenn ein Teil zurückgewiesen werden muss. Wenn die einzelnen Stufen des Produktionsprozesses und der logistischen Kette auf Teile mit Null-Fehler-Qualität zurückgreifen können, entstehen keine Störungen, die durch Reklamation der fehlerhaften Teile hervorgerufen werden. Hierdurch wird eine besondere Stetigkeit des Produktions- und Materialflusses erzielt. Die Standardabweichung in den Fertigungs- und Fließzeiten geht zurück. Nach dem Warteschlangenmodell der Produktion ist dies eine besondere Voraussetzung für die Verkürzung der Warteschlangen vor den einzelnen Arbeitsstationen. Geringe Standardabweichungen bedeuten kurze Warteschlangen. Auf diese Weise wirkt das Null-Fehler-Konzept unmittelbar auf die Senkung der Durchlaufzeiten.

Eine hohe Qualität auf der Endproduktebene zu erzielen, besitzt eine ganze Reihe von Konsequenzen für das Produktionsmanagement. Zunächst ist anzustreben, die Entstehung von Fehlern während des Produktionsprozesses zu vermeiden bzw. die Wahrscheinlichkeit für das Auftreten eines Fehlers stark zu senken. Hierzu müssen Routinen der Fehlererkennung in verschiedenen Phasen des Produktionsprozesses eingerichtet werden, um die Chancen der Fehlererkennung zu erhöhen. Tritt ein Fehler in einer Phase auf, ist das Produkt möglichst aus dem Produktionsfluss aus zu schleusen und für eine spätere Nachbehandlung zwischen zu lagern. Je später die Phase ist, in der ein früherer Fehler erkannt wird, desto aufwendiger ist dessen Beseitigung. Besonders teuer wird es, wenn das Produkt bereits an den Kunden ausgeliefert ist und in einem Retourenprozess zur Reparatur zurück gebracht werden muss. Nicht allein, dass Transportkosten anfallen, auch sind in der Rechnungserstellung Stornos zu verarbeiten und dem Kunden Ausfall der Nutzung zu zahlen. Schließlich leidet der Ruf des Unternehmens beim Kunden.

20.1 Methoden des Qualitätsmanagements im Überblick

Für das Qualitätsmanagement steht eine ganze Reihe von Methoden zur Verfügung. Diese Methoden können wie folgt strukturiert werden (Vahrenkamp 2008):

- Änderungen im Materialfluss-System: Entkopplung durch Puffer.
- Verbesserung der Qualität durch Kommunikations- und Gruppenprozesse. Diese Methoden sind Personaltraining und Gruppenkommunikation, Benchmarking und die kontinuierliche Verbesserung.
- Dokumentierte Qualitätsmanagement Systeme, wie ISO 9000.
- Methoden der Fehlerdarstellung und -analyse: Hier sind das Ursache-Wirkungsdiagramm, das Pareto-Chart, die FMEA-Methode und die Statistische Prozesskontrolle zu nennen.

Neben diesen auf das Unternehmen gerichteten Methoden sind die Maßnahmen zur Qualitätssicherung auch auf die gesamte Lieferkette auszudehnen. Das Beschaffungsmanagement hat Qualität des von den Lieferanten bezogenen Materials sicherzustellen und die Lieferverträge entsprechend auszugestalten. Insbesondere bei der Just-in-Time-Beschaffung besitzen die Lieferanten eine hohe Verantwortung für eine eigenständige Einhaltung von Qualitätsstandards.

21 Die Automationsdebatte 1955 bis 1965

Die Automationsdebatte basierte auf der Entstehung der kybernetischen Technologie im Zweiten Weltkrieg. Auf diese technologische Dimension wurde in den zeitgenössischen Schriften zur Automation immer wieder hingewiesen. Das Radar im Zweiten Weltkrieg, die Fernsteuerung, die Servomechanismen, das durch die Kybernetik popularisierte Prinzip der Rückkoppelung und an prominenter Stelle der Computer, der „elektronische Kalkulator", wie er damals genannt wurde. Die Automationsdebatte bezog sich immer wieder auf das im Jahre 1950 vom M.I.T.-Professor Norbert Wiener publizierte populäre Buch „Mensch und Mensch-Maschine", in dem er drastische Aussagen über die sich als Automationsfolge einstellende Massenarbeitslosigkeit stellte. Von sporadischen Verwendungen abgesehen, prägte John Diebold – später ein einflußreicher Unternehmensberater den Term Automation, der streng genommen ein Kunstwort ist. Eigentlich heißt es ja Automatisierung. Dies tat er 1952 mit seinem Buch „Automation – The Advent of the Automatic Factory". Erstmals tauchte hier der Term Automation als Buchtitel auf, der dort mit dem Konzept der automatischen Fabrik verknüpft wurde.

Mit diesem Buch wurde die Automationsdebatte eröffnet und erhielt ihren Schwung, obgleich Diebold nicht opportunistisch die Ängste des Publikums ausbeutete, sondern viel sorgfältiger als Wiener die zahlreichen Bedingungen diskutierte, die eine automatische Fabrik erfordern, ohne in plumper Weise mit hohen Arbeitslosenzahlen zu spekulieren. Die Automationsdebatte erreichte in den USA ihren Höhepunkt in den Jahren 1954 und 1955. Der amerikanische Gewerkschaftsführer Reuter machte die Automation zur Hauptbegründung für eine Kampagne, in der er einen garantierten Jahreslohn, verkürzte Wochenarbeitszeit und eine Beteiligung am zu erwartenden sprunghaft steigenden Produktivitätsgewinn durchzusetzen suchte. Auf seinen Einfluss hin setzte der Präsident der USA im Jahre 1955 ein Kongress-Hearing an über Automation und deren Einfluss auf die Gesellschaft, in dem in 15 Sitzungen 36 Experten gehört wurden.

Im Jahre 1955 kam die Automationsdebatte nach Europa. Der englische Berufsverband der Ingenieure veranstaltete die Margate-Konferenz „Was bedeutet die automatische Fabrik?", die vom englischen Industrieminister eröffnet wurde. Im Juli 1955 brachte „Der Spiegel" unter dem Cover „Die Revolution der Roboter" die Automationsdebatte nach Deutschland; er berichtete über die Margate-Konferenz und über die Politik des Gewerkschaftsführers Reuter. Die deutsche Automationsdebatte ist auf 1955-1957 zu datieren, deren wichtigstes Dokument das Buch von Pollock (1955) ist. Überraschend schnell wurde der Automationsbegriff popularisiert. Nach einer EMNID-Umfrage von Juni 1957 konnten 75 % der befragten Männer angeben, sie hätten bereits von der Automation gehört oder gelesen und auch zumeist eine sachlich zutreffende Begriffsdefinition abgeben. Die Vielzahl der öffentlichen Stellungnahmen zur Automation flaute nach 1957 ab. Die Automation blieb aber noch einige Zeit ein Modebegriff der Betriebswirtschaftslehre und wurde in der Gewerkschaftsbewegung verwendet. Grochla brachte 1966 ein Buch mit dem Titel „Automation und Organisation“ heraus. Die IG Metall gründete ein Automationsreferats beim Vorstand der IG Metall in den 1950er Jahren, und veranstaltete den Kongress „Automation und Angestellte" im Jahre 1965 in Oberhausen.

Auffallend ist, dass der Term „Automation" ähnlich universell und unscharf ist in seiner Bedeutung wie „Eficiency" und „Rationalisierung". In diesem Punkt sind die Debatten also ähnlich. Möglicherweise kann die Vagheit aber auch erst die breite Koalition der Interessen herstellen, die der Debatte ihre große Öffentlichkeit ermöglicht. Die Vagheit gewinnt der Term Automation durch einen widersprüchlichen Inhalt: einerseits klingt die Endgültigkeit des automatischen Vollzuges an; Arbeitsleistungen des Menschen sind von der Maschine unwiderruflich übernommen worden. Andererseits beinhaltet der Begriff einen Vergleich im Zeitablauf: heute stärker automatisch als früher – in dieser Weise wurde er, ähnlich wie „technischer Fortschritt", verwendet.

Die Unschärfe des Begriffs gab Anlass zu heftigen Kontroversen in der Automationsdebatte, was unter Automation zu verstehen sei: nur neue Formen des seit langem vertrauten Phänomens des technischen Fortschritts oder – wozu wohl die meisten Autoren neigten – eine neue Qualität, eine zweite industrielle Revolution gar? Eine Vielzahl von Definitionen für die Automation tauchte auf und vermehrte die öffentliche Konfusion.

Außer der Streitfrage Evolution oder Revolution bestimmten die folgenden Themen die Automationsdebatte (Schelsky 1957, S. 16):

1. Technologische Arbeitslosigkeit oder durch starkes Wirtschaftswachstum hervorgerufene Arbeitskräfteknappheit?
2. Einfluss auf die Gestaltung der Arbeit und der beruflichen Qualifikation. Sinkt die Arbeitszeit? Wird die Arbeit weniger eintönig? Höhere oder niedrigere Qualifikationsanforderungen?
3. Betriebsstruktur und Organisation: Kann der Kleinbetrieb überleben oder fördert die Automation die Konzentration? Mehr Kontakt und Kollegialität in der Arbeit oder Kontaktarmut und Konzentration von Entscheidungsbefugnissen?
4. Gesamtgesellschaft: Vermehrte oder verminderte Stabilität der Gesamtwirtschaft? Verschärfung des Konjunkturzyklus? Verbreitung von Bildung und Ausbildung?

Unter dem Label der Automation wurde in dieser Weise die gesamte Problempalette der Industriegesellschaft diskutiert, die in der Folgezeit von den empirisch arbeitenden Sozial- und Wirtschaftswissenschaften aufgegriffen und in der Forschung quasi institutionalisiert wurden. Die Art, über das Stichwort Automation gesellschaftliche Probleme zu thematisieren, lässt sich damit als die Metaebene der Automationsdebatte identifizieren. Ging es vordergründig um Automation, so standen zugleich die Funktionsprobleme der liberal verfassten Gesellschaft zur Debatte, ohne dass jedoch eine Klärung des Sachverhalts erzielt und auch nicht gelingen konnte, weil die Fragen zu allgemein gestellt und in Bezug zu dem ebenso allgemeinen Automationsbegriff gebracht wurden. Daher gab es für beide Seiten ein gewisses Maß an Plausibilität – für die Optimisten, die infolge der Automation eine „Goldene Zukunft" (so ein amerikanisches Unternehmerflugblatt) voraussahen wie auch für die Pessimisten, die vor den Gefahren der Automation warnten. Die Debatte verlief durchaus spekulativ, da kaum empirische Daten zur Automation vorlagen. Wenn auch immer wieder besondere Leistungsfähigkeit bestimmter automatischer Apparaturen hervorgehoben wurde (EDV,

Transferstraße), so ist dies eher als eine Realismus suggerierende Staffage für die Metaebene zu verstehen. Die Spekulation verband sich mit der Autorität der Technik.

Dass es in der Debatte nicht allein um die Automation selber ging, lässt sich auch an verschiedenen anderen Hinweisen erkennen. Zuerst die Kurzfristigkeit: Die Debatte entstand aus dem Nichts und verschwand wieder rasch. (Gressmann 1960, S. 360). Auch konnte gar nicht der Gegenstand in der Debatte angemessen erfasst werden; der Automationsbegriff war dafür zu global. Ferner wurde die Debatte geführt, ohne dass objektive Daten über die gesellschaftlichen Entwicklungen vorlagen. Stets waren nur Einzelfälle zur Hand. Industriesoziologische oder makroökonomische Studien zur Automation gab es noch nicht, wie Pollock die Materiallage zum Kongreßhearing beurteilt. Als die erste wissenschaftliche Arbeit zur Automation publiziert wurde (Bright 1958) war die Debatte vorbei und das öffentliche Interesse erloschen. Um die Diskrepanz, die sich auftat zwischen der Automationserwartung der Debatte und den objektiven Indikatoren, zu beurteilen, mag der Hinweis genügen, dass im Jahr 1955 in den USA die Arbeitslosigkeit 4 betrug und z. B. in der Versicherungswirtschaft lediglich 25 EDV-Anlagen eingesetzt waren, die nach heutigen Maßstäben eine äußerst geringe Leistung aufwiesen.(Pollock 1955, S. 112).

Als erster Kritiker der Automationsdebatte hat Schelsky (1957) deren Metaebene identifiziert und versucht zu interpretieren. Das mit der Automation immer wieder verbundene Bild von einer neuen industriellen Revolution hält er für eine völlig überzogene Dramatisierung der Vorgänge, die vergangene Notstände, Gefahren und kulturelle Umbrüche heraufbeschwört. Er kann jedoch dieses Muster sozialpsychologisch dahingehend interpretieren, als er meint, mit diesem Rückgriff in die Vergangenheit sei eine Form gegeben, die Ungewissheit der Zukunft zu verarbeiten. Als eine weitere Deutung der Metaebene verweist er auf den Utopieverlust, den die moderne Gesellschaft herbeiführt. Neue Technologien nehmen nun die Leerstelle als universellen Utopieersatz ein (Schelsky 1957, S. 38ff).

Die Argumentationsfiguren der Automationsdebatten setzten in den folgenden Jahrzehnten den Standard, neue Technologien zu beurteilen, und begründeten auf diese Weise spezifische Traditionen der Technikdebatte. Die von Edgar Salin popularisierte

Vorstellung einer neuen (Etappe der) industriellen Revolution hat sich immer wieder – wie bereits Schelsky (1957) erkannt hat – als medienwirksam erwiesen, ohne analytisch jedoch irgendeinen Fortschritt erbracht zu haben. So hat etwa wieder Steinmüller die Revolutionsfigur eingesetzt, um die gesellschaftlichen Folgen von Telekommunikationsnetzen zu behandeln. Der damalige Vorsitzende der IG Metall, Loderer, sprach 1977 von der dritten industriellen Revolution, welche die Mikroelektronik hervorbringe Salin 1955, Steinmüller 1981).

Mit dem Revolutionssignal verband sich in der Automationsdebatte zugleich die Vorstellung von einer Welle technischer Neuerungen, von deren konzentriertem Auftreten – eine Vorstellung, die sich bis heute durchgehalten hat, ohne jedoch anhand von empirischen Indikatoren, wie etwa der Arbeitsproduktivität, jemals überzeugend nachgewiesen worden zu sein. So erkennt Bahrdt (1972) im Jahre 1958 einen allgemeinen Technisierungsschub im Angestelltenbereich. Der damalige Vorstandsvorsitzende der IG-Metall, Brenner, spricht im Jahre 1963 davon, dass eine zunehmende Technisierung zu beobachten sei Friedrichs 1963, S. 5). Besonders in den Jahren 1961-1963 hätten Hochmechanisierung, Automation, die Verwendung neuer Werkstoffe und andere Formen des Technischen Fortschritts stark zugenommen. Und Jaeggi-Wiedemann kennzeichnet im Jahre 1963 die Technisierung im Angestelltenbereich als einen unerwarteten Einbruch von Maschinen in die Bürowelt. Auch Kalmbach (1978) nennt verstärkte Rationalisierungsbemühungen der Unternehmen als dominante Form der Anpassung an verschlechterte Absatzbedingungen, die sich mit Beginn der 1970er Jahre und verstärkt in der Krise 1973/74 eingestellt haben. Briefs (1978) erkennt ein verstärktes Bemühen der Unternehmen zu rationalisieren und spricht von einer sich abzeichnenden Welle technischer Neuerungen.

Die dritte Argumentationsfigur, die als Tradition der Automationsdebatte fortwirkt, lässt sich als „Zukunftsargument" umschreiben: Die Technisierung, die derzeit bloß in Ansätzen zu beobachten sei, werde in naher Zukunft als Technisierungsschub auftreten – die von Wiener begründete Argumentationsfigur, die auch wohl deswegen sich als Tradition halten konnte, da sie sowohl spektakulär verwendet werden kann, wie es Wiener vorgemacht hat, wie auch schwer widerlegbar ist, da die Zukunft prinzipiell offen ist. Man kann daher das Zukunftsargument nur insofern kritisch werten, als es seit 1955 immer wieder verwendet wird und dadurch an Überzeugungskraft letztlich eingebüßt hat, zumal für diesen Zeitraum besondere Technisierungswellen anhand von objektiven Indikatoren nicht nachgewiesen werden konnten. In der Literatur finden wir eine Vielzahl von Beispielen für das Zukunftsargument: etwa Junne (1979) unterstreicht das Ausmaß der Rationalisierung, indem er in der derzeitigen Rationalisierungswelle eine „eigentliche" Welle unterscheidet, die aber erst, speziell im Maschinenbau mit der NC-Technologie, bevorstehe. Auch Briefs spricht von einer erst sich abzeichnenden Welle technischer Neuerungen (EDV, Mikroprozessoren, Schreibautomaten). Friedrichs (1978) argumentiert mit einer Zukunftsprojektion des Unternehmens Siemens („Büro 1990") über den radikalen Abbau von Schreibkräften.

22 Zur Debatte um Technischen Fortschritt und Beschäftigung in den 1970er Jahren

Die Beschäftigungskrise in den 1970er Jahren war von rapide steigender Arbeitslosigkeit gekennzeichnet, als die Arbeitslosigkeit von 160 Tausend in den 1960er Jahren auf eine Million sprang, und induzierte eine breite gesellschaftliche Debatte zum Verhältnis von Technischem Fortschritt und Beschäftigung. In der volkswirtschaftlichen Theorie wurde in den 1960er Jahren der technische Fortschritt als der notwendige Spielraum unter den Bedingungen eines ausgeschöpften Arbeitsmarktes verstanden, das wirtschaftliche Wachstum fortzusetzen (Ifo 1970). Diese Funktion des technischen Fortschritts konnte eine Vorstellung aufkommen lassen, der technische Fortschritt sei mit den Interessen der abhängig Beschäftigten im Prinzip vereinbar. „Dass auch in dieser Phase für bestimmte Gruppen abhängig Beschäftigter negative Folgen sich ergaben, etwa in der Form von Qualifikationsentwertung, wurde zwar nicht ganz übersehen, insgesamt aber als notwendiger und auch hinnehmbarer Preis für die Realeinkommenserhöhung verstanden" (Kalmbach 1978, S. 457). Doch in den 1970er Jahren bewerteten die Gewerkschaften den technischen Fortschritt eher negativ als ein Instrument zur Rationalisierung, welche Arbeitsplätze vernichtet.

22.1 Wachstumskrise vs. Rationalisierungskrise

Wenn man die Diskussion um die Beschäftigungskrise ordnet, so lassen sich vornehmlich zwei Muster der Argumentation erkennen, die sich dadurch unterscheiden, wie sie die Hauptursache der Beschäftigungskrise bestimmen: einmal die Beschäftigungskrise als eine Wachstumskrise und zum anderen die Beschäftigungskrise als Rationalisierungsfolge.

Die Beschäftigungskrise als Wachstumskrise

Diese Interpretation stellt den Wachstumsraten des Bruttosozialprodukts die Wachstumsraten der Arbeitsproduktivität gegenüber. Die in den vergangenen Jahren aufgetretene Diskrepanz zwischen diesen beiden Wachstumsraten ergibt dann zwangsläufig eine Krise auf dem Arbeitsmarkt. Man kann daher diese Beschäftigungskrise als eine Wachstumskrise begreifen, da die Wachstumsraten der Arbeitsproduktivität in den vergangenen Jahren ungefähr konstant geblieben sind, dagegen sich aber das Wachstum des Bruttosozialprodukts verringert hat. Diese Interpretation der Beschäftigungskrise wird etwa von Steger (1978) vertreten.

Fragt man nun nach den Ursachen der Wachstumskrise, to kann man verschiedene Positionen ausmachen, wobei allerdings nach dem Urteil von Kalmbach (1978) weitgehende Einigkeit darüber besteht, dass die Wachstumsschwäche als eine Investitionsschwäche zu sehen ist. Gegenüber dem relativ stetig verlaufenden Anteil des privaten Verbrauchs am Bruttosozialprodukt sind Investitionen dessen sensible und zyklische Komponente. Erklärungen für die Investitionsschwäche lassen sich mit den folgenden Stichworten bezeichnen:

- Theorie der langfristig sinkenden Investitionsmöglichkeiten (Keynes und Marx),
- Überakkumulation in den Jahren 1968-1970 (Küchle und Jordan 1977),
- Mangelnde Rentabilität von Investitionen infolge hohen Lohnniveaus (Sachverständigenrat zur Beurteilung der gesamtwirtschaftlichen Lage),
- Verschärfung der internationalen Konkurrenz und Internationalisierung des Kapitals (Junne 1977) und
- Mangel an Innovationen (Mensch 1975, Scholz 1978).

Die letzte Erklärung der Investitionsschwäche als Mangel an Innovationen soll hier aufgenommen und ausgeführt werden, da sie in einem engen Zusammenhang steht mit dem nachfolgend zu diskutierenden Modell der Beschäftigungskrise infolge von zu starker Rationalisierung. Bei diesem Innovationsansatz hat man methodisch eine Innovation als ein neues Feld von Investitionen anzusehen, also gewissermaßen Innovation als eine potentielle Investition. Scholz (1978) argumentiert damit, dass die Wirtschaft der Bundesrepublik Deutschland infolge von binnen- und weltwirtschaftlichen Problemlagen, wie Energie-, Rohstoff- und Umweltschutzproblemen, sowie Veränderungen der internationalen Arbeitsteilung Leistungen der Strukturanpassung vollbringen muss, die nur durch „Effizienzsteigerungen" zu bewältigen sind, womit wahrscheinlich Innovationen gemeint sein dürften. Von diesen Anpassungsleistungen, die als Innovationen Investitionen auslösen sollen, dürften aber noch keine hinreichenden Impulse für die Beschäftigung ausgehen, um Vollbeschäftigung zu erreichen. Darüber hinaus besteht daher ein „akuter Bedarf an arbeitsplatzschaffenden Innovationen" (S. 784). Scholz argumentiert also nicht mit einem generellen Mangel an Innovationen, sondern mit einem Mangel an spezifischen Innovationen, die Arbeitsplätze schaffen. Versucht man nun, die sich in Zukunft abzeichnenden Innovationen abzuschätzen, so zeigt sich hier eine negative Beschäftigungsbilanz. Scholz stützt sich dabei auf eine Unternehmensbefragung des Ifo-Instituts. Im Vordergrund der Innovationspläne der Unternehmen stehen Prozessinnovationen, d. h. Technologien „zur Steigerung des Automatisierungsgrades und zur Veränderung der technischen Organisationsstruktur", die „grundsätzlich nicht als arbeitsplatzschaffende Innovationen angesehen werden können" (S. 786). Auch auf der Seite der zu erwartenden Produktinnovationen sind wirklich neue Produkte, „die nicht als Substitutionslösungen zu bereits am Markt befindlichen Produkten anzusehen sind", ausgesprochen rar (a.a.O.). Interpretiert man neue Produkte als neue Investitionsmöglichkeiten, so zeigen sich auch auf diesem Felde keine günstigen Beschäftigungserwartungen. Als Schlussfolgerung bleibt, dass man zwar nicht von einem generellen Innovationsmangel sprechen kann, wie es etwa Mensch (1975) mit seinem Begriff der Basisinnovation glaubt tun zu können, aber dennoch ein Mangel an spezifisch arbeitsplatzschaffenden Innovationen feststellbar ist.

Die Beschäftigungskrise als Rationalisierungsfolge

Das hier zu diskutierende Modell erklärt die Beschäftigungskrise als eine Folge verschärfter Rationalisierung der Unternehmen. Als Begründung für diese Verschärfung der Rationalisierung wird folgendes angeführt: Die veränderte weltwirtschaftliche Konstellation, wie Verschärfung der internationalen Konkurrenz, Internationalisierung des Kapitals (Junne 1979, Kalmbach 1978) und die Reaktion der Unternehmen auf die Krise 1974/1975 Briefs 1977, S. 226; Briefs 1978, S. 265; Junne 1979). Aus dieser Debatte um die Beschäftigungskrise lassen sich verschiedene Probleme herauskristallisieren, die nun im Folgenden behandelt werden sollen. Dabei geht es um:

- Die Strukturierung des Rationalisierungsbegriffs,
- Die Diskussion um Rationalisierungswellen und
- Das Zukunftsargument und unternehmerische Omnipotenz.

Weitere Interpretation

Neben den hier als dominant verstandenen Interpretationsmustern der Beschäftigungskrise – Wachstums vs. Rationalisierung – können noch weitere Interpretationen ausgemacht werden, die hier exemplarisch an den beiden Studien des Instituts für Weltwirtschaft und des ISI vorgestellt werden sollen. Eine abweichende Position, die sich weder eindeutig zu einer der Positionen Wachstumskrise oder Rationalisierungsfolge zuordnen lässt, vertritt das Kieler Institut für Weltwirtschaft in seinem Strukturgutachten (Breithaupt a.a. 1979). Dort wird von der Betrachtung stark aggregierter Größen abgerückt und – von der Drei-Sektoren-Hypothese ausgehend – die Beschäftigungskrise als Problem des Strukturwandels interpretiert. Dabei wird der Abbau der Beschäftigung im primären und sekundären Sektor der Absorption des tertiären Sektors gegenübergestellt und der Schluss gezogen: „Die Beschäftigungsprobleme der siebziger Jahre rühren vornehmlich daher, dass der tertiäre Sektor weit weniger Arbeitskräfte absorbiert hat, als im primären und sekundären Sektor freigesetzt worden sind" (S. 41). In ähnlicher Richtung argumentiert der Zwischenbericht der Strukturberichterstattung des HWWA-Instituts, wenn es auf eine „tendenziell abnehmender Absorptionsfähigkeit" des tertiären Sektors aufmerksam macht (HWWA, 1979, S. 24). Es sei darauf hingewiesen, dass Breithaupt u. a. noch weitere Gründe für die Beschäftigungskrise vorbringen, etwa der Mangel an rentablen Arbeitsplätzen (S. 41).

Einen weiteren Betrag zur Debatte um die Beschäftigungskrise hat eine empirische Untersuchung des ISI (1979) über die Auswirkungen des EDV-Einsatzes auf die Beschäftigung von Angestellten in der Industrie geleistet. Da das Ziel der Untersuchung weniger auf eine Erklärung der Krise auf dem Arbeitsmarkt gerichtet ist und auch methodisch eher auf der Mikroebene der Untersuchung einzelner Unternehmen angesiedelt ist, lässt diese Untersuchung sich nicht direkt unter einen der Globalaspekte Wachstumskrise oder Rationalisierungskrise subsummieren. Gleichwohl sind die Ergebnisse interessant und tragen auch zur Klärung der Frage bei, wie sich das Verhältnis von Technikeinsatz und Beschäftigung gestaltet. Aus dem Untersuchungsmaterial konnte die These abgeleitet werden, dass die Auswirkungen des EDV-Einsatzes auf die Beschäftigung keinem einheitlichen Muster folgen, sondern von den spezifischen unternehmerischen Strategien abhängen. Eingebettet in diese Strategien kommt der EDV die Rolle eines „instrumentellen Verstärkers" der wirtschaftlichen Entwicklungstendenzen des Unternehmen zu (ISI, 1979, S. D 53): „Erfolgreiche Unternehmen setzen Datentechnik überwiegend zur Verfolgung marktbezogener Leistungsziele ein. Der Technikeinsatz erweist sich als Wirkungsfaktor zur Verbesserung der Wettbewerbsfähigkeit der Unternehmen und induziert somit Wachstumseffekte. Erfolglose Unternehmen setzen Datentechnik mit einem leichten Übergewicht von Kostenzielen ein. Beschäftigungsfreisetzungen werden nicht durch Wachstumseffekte kompensiert." Dadurch, dass das ISI die Richtung der Rationalisierungswirkung von der Bewährung des Unternehmens am Markt abhängig macht, ließe sich diese Position als eine Mittelstellung zwischen den beiden Interpretationen Wachstumskrise und Rationalisierungsfolge in etwa einordnen.

22.2 Die Strukturierung des Rationalisierungsbegriffs

Wenn man sich den Methoden der Rationalisierung zuwendet, lassen sich mit Lutz (1969) zwei Formen der Rationalisierung unterscheiden: Die Technisierung, die den Einsatz technischer Mittel zur Erreichung der oben angeführten Ziele der Rationalisierung verfolgt, und zweitens die Organisierung, die gemeinhin die Formen der Arbeitsteilung als Abspaltung minderwinde: qualifizierter und minderbezahlter Teilarbeiten und der Arbeitsintensivierung durch Leistungsvorgaben und Leistungskontrollen annimmt. Eine besondere Form der Arbeitsintensivierung liegt vor, wenn sie nicht von technisch organisatorischen Mitteln unterstützt wird, die andererseits entlastend wirken. Dann kann eine Steigerung der Produktion nur durch eine Erhöhung der Arbeitsintensivierung erzielt werden, wobei diese Form der Rationalisierung nur zeitweilig bei hoher Arbeitslosigkeit durchsetzbar ist. In der Krise 1974/75 war dies für die Berufsgruppe der Angestellten der Fall. Der eine Teil wurde entlassen, der verbleibende Teil musste auf Pausen weitgehend verzichten und hatte Überstunden abzuleisten, die zum Teil sogar noch unbezahlt blieben (vgl. Briefs 1977, S. 229).

Über den engen betrieblichen Rahmen hinaus weist eine Methode der Rationalisierung, die mit dem Konzept der Technisierung und Organisierung nicht mehr hinreichend gefasst werden kann. Es handelt sich dabei um Prozesse der Kapitalkonzentration, welche auf Zusammenlegung und Stilllegung von Betrieben sowie eine Konzentration im angebotenen Produktspektrum abzielen. Vor allem in der angelsächsischen Literatur der 1920er Jahre worden unter dem Begriff der Rationalisierung hauptsächlich Prozesse der Kapitalkonzentration verstanden (vgl. MacGregor 1927; Gregory 1930, Reckendrees 2000 am Beispiel der Vereinigten Stahlwerke AG). Im Vergleich zu den stärker innovatorisch angelegten Konzepten der Technisierung und der Organisierung als Methode der Rationalisierung verhält sich die Methode der Kapitalkonzentration zu diesen Methoden eher kontingent und trägt daher einen für die ökonomische Krise typischen konservativen Zug.

22.3 Diskussion um Rationalisierungswellen

In der Debatte der 1970er Jahre haben viele Beobachter davon gesprochen, dass die gegenwärtige Phase der ökonomischen Entwicklung geprägt sei von einer Welle der Rationalisierung, also von deren verstärktem Auftreten. So spricht etwa der Vorsitzende der IG Metall, Loderer, von der dritten industriellen Revolution, welche die Mikroelektronik herbeiführe (1977, S. 410). Auch Kalmbach nennt verstärkte Rationalisierungsbemühungen der Unternehmen als dominante Form der Anpassung an verschlechterte Absatzbedingungen, die sich mit Beginn der 1970er Jahre und verstärkt in der Krise 1974/75 eingestellt haben (1978, S. 458). Briefs erkennt ein verstärktes Bemühen der Unternehmen zu rationalisieren (1978, S. 264) und spricht von einer sich abzeichnenden Welle technischer Neuerungen (S. 269). Ebenso geht Junne von der Tatsache aus, dass die Bundesrepublik Deutschland gegenwärtig eine Rationalisierungswelle erlebt (1979, S. 63).

Diese Beurteilung der augenblicklichen Situation könnte man dadurch relativieren, wenn man sich vergegenwärtigt, dass in den Urteilen der zeitgenössischen Beobachter der Technische Fortschritt häufig als beschleunigte Entwicklung, sogar als Welle, wahrgenommen wird. Diese These wird klar, wenn man die Debatte der vergangenen 25 Jahre seit 1955 betrachtet. So spricht Pollock im Jahre 1955 von einer neuen industriellen Revolution, womit er die Automation meint (1955, S. 104). Dagegen lehnt Salin die Aufzählung der verschiedenen industriellen Revolutionen ab und vertritt im Jahre 1957 den Standpunkt, die industrielle Revolution sei permanent. Aber derzeit befände man sich in einer neuen Etappe der industriellen Revolution (in Zimmermann 1960, S. 385). Diese Position stimmt auch weitgehend mit der von Briefs überein, der von einer Permanenz der Rationalisierungsbewegung ausgeht, deren Ausläufer als Wellen unterschiedliche Bereiche erfassen können (1977, S. 226). Bahrdt vergleicht im Jahre 1958 den allgemeinen Technisierungsschub im Angestelltenbereich mit der Rationalisierungswelle der 1920er Jahre in der Produktion (1972, S. VIII, S. 70). Der damalige Vorstandsvorsitzende der IG Metall, Brenner, spricht im Jahre 1963 davon, dass eine zunehmende Technisierung zu beobachten sei. Besonders in den Jahren 1961-1963 hätten Hochmechanisierung, Automation, die Verwendung neuer Werkstoffe und andere Formen des Technischen Fortschritts stark zugenommen (in: Friedrichs 1963, S. 5). Und Jaeggi und Wiedemann kennzeichnen im Jahre 1963 den Technisierungsschub im Angestelltenbereich als einen unerwarteten Einbruch in die Bürowelt (1963, S. 1 f.). Wenn man nun versucht, einen Schluss aus den hier zitierten Stimmen zu ziehen, so könnte man sagen, dass die aktuellen Einschätzungen des technischen Wandels das Ausmaß der gegenwärtigen technischen Entwicklung stets der Tendenz nach überschätzen, ohne sich hinreichend zu vergegenwärtigen, dass der Technische Fortschritt und Rationalisierung permanent wirken und auch in der Vergangenheit permanent gewirkt haben, wie es etwa in den Positionen von Salin und Briefs zum Ausdruck gekommen ist.

Die Vermutung der systematischen Überschätzung der Gegenwart hinsichtlich des Technischen Fortschritts lässt sich aber nur schwer mit objektivierbaren Indikatoren der gesellschaftlichen Entwicklung zur Gewissheit machen, ebenso wenig wie aber auch die entgegengesetzte Position von der gegenwärtigen Rationalisierungswelle schwer exakt zu belegen ist. Die Diskussion der 1960er Jahre um die Beschleunigung des Technischen Fortschritts mag als erster Hinweis auf dieses Problem dienen. Die US-amerikanische Forschungsgruppe National Commission an Automation, Technology and Economic Progress,, die in den 1960er Jahren das Verhältnis von technischem und sozialem Wandel untersucht hat, griff diese Frage auf, ob sich der Technische Fortschritt beschleunigt habe. Aber wegen der Probleme, angesichts der Breite der Technik und ihrer Entwicklung geeignete Indikatoren zu finden, sieht sie hierin keine sinnvolle Fragestellung (Pöhl 1967). Als einen speziellen Indikator für den Technischen Fortschritt wählt Mensch (1975) die Anzahl der Basisinnovationen pro Zeiteinheit. Unter der Annahme, dass die Ausbreitungsgeschwindigkeit der Innovationen stets gleich ist, könnte dies ein sinnvolles Maß für den Technischen Fortschritt sein. Der Begriff der Basisinnovation ist aber keineswegs deutlich abgegrenzt, so dass eine Zuordnung einzelner Innovationen zu dieser Kategorie weitgehend willkürlich ist. Mensch umgeht dieses Problem, indem er auf eine Liste von Innovationen in anderen Studien verweist, welche dann definitionsgemäß Basisinnovationen seien. Zweitens lässt sich einwenden, dass das soziale Gewicht von Basisinnovationen unterschiedlich ist. Eine Basisinnovation, die bloß einen besonderen Produktionsprozess innoviert, ist hier anders zu bewerten als eine sozial weit ausstrahlende Innovation, wie eine Querschnittstechnologie (wie etwa EDV oder das Automobil).

Die Debatte der 1970er Jahre um die derzeitige Rationalisierungswelle unternahm nicht den Versuch, den recht allgemeinen Begriff des Technischen Fortschritts zu operationalisieren. Vielmehr bezog man sich auf objektivierbare Indikatoren der Rationalisierung der Produktion. Allerdings führen diese Versuche nicht zu dem gewünschten Erfolg, ein klares Bild von der Rationalisierungswelle zu geben, da längst nicht alle Indikatoren auf eine Rationalisierungswelle unmittelbar hindeuten. Wird etwa der makroökonomische Indikator der Zunahme der Arbeitsproduktivität in der verarbeitenden Industrie (Nettoproduktion je Beschäftigtenstunde)[73] gewählt, so

[73] Die Arbeitsproduktivität lässt sich mit einer Reihe von Indikatoren erfassen, je nachdem welche Größen den fraglichen Quotienten bilden. Als Outputgröße kann das Bruttoinlandsprodukt, das Nettoproduktionsvolumen des produzierenden Gewerbes oder der verarbeitenden Industrie gewählt werden, während als Bezugsgröße des Outputs die Zahl der Erwerbstätigen, der Beschäftigten, der Arbeiter oder die Zahl der von ihnen abgeleisteten Arbeitsstunden dienen kann. Hier wird unter Arbeitsproduktivität durchgehend das Nettoproduktionsvolumen der verarbeitenden Industrie je geleisteter Beschäftigten-Stunde verstanden, wobei infolge der Umstellungen des Erhebungssystems des statisti-

zeigt sich eher eine langfristige Stabilität dieses Indikators als ein deutlicher Anstieg, der als eine Rationalisierungswelle interpretierbar wäre (Gerstenberger 1977, S. 11). Das HWWA-Institut sieht sogar einen leichten Abfall des Anstiegs der Arbeitsproduktivität in den Jahren 1970-1975 (S. 100). Wegen dieser weitgehenden Konstanz des Indikators interpretiert Steger die Krise anstelle einer auf einen deutlichen Rationalisierungsschub zurückgehenden Beschäftigungskrise als eine Wachstumskrise (1978, S. 261). Dieses Argument wird auch im Hinblick auf einen zweiten Indikator der Rationalisierungswelle gestützt, nämlich durch den Indikator der Rationalisierungsinvestitionen. Steger stellt übereinstimmend mit der Ifo-Untersuchung (Gerstenberger 1977) eine Konstanz des Indikators der Höhe der Rationalisierungsinvestitionen fest, die nach der Investitionsstatistik des Ifo von den beiden anderen Kategorien der Ersatz- und der Erweiterungsinvestitionen zu unterscheiden sind.

Aus der Bewegung dieser drei Investitionstypen in den vergangenen Jahren lassen sich nun einige Schlüsse ziehen. Kalmbach hält die Existenz einer Rationalisierungswelle bereits dadurch gegeben, dass anstelle der Erweiterungsinvestitionen wie im Jahre 1970 nun die Rationalisierungsinvestitionen – gemessen am relativen Anteil – überwiegen (1978, S. 458f.). Dem steht die Untersuchung des Ifo gegenüber, welche das relative Ansteigen der Rationalisierungsinvestitionen auf das absolute Absinken der Erweiterungsinvestitionen zurückführen, die absolute Höhe der Rationalisierungsinvestitionen aber als in etwa konstant ansehen (Gerstenberger 1977). Diese Konstanz der Rationalisierungsinvestitionen nehmen wiederum Steger und Junne auf, indem sie darauf hinweisen, dass dieser Indikator noch der Interpretation bedürfe. Steger gibt wie Gerstenberger (1977) zu bedenken, dass die Ersatzinvestitionen kontinuierlich ansteigen. Eine Ersatzinvestition ist aber in vielen Fällen zugleich eine Rationalisierungsinvestition, da mit dem Ersatz häufig die neueste Technologie zur Anwendung kommt, worauf Steger hinweist (1978, S. 261). Das gleiche Argument gilt für Erweiterungsinvestitionen. Ob aber mit dieser Argumentation die Existenz einer besonderen Rationalisierungswelle empirisch abgesichert werden kann, er-

---

schen Bundesamtes in den Jahren 1975-1977 anstelle des Begriffs der verarbeitenden Industrie der Begriff verarbeitendes Gewerbe gleichrangig verwendet wird.

scheint insofern fraglich, da der Anstieg der Ersatzinvestitionen ein langfristiger Trend ist, der dem Wachstum des Kapitalstocks parallel verläuft, aber nicht als kurzfristige Welle sich ausprägt. Auch Junne räumt ein, aus der Investitionsstatistik ließe sich keine Rationalisierungswelle unmittelbar ableiten. Aber dieser statistischen Evidenz stehe das Argument gegenüber, dass mit der rapiden Verbilligung der Elektronik der Rationalisierungseffekt pro investierter DM angestiegen sei. Mithin ergebe auch ein konstantes Volumen an Rationalisierungsinvestitionen eine Zunahme des Rationalisierungseffektes (1979, S. 65).

Wenn man versucht, die Diskussion um die empirischen Indikatoren einer Rationalisierungswelle zusammenzufassen, so ergibt sich ein wenig klares Bild. Verwirrend wird die Debatte auch insofern, als die mangelnde Evidenz auf der Makroebene im Widerspruch steht zu den alltäglichen Erfahrungen von Freisetzungen von Arbeitskräften, welche die Gewerkschaften auf der Ebene des Einzelbetriebs machen (vgl. etwa Briefs 1977, S. 224; DGB 1978). Gerstenberger erklärt sich diesen Widerspruch dadurch, dass die spektakulären Fälle von Freisetzungen von Arbeitskräften eben Einzelfälle seien, die auf eine Reihe von Branchen beschränkt seien, ohne auf die Industrie insgesamt übertragen werden zu können (1977, S. 10). Man könnte aber auch aus diesem Widerspruch die These von der Unzulänglichkeit der empirischen Indikatoren ableiten, welche die Bewegung der Rationalisierung auf der Makroebene nur stark verzerrt wiedergeben. Diese These ließe sich eventuell deutlich machen am Indikator der Ersatzinvestitionen, der den Vorgang der Rationalisierung nur unzureichend widerspiegelt. Zu Bedenken ist nicht nur, dass beinahe jede Ersatzinvestition einen Rationalisierungseffekt beinhalten kann, ohne statistisch zur Rationalisierung gezählt zu werden (Steger 1978, S. 261), sondern auch, daßdass viele Rationalisierungsmaßnahmen mit geringen oder gar keinen Investitionsmitteln zu verwirklichen sind. Diese Form lässt sich als „Organisierung" der Arbeit von der „Technisierung" unterscheiden und wird besonders in Zeiten der Wirtschaftskrise wirksam, worauf Friedrichs hinweist (1978, S. 9f.). Dieser Zusammenhang von Rationalisierung und Krise tritt auch statistisch hervor, wenn man den noch immer positiven Zuwachs von knapp 5 % der Arbeitsproduktivität im Krisenjahr 1975 zu erklären versucht (Statistisches Jahrbuch 1978, S. 181). Man hätte nämlich eigentlich gar keinen Zuwachs, sondern im Gegenteil ein scharfes Absinken der Arbeitsproduktivität erwarten müssen, da die Unternehmen den Beschäftigungsstand nicht proportional zur gefallenen Kapazitätsauslastung reduzieren können. Dass die Arbeitsproduktivität nicht gesunken ist, deutet auf ein verstärktes Bemühen zu rationalisieren hin, um durch Reduktion von Kosten die Nettoproduktion pro Beschäftigtenstunde, d. h. die Arbeitsproduktivität zu vergrößern.

22.4 Das Zukunftsargument und unternehmerische Omnipotenz

Ein auffallendes Merkmal der Rationalisierungsdebatte ist deren Zukunftsbezogenheit. An dem Argumentationsmuster von Junne (1979) wird deutlich, dass der Autor seine Argumente für die Existenz einer Rationalisierungswelle nicht als hinreichend stark ansieht und von da aus zur Zukunftsprojektion greift, welche das Ausmaß der Rationalisierung unterstreichen soll, indem er von der derzeitigen Rationalisierungswelle eine „eigentliche" Rationalisierungswelle unterscheidet, die aber erst bevorsteht (1979, S. 66). Zur Begründung führt Junne an, dass die beiden Faktoren der fortschreitenden Überalterung des Maschinenparks seit 1970 und der weiter fallenden Preise für neue Maschinengenerationen die Erwartung einer bevorstehenden eigentlichen Rationalisierungswelle als eine realistische und plausible Einschätzung erscheinen lassen. Allerdings sind die Argumente von Junne nicht zwingend. Erstens können auch relativ alte Maschinen durchaus rentabel arbeiten, gerade dann, wenn sie abgeschrieben sind. Die Frage nach deren Erneuerung hängt also nicht unmittelbar von der Größe Alter ab, sondern wird vielmehr von den betrieblichen Strategien und der Konkurrenzsituation bestimmt. Zweitens ist seine Annahme von fallenden Maschinenpreisen empirisch nicht belegt. Tatsächlich dürfte eher das Gegenteil der Fall sein.

Auch an anderen Stellen der Diskussion finden wir die Argumentation mit zukünftigen Entwicklungen. Hinsichtlich der Rationalisierung im Maschinenbau meint ebenfalls Junne, mit der NC-Technologie stehe eine Rationalisierungswelle bevor (1979, S. 72). Auch Briefs spricht von einer erst sich abzeichnenden Welle technischer Neuerungen (EDV, Mikroprozessoren, Schreibautomaten) (1978, S. 269). Friedrichs argumentiert mit einer Zukunftsprojektion des Unternehmens Siemens über den radikalen Abbau von Schreibkräften (1977). Gerade hier erscheint es aber besonders problematisch, die Argumente der Promotoren der Rationalisierung ungeprüft zu übernehmen. Es ist nämlich zu bedenken, dass die Produzenten von Rationalisierungstechnologie ein massives Interesse daran haben, das Rationalisierungspotential der von ihnen angebotenen Technologie in einen sehr weiten Rahmen zu stellen, ohne für die Gültigkeit ihrer Behauptungen auch Rechenschaft abzulegen. Diese „technologische Propaganda“ sollte aber nicht zu dem methodischen Fehler verleiten, diese Aussagen auch als einen Ausweis für empirische Gültigkeit zu nehmen, da in der betrieblichen Realität die Einführung neuer Technologien weniger glatt verläuft. Die Promotoren argumentieren häufig aus einem „technologischen“" Blickwinkel eines reinen Laborexperiments, ohne dabei die ökonomischen und sozialen Bedingungen der neuen Technologie im Betrieb zu reflektieren. Man kann diese These von der vereinfachenden Übertreibung der Promotoren etwa damit belegen, dass am Beispiel der NC-Maschinen sich zeigen lässt, dass die ihnen schon seit 1960 zugeschriebene hohe Effizienz in krassem Widerspruch steht zu ihrer noch bis 1979 relativ geringen Verbreitung. Nach der Sondererhebung der Fachgemeinschaft Werkzeugmaschinen VDW im Verein Deutscher Maschinenbau Anstalten belief sich die Zahl der vorhandenen NC-Maschinen in der Bundesrepublik Deutschland im Jahre 1979 auf 10900 (VDW 1979). Nach Expertenschätzungen ist bei ca. 15 % des Werkzeugmaschinenbestands mit einer Sättigung des NC-Maschinenbestandes zu rechnen (Brödner und Hamke 1970, S. 162, Hauri 1977, S. 227). Der Bestand an Werkzeugmaschinen in der BRD ist nach VDW (1976, S. 1) mit ca. 1,4 Mio. Einheiten an zusetzen. Der daraus ableitbare Sättigungswert von ca. 200000 Einheiten an NC-Maschinen deutet darauf hin, dass im Jahre 1979 erst ca. 5 % des Sättigungsbestands installiert worden waren.

Auch von der Einführung der Büromaschinen in die Unternehmensverwaltung in den 1920er Jahren ist es bekannt, dass die Büromaschinenindustrie ihre Werbung auf phantastische Zahlen über mögliche Personaleinsparungen gegründet hat (Deiters 1927, S. 162f.). Infolge der unkritischen Übernahme der Promotorenargumente zeichnet sich die Rationalisierungsdebatte aus durch ein Schwanken zwischen Kritik an der Rationalisierung und andererseits einer unkritischen Bewunderung neuer

Technologien, welche sich zu Phantasien über die Omnipotenz kapitalistischer Unternehmen verdichtet. Dieses Omnipotenzdenken geht davon aus, dass die Unternehmen ihre internen sozialen Beziehungen eindeutig und auf optimale Weise auf die Erreichung bestimmter Unternehmensziele ausrichten könnten, ohne dass dabei explizit würde, was je optimal heißen könnte. Besonders fragwürdig wird die in diesem Modell implizit vorausgesetzte Kenntnis der Zukunft. Im Prinzip, so muss diesem Modell kritisch entgegengehalten werden, sind aber auch den Unternehmen die „latenten" Konsequenzen der Rationalisierung unbekannt. Eine gesteigerte Effizienz durch Rationalisierung auf der einen Seite kann an anderer Stelle Effizienz mindern. Und im Einzelfall kann durchaus der Unternehmensgewinn nicht wegen, sondern trotz der Rationalisierung steigen. Eine Zurechnung von Rationalisierungsmaßnahmen zu den Effizienzindikatoren ist also empirisch weder in eindeutiger Weise, noch in jedem Einzelfall möglich. Rationalisierung lässt sich daher nicht in einem abstrakten Modell rationalen Handelns erklären, sondern nur im Kontext der besonderen betrieblichen Strategien.

Diese Position der Rationalisierungskritik lässt sich als eine Position der Unterlegenheit beschreiben. Macht, technologische Rationalität und die Fähigkeit, die mit der Rationalisierung angestrebten Ziele auch zu erreichen, werden dabei dem Unternehmertum unterstellt, das damit eine verklärte Rolle der Allmacht einnimmt. Die Kritik bleibt positiv. Sie kann lediglich konstatieren, wie das Unternehmertum die Technologie fortentwickelt und in steigendem Maße für seine Interessen einsetzt. Rationalisierung wird als ein widerspruchsloser Prozess begriffen, soziale Herrschaft zu installieren und abzusichern. Mit einer verhaltenen Attitüde der Kritik nimmt diese Position die Rolle des Promotors ein, die bisweilen auch von den Unternehmern nicht besser gemacht werden könnte. Bei dieser Position, den Unternehmern Allmacht zuzusprechen, bleibt jedoch völlig die Überlegung ausgeblendet, dass das Unternehmertum nicht nur Erfolge vorzuweisen hat, betriebliche Herrschaft aufrecht zu erhalten und im sozialen Umfeld des Unternehmens Rationalisierungskonzeptionen auch tatsächlich durchzusetzen. Die Geschichte der Rationalisierung und des betrieblichen Technikeinsatzes ist nicht nur eine Geschichte der Erfolge, sondern auch der Rückschläge. Und die urkünftige Entwicklung ist für den einzelnen Unternehmer ebenso wenig genau kalkulierbar wie für Angehörige anderer sozialer Klassen.

Die Annahme der Allmacht ist bereits von Pirker (1963) kritisiert worden und ist Bestandteil der Managementliteratur, die ein Selbstbild des Managements tradiert, das von einer vollständigen Manipulierbarkeit der sozialen Beziehungen von Betrieb und Gesellschaft ausgeht, worauf Kieser und Kubicek (1978, S. 140) hinweisen. Damit verfällt die Rationalisierungskritik dem methodischen Fehler, die Managementliteratur als eine Gesellschaftsanalyse auszugeben. Mendner referiert über 20 Seiten lang Literatur über Automation, als wolle er ein Lehrbuch über den Gegenstand des Produktionsmanagements schreiben (1975, S. 191-214). In noch stärkerem Maße ist dieser Ansatz bei der Projektgruppe Automation und Qualifikation der Freien Universität Berlin sichtbar. Über 100 Seiten lang wird die Entwicklung der Technik seit 1935 nahezu kritiklos geschildert (Projektgruppe 1975, S. 159-261). Die Geschichte wird entstellt zu einer Geschichte der Erfolge. Kritik klingt an beim Verweis auf die militärtechnische Abkunft der zivilen neuen Technologien. Der Technische Fortschritt wird auch noch für die Systemkonkurrenz zwischen Ost und West instrumentalisiert, um den Sozialismus als das überlegene System erscheinen zu lassen. „Der Wunschtraum wohl eines jeden Ingenieurs aus dem Bereich der NC-Technik, die Konstruktion untereinander verbundener numerisch gesteuerter Maschinen zu einem integrierten Fertigungssystem, steckt in der Bundesrepublik Deutschland wegen der hohen Entwicklungskosten noch in den Kinderschuhen" (S. 241), während die DDR bereits über derartige Systeme verfüge.

Bei David Noble (1977) werden ebenfalls die Entstehung der Großunternehmen und die Einbeziehung von Wissenschaft und Technik in das Profitkalkül als ein Prozess stets steigender unternehmerischer Verfügung über die ganze Gesellschaft gedeutet. Von Rückschlägen, Widerständen oder sozialem Protest ist nirgends die Rede, obgleich doch gerade die amerikanische Ingenieursbewegung der umstandslosen Einordnung der Technik in die Profitwirtschaft Konzepte von sozialer Wohlfahrt entgegengesetzt hatte (Layton 1971). In besonders grotesker Weise tritt bei Junne (1979) die Anerkennung unternehmerischer Omnipotenz hervor, wenn er auf die Rationalisierung der wissenschaftlichen Forschung in den Großunternehmen zu sprechen kommt: Forschungsstrategien ließen sich mehr und mehr systematisch „erfassen", die Wirtschaftlichkeit von Versuchsserien ließen sich „mehr und mehr kontrollieren". Und nur solche Versuche würden angestellt, die mit der „größten Wahrscheinlichkeit einen Erfolg erwarten lassen" (S. 69). Deutlich tritt hier die Gestalt eines allwissenden F+E-Managers hervor, wie ihn die Propagandabroschüren nicht liebevoller zeichnen könnten. Aber – so ist einzuwenden – wenn bereits alles bekannt ist, wieso wird dann noch überhaupt Forschung betrieben?

23 Das Programm Humanisierung des Arbeitslebens 1973-1985

Als am 18. Januar 1973 Bundesregierung in einer Regierungserklärung das Aktionsprogramm Humanisierung des Arbeitslebens vorstellte, eröffnete sie damit eine Debatte um Rationalisierung und die Qualität des Arbeitslebens, welche die folgenden 15 Jahre prägen sollten. Die Ziele des Aktionsprogramms waren (Bundesminister 1974):

1) Erarbeitung von Mindestanforderungen an Maschinen, Anlagen und Arbeitsstätten. Schutz vor Lärm, Erschütterungen, Staub und Gasen.
2) Entwicklung von menschengerechten Arbeitstechnologien, um Schwerarbeit zu erleichtern, z.B. durch technische Handhabungshilfen und Ersatz von hochbelasteten Arbeitsplätzen durch Roboter.
3) Erarbeitung von Modellen für die Arbeitsorganisation und die Gestaltung von Arbeitsplätzen. Belastungen durch stark repetitive Teilarbeiten. Modellversuche für die Anreicherung von Tätigkeiten (Job Enrichment) und Arbeitserweiterung (Job Enlargement) und Einrichtung teilautonomer Arbeitsgruppen. Bewältigung der technischen Probleme bei der Organisation des Arbeitsablaufs: Entkopplung von Fließ- und Transportbändern, Pufferungsmöglichkeiten zwischen Arbeitsgruppen, mechanische Handhabungshilfen, Entwicklung neuer Transportsysteme für die Gruppenarbeit. Im Fertigungsbereich sind der Selbstverantwortung der Arbeitnehmer oft enge Grenzen gezogen. Sie werden an der Vorbereitung von Entscheidungen oft nicht beteiligt.
4) Verbreitung und Anwendung wissenschaftlicher Erkenntnisse und Betriebserfahrungen.

Umgesetzt werden sollte das Programm durch ingenieurwissenschaftliche, durch arbeitswissenschaftliche und durch sozialwissenschaftliche Forschung. Das Programm (im Folgenden: HdA-Programm) forderte Forschungsinstitute und Unternehmen auf, in Modellvorhaben die Ziele des Programms zu erreichen. Es definierte die folgenden vier Schwerpunkte, wobei für die Jahre 1974 - 1979 das Finanzvolumen der ausgeschütteten und beantragten Mittel dargestellt wird (Hanewinkel 1986, S. 8):

1) Arbeitsplätze, -mittel und -umgebung: 253 Mio. DM.

2) menschengerechte Arbeitstechnologien: 87 Mio. DM.

3) Arbeits- und Betriebsorganisation: 144 Mio. DM.

4) Verbreitung und Umsetzung arbeitswissenschaftlicher Erkenntnisse: 80 Mio. DM.

Der Schwerpunkt des HdA-Programms lag mit 253 Mio. DM auf den Verbesserungen der Arbeitsbedingungen, die vor allem in der Montanindustrie von starken Umgebungseinflüssen, wie Hitze, Staub und Lärm gekennzeichnet waren. Der Programmpunkt der menschengerechten Arbeitstechnologien förderte mit 80 Mio. DM Handhabungssysteme und Roboter weniger stark als den Schwerpunkt Arbeits- und Betriebsorganisation mit 144 Mio. DM. Das HdA-Programm entfaltete bei Ingenieuren, Soziologen und Arbeitswissenschaftlern eine heftige Publizistik, welche über 100 Büchern hervorbrachte, die im Anhang (Kapitel 24) dokumentiert sind.

Eine von Alfons Hanewinkel (1986) vorgenommene Faktorenanalyse über 497 der bis Ende 1979 bewilligten Vorhaben des HdA-Programms ergab, dass sich die Ziele des Programms zu dreien bündeln lassen, zwischen denen keine ausgeprägte Korrelation besteht: „Verbesserung der Arbeitsqualität“, „Abbau der Belastungen“ und „technologische Innovation“. Nach seiner Beurteilung (1986, S. 11) folgt das Humanisierungsprogramm traditionellen Formen der Arbeitsteilung: Technik, Belastungsabbau und Arbeitsgestaltung als getrennte Bereiche ohne durchgehenden und planvollen Bezug aufeinander. Die mangelnde Gesamtkonzeption spiegelt die thematische Vielfalt, die unterschiedlichen Beurteilungs- und Erfolgskriterien der beteiligten Interessensgruppen wieder. In der Gesamtheit der 539 bis Ende 1979 geförderten Projekte überwiegen die Projekte zum Abbau körperlicher Belastungen (154 Projekte), Verringerung der Lärmbelastung (130 Projekte) und Verringerung gefährlicher Arbeitsstoffe (130 Projekte) deutlich (a.a.O., S. 16).

Im Jahre 1983 kam es zu einer inhaltlichen und konzeptionellen Straffung sowie einer stark auf den Umsetzungserfolg orientierten Programmgestaltung. Der bisherige Schwerpunkt „Verbesserung der Arbeitsorganisation“ lief Anfang der 1980er Jahre aus. Die menschengerechte Anwendung neuer Technologien soll auf „flexible Fertigungssysteme“ (Roboter u.a.) sowie Büroautomation konzentriert werden (a.a.O., S.

13). Damit mündete das HdA-Programm in den achtziger Jahren in den CIM-Kontext. Gudrun Trautwein-Kalms und Gerhard Gerlach (1980, S. 119) zeigen an den Zielen des Robotereinsatzes im HdA-Programm, wie eine Verbesserung der Arbeitsbedingungen auch betriebswirtschaftlichen Zielen der Senkung der Ausschussproduktion dient: „Industrieroboter und Handhabungssysteme sollen im HdA-Programm für solche Arbeitsplätze zum Einsatz kommen, die sich – bedingt durch die Arbeitsbedingungen – durch hohe Fluktuation, Absentismus und Unfallhäufigkeit auszeichnen, was zu empfindlichen Produktionsverlusten führen kann. So wird für den Bereich der Gesenkschmiede angegeben, dass jeder zweite Beschäftigte jährlich einen meldepflichtigen Unfall erleidet mit einer durchschnittlichen Ausfallzeit von 19 Kalendertagen. Durch die hohe physische und psychische Belastung bei gleichzeitig hoher Fluktuation erhöht sich die Ausschussproduktion.“ Ende der 1970er Jahre wurde die Zielsetzung der Förderung von Industrieroboter und Handhabungssystemen im HdA-Programm dahingehend präzisiert, dass zum Abbau von unzuträglichen Beanspruchungen auch eine Verbesserung der Qualifizierungsmöglichkeiten hinzutreten solle. Dieses Ziel wurde aber nicht erreicht (a.a.O., S. 118).

In den Vorstellungen der bürgerlichen Öffentlichkeit war Industriearbeit gekennzeichnet von der Fließbandarbeit. Allerdings waren nur 5 % der gewerblichen Arbeitnehmer in den 1970er Jahren am Fließband beschäftigt (Vilmar 1978, S. 128). Zweifellos ist es ein Verdienst des HdA-Programms, die Aufmerksamkeit auf den Abbau von starken Umgebungseinflüssen, insbesondere in der Montanindustrie, zu lenken. Gleichwohl hat auf das Programm mit seinem Schwerpunkt Arbeitsorganisation eine breite Diskussionen Verbesserung von kurzzyklischen Arbeitsvorgängen in der Metallindustrie ausgelöst. Eine menschenwürdige Arbeitsorganisation ist nach Vilmar (1978, S. 135) gekennzeichnet von:

- Abbau der Zerstückelung, Schematisierung und Standardisierung der Arbeitsgänge. Stattdessen Job Enlargement und Job Enrichment.
- Abbau der Trennung von Planung, Durchführung und Kontrolle. Der Handlungs- und Entscheidungsspielraum solle insbesondere durch Gruppenarbeit erweitert werden.

Das Konzept der Aufgabenerweiterung (Enlargement) zielt auf den Abbau der extremen Arbeitsteilung, indem Arbeitsgänge, die in kleinste Teilabschnitte zerlegt wurden, durch Aneinanderreihung zu einer neuen Arbeitsaufgabe zusammengefügt werden. Bei Philips wurde in einem größer angelegten Versuch die Fließbandarbeit bei der Herstellung von Fernsehgeräten abgeschafft. Stattdessen arbeiten pro Werkstatt vier bis sieben Beschäftigte an der Gesamtmontage von Farbfernsehern. Sowohl Qualität als auch Quantität der Arbeit sei gegenüber den Bändern gestiegen. (Matthöfer 1977, S. 134f).

Über die rein quantitative Aufgabenerweiterung (Job Enrichment) geht die qualitative Aufgabenanreicherung. Aufgaben, die bisher in der Arbeitshierarchie höher angesiedelt waren, werden in den Arbeitsvorgang einbezogen. Ein Beispiel ist die Qualitätskontrolle des hergestellten Produkts. Das Fließband bei einem italienischen Olivetti-Werk wurde abgelöst. Elektronische Tischrechner wurden nun in Montageinseln zusammengesetzt. Jeder Montagearbeiter erstellte vollständig das der Gruppe übertragene Modul (a.a.O., S. 136).

Zahlreiche Publikationen beschäftigten sich die Möglichkeiten, Gruppenarbeit einzuführen. Die Aufmerksamkeit wurde stark auf ausländische Erfahrungen mit der Gruppenarbeit in Italien und Skandinavien gelenkt (Kern 1975). Berühmt wurde das Volvo Montagewerk in Kalmar.

Bungard und Herbert (1995, S. 392f) definieren teilautonome Gruppen wie folgt. Durch den kollektiven Ansatz wird neben der Planungs-, Kontroll- und der Tätigkeitsdimension des Handlungsspielraums auch die Dimension der sozialen Interaktion durch teilautonome Arbeitsgruppen erweitert. Die Ausweitung des Handlungsspielraums, bzw. der tatsächliche Autonomiegrad von teilautonomen Arbeitsgruppen, kann jedoch sehr stark variieren. Der Autonomiegrad wird an der Art der Entscheidungen gemessen, die an eine Gruppe delegiert sind, bzw. an denen sie partizipieren darf. In der Literatur findet sich eine Reihe von Klassifikationsvorschlägen, die sich zum Teil erheblich in der Art und der Anzahl der von ihnen differenzierten Entscheidungskategorien unterscheiden. Gulowsen (1972) unterscheidet 11 Entscheidungstypen, wobei zehn auf der Gruppenebene und eine auf der Individualebene liegen:

- Die Gruppe hat Einfluss auf die für sie geltenden qualitativen Ziele.
- Die Gruppe hat Einfluss auf die für sie geltenden quantitativen Ziele (Produktionsvolumen, Bezahlung, Sanktionen).
- Innerhalb des vereinbarten Zielrahmens kann die Gruppe selbst festlegen, wo sie arbeitet (sofern die Produktionsbedingungen dies erlauben); wann sie arbeitet (reguläre Arbeitszeit, Freistellungen, Überstunden); welche zusätzlichen Tätigkeiten sie ausübt (Pausenregelung, Zusatzaufgaben).
- Die Gruppe entscheidet über die Produktionsmethoden, sofern Alternativen existieren.
- Die Gruppe regelt die interne Aufgabenverteilung, sofern Alternativen existieren.
- Die Gruppe entscheidet über Fragen der Mitgliedschaft (Neuzugänge und Abgänge).
- Die Gruppe entscheidet in Führungsfragen, ob sie für gruppeninterne Angelegenheiten einen Vorgesetzten haben will und gegebenenfalls welchen.
- Die Gruppe entscheidet in Führungsfragen, ob sie zur Regelung von Grenzbedingungen einen Vorgesetzten haben will und gegebenenfalls welchen.
- Das Gruppenmitglied entscheidet, wie die von ihm auszuführenden Aufgaben bewältigt werden.

Antoni (1995, S. 25) unterscheidet in der Gruppenarbeit von den teilautonome Arbeitsgruppen die Problemlösungsgruppen, die sich freiwillig treffen, um Probleme in ihrem Arbeitsbereich zu diskutieren, und die Projektgruppen, die temporär zusammengesetzt sind, um Projekte zu bearbeiten.

Maier (1977) beschreibt die Ansätze der Gruppenarbeit in Norwegen und Schweden. Dort waren hohe Raten von Absentismus und Fluktuation zu verzeichnen. Die Gruppenarbeit galt als ein Versuch, die Arbeitsbedingungen zu verbessern und die Raten von Absentismus und Fluktuation zu senken. Das Volvo-Werk in Kalmar mit 600 Beschäftigten wurde eigens neu für das Konzept der teilautonomen Gruppen gebaut und basierte auf Ergebnissen einer Befragung der Beschäftigten. Das Fabrikgebäude verfügte über fünf sechseckförmige Bereiche mit 50 Metern Kantenlänge. Dies ermöglichte jedem Mitarbeiter, in Fensternähe zu arbeiten und einen Sichtkontakt nach außen zu haben. Das Layout ermöglichte die Einrichtung von Werkstätten mit 20 bis 30 Personen. Jede Werkstatt besaß ihren eigenen Eingang, Aufenthaltsraum, Wasch- und Umkleideraum (Maier 1977, S. 66, Thuresson 1995, S. 41).

Im Volvo Werk Lundby gab nur im Vormontagebereich für Komponenten Arbeitsgruppen, nicht aber bei der Endmontage am Fließband. Die Arbeitsgruppen erhielten ihre Aufgaben für eine Woche im Voraus und wurden nach der Gesamtleistung bezahlt. Ihr Verantwortungsbereich bestand in der Durchführung und Kontrolle der Montage und in der Verteilung der Einzelaufgaben untereinander. Zur Aufrechterhaltung der Gruppenkontakte nach außen wählte jede Gruppe einen Sprecher. Zur Besprechung der Produktionsvorgänge traf sich die Gruppe einmal in der Woche für eine Stunde in der Arbeitszeit (Maier 1977, S. 65). Die skandinavischen Ansätze gingen über die anderen Ansätze in Europa hinaus, da mit den selbststeuernden Gruppen das Ziel der Demokratisierung der Gesellschaft verknüpft wurde. Man sah diese Gruppen nicht bloß als eine Erweiterung von Job Enrichment oder Job Restructuring, wie in den angelsächsischen Konzepten (a.a.O., S. 12).

Nach einer Erhebung von Antoni (1995, S. 27) unter den 100 größten Industrieunternehmen in Deutschland im Jahre 1994 gaben 32 Unternehmen an, über teilautonomen Arbeitsgruppen zu verfügen. Gegenüber der im Jahre 1990 erfolgten Umfrage war dies ein Anstieg von 23 auf 32 Unternehmen. Im Jahre 1994 betrug durchschnittliche Anzahl der Arbeitsgruppen (pro Unternehmen mit Arbeitsgruppen) 22. Von Seiten des mittleren Managements, das sich mit der Delegation von Entscheidungsbefugnissen in die Arbeitsgruppen bedroht sah, gab es erheblichen Widerstand gegen die Einrichtung von Gruppenarbeit. Auch behinderten Probleme der Lohnfindung die Verbreitung der Gruppenarbeit (Kirsch-Kreiensen 1989).

Das HdA-Programm der Bundesregierung fiel in die Zeit der sozialliberalen Koalition und der gesellschaftspolitischen Reformen und wurde von der Opposition kritisch beurteilt.[74] Dem Programm ging die IG Metall Konferenz „Qualität des Lebens“ im Jahre 1972 voraus, und bereits 1974 veranstaltetet der DGB eine Konferenz zum HdA-Programm in München (Trautwein-Kalms und Gerlach, S. 29, S. 37). Die Position der Gewerkschaften zum HdA-Aktionsprogramm auf dem 10. Bundeskongress des DGB im Jahre 1975 war ambivalent. Zwar entsprachen die HdA-Ansätze, spezifische Belastungen am Arbeitsplatz, wie Staub und Lärm, zu vermindern, traditionellen gewerkschaftlichen Forderungen. Andererseits wurden im HdA-Programm die Aspekte der Qualität der Arbeit als eine Gefahr betrachtet, dass bei Lohnverhandlungen der qualitative Aspekt gegen den quantitativen der Lohnhöhe zum Verhandlungsgegenstand werden könnte (a.a.O., S. 30). Auch wurde der Entscheidungsspielraum von teilautonomen Gruppen als eine mögliche Beeinträchtigung der Position der Betriebsräte, die Arbeitsbedingungen mitzubestimmen, aufgefasst und daher nicht vorbehaltlos unterstützt (a.a.O., S. 152). Der frühere Vorstandsreferent der IG-Metall, Hans Matthöfer (1977, S. 137f) sprach als der für das HdA-Programm verantwortliche Bundesminister von der Gefahr eines gruppenegoistischen Separatismus, die von teilautonomen Gruppen ausgehe. Das IG Metall Vorstandsmitglied Janzen sagte zur Wirkung des HdA-Programms, „die erklärte Zielsetzung einer Humanisierung der Arbeitsbedingungen ist in der Praxis weitgehend auf dem Papier geblieben.“[75] Zu den Konfliktbereichen, welche HdA-Projekte in den Unternehmen ergeben, schreibt Willi Pöhler: „Mit der Entwicklung neuer Organisationsformen werden betriebliche Herrschafts- und Gegenmachtsysteme unmittelbar tangiert, werden Kontroversen um Lohnfindung und Lohnstrukturen, Qualifikation und betriebliche Aufstiegssysteme aufgerissen“ (Pöhler 1979A, S. 34).

Bis 1978 hatte das HdA-Programm 13 Projekte zur Verbesserung der Klimabedingungen in Bergbau mit 26 Mio. DM gefördert, also pro Projekt 2 Mio. DM (Winkler und Peter 1979, S. 59). Angesichts der starken Stellung der Betriebsräte in der durch die besonders weitreichenden Mitbestimmung gekennzeichneten Montanindustrie und angesichts der großen Umsätze der Unternehmen in der Montanindustrie verwundert es, dass die Verbesserung der Arbeitsbedingungen erst durch das HdA-

[74] „Für lauter Schnickschnak werden hier Millionen zum Fenster rausgeworfen“, sagte der CDU-MdB Stavenhagen (Pöhler 1979, Umschlag).
[75] Ebenda.

Programm mit verhältnismäßig geringen Summen erreicht werden sollte und die Betriebsräte nicht bereits vorher tätig geworden waren. So erzielte die Ruhrkohle AG im Jahre 1972 den beachtlichen Umsatz von 7,2 Milliarden DM und hatte eine Förderung durch das HdA-Programm eigentlich nicht nötig. Die Betriebsräte der Ruhrkohle AG beantragten aber ein HdA-Umsetzungsprojekt, „in dem Verfahren, Berichtswege, notwendige Information und Schulung sowie Formen der Arbeitsteilung innerhalb der Betriebsräte als auch zwischen der Ruhrkohle AG, der westfälischen Bergwerkskasse, der Industriegewerkschaft Bergbau und Energie und Gesamtbetriebsräten modellhaft entwickelt und erprobt werden sollten“ (a.a.O., S. 65). Die verspätete Humanisierung in der Montanindustrie deutet darauf hin, dass dort von Unternehmensleitung und Betriebsräten die Unternehmenskultur des heroischen Arbeiters gepflegt wurde, der allen Umgebungseinflüssen trotzt, aber dennoch seinem frühen Tod erwarten muss.[76]

[76] Nach Winkler und Peter, 1979, S. 57, waren 25% der Untertagearbeiter in Nordrhein-Westphalen der 1970er Jahre wegen staubbedingter Veränderung der Lunge nur beschränkt einsatzfähig.

24 Publikationen des Programms Humanisierung des Arbeitslebens

1 Entkoppelung von Fließarbeit: Techniken in der teilautomatisierten Montage, Herbert Reger, Frankfurt (Main) [u.a.]: Campus-Verl., 1980

2 Gruppenarbeit in der Motorenmontage: ein Vergleich von Arbeitsstrukturen, Michael Granel, Frankfurt [u.a.]: Campus-Verl., 1980

3 Textverarbeitung im Büro: Alternativen der Arbeitsgestaltung, Ursula Jacobi, Frankfurt/Main [u.a.]: Campus-Verl., 1980

4 Gewerkschaften und Humanisierung der Arbeit: zur Bewertung des HdA-Programms, Gudrun Trautwein-Kalms, Frankfurt/Main [u.a.]: Campus-Verl., 1980

5 Abbau von Schwingungsbelastungen in der Eisen- und Stahlindustrie, Heribert Brand, Frankfurt/Main [u.a.]: Campus Verl., 1980

6 Systemanalyse zur Humanisierung ... / Teil 1 / Methodische Untersuchung bei der Ruhrkohle AG, 1980, Eduard Hamm, 1980

7 Systemanalyse zur Humanisierung ... / Teil 2 / Ergebnisse bei der Ruhrkohle AG, Eduard Hamm, 1980

8 Handbuch technischer Arbeitshilfen, Bernd Schulte, Düsseldorf: VDI-Verl., 1980

9 Enth.: Forschungsbericht Berechnung der Lärmverteilung in Arbeitsräumen, O. Bschorr, 1981

10 Enth.: Forschungsbericht Vorausberechnung der Lärmdosisverteilung in Fabrikhallen 1981

11 Lärmverteilung in Fabrikhallen: Berechnung und Planung, Oskar Bschorr, Frankfurt/Main [u.a.]: Campus-Verl., 1981

12 Handhabungssysteme: Entscheidungshilfen und Einsatzerfahrungen aus technischer Sicht, Bernd Brodbeck, Düsseldorf: VDI-Verl., 1981

13 Qualifikation und Beteiligung: das "Peiner Modell", Else Fricke, Frankfurt a.M. [u.a.]: Campus-Verl., 1981

14 Industrieroboter: Bedingungen und soziale Folgen des Einsatzes neuer Technologien in der Automobilproduktion, Otfried Mickler, Frankfurt/Main [u.a.]: Campus-Verl., 1981

15 Humanisierung der Arbeit zwischen Staat und Gewerkschaft: ein internationaler Vergleich ; Kongreßbericht des Internationalen Instituts für Vergleichende Gesellschaftsforschung, Wissenschaftszentrum Berlin, Peter Auer, Frankfurt a.M. [u.a.]: Campus-Verl., 1981

16 Künstliche Beleuchtung: ergonomisch und energiesparend, Werner Böcker, Frankfurt [u.a.]: Campus-Verl., 1981

17 Schreibdienste in obersten Bundesbehörden: eine vergleichende Untersuchung, Theo Pirker, Frankfurt/Main [u.a.]: Campus-Verl., 1981

18 Be- und Entlüftung in Schweißwerkstätten: Grundlagen, Meßverfahren, konstruktive Verbesserungen, Rolf König, Düsseldorf: VDI-Verl., 1981

19 Schadstoffe am Arbeitsplatz: Schutzrechte zur Schadstoffbeseitigung, Dieter Bolvary-Zahn, Düsseldorf: VDI-Verl., 1981

20 Konfliktfeld Arbeitsbewertung: Grundprobleme und Einführungspraxis, Klaus Bartölke, Frankfurt a.M. [u.a.]: Campus-Verl., 1981

21 Demokratie am Arbeitsplatz: ein Modellversuch zur Mitwirkung von Arbeitnehmern an betrieblichen Entscheidungsprozessen (Opel-Hoppmann, Siegen), Klaus Hoppmann, Frankfurt/Main [u.a.]: Campus-Verl., 1981

22 Gefahrlose Spänetrocknung bei der Spanplattenfertigung: Kontrolle und Verminderung der Schadstoffe, Verbesserung der Arbeitshygiene, Verminderung der Explosionsgefahr, Hans-Albrecht May, Düsseldorf: VDI-Verl., 1981

23 Schichtarbeit als Gesundheitsrisiko: Mehrfachbelastungen und Beanspruchungen bei Schichtarbeitern, Eckardt Bergmann, Frankfurt am Main [u.a.]: Campus-Verl., 1982

24 Industrierobotereinsatz: Stand und Entwicklungstendenzen, Hans-Peter Bartenschlager, Düsseldorf: VDI-Verl., 1982

25 Verbesserung der Arbeitsbedingungen in Hotels und Gaststätten: Integrierter Zwischenbericht aus einem Branchenprojekt: sozialwissenschaftliche Untersuchungen, Andreas Kramer, Frankfurt /M. [u.a.]: Campus-Verl., 1982

26 Schadstoffarme Lackentschichtung metallischer Werkstücke, Wilfried Ihl, Düsseldorf: VDI-Verl., 1982

27 Verbesserung von Arbeitsbedingungen und Arbeitsmarktpolitik: eine Untersuchung im Bergbau und in Gießereien, Fritz Böhle, Frankfurt/M. [u.a.]: Campus Verl., 1982

28 Infraschallwirkungen auf den Menschen, Hartmut Ising, Düsseldorf: VDI-Verl., 1982

29 Belastungsabbau unter Tage: zum Einfluß öffentlicher Maßnahmen auf die Humanisierung der Arbeit, Volker Döhl, Essen: Verl. Glückauf, 1982

30 Schwingungsarme Fahrersitze für Nutzfahrzeuge und Arbeitsmaschinen, Heinrich Dupuis, Düsseldorf: VDI-Verl., 1982

31 Handhabungssysteme - neue Einsatzbereiche und die sozialen Wirkungen: zwei Untersuchungen, ERNO-Raumfahrttechnik-GmbH <Bremen>, Düsseldorf: VDI-Verl., 1984

32 Ein Programm und seine Wirkungen: Analyse von Zielen und Aspekten zur Forschung "Humanisierung des Arbeitslebens", Friedrich-Ebert-Stiftung / Forschungsinstitut, Frankfurt/Main [u.a.]: Campus-Verl., 1982

33 Ganzkörperschwingungen auf Erdbaumaschinen: Entwicklung geeigneter Dämpfungssysteme, Gerhard Köhne, Düsseldorf: VDI-Verl., 1982

34 Umsetzen und Durchsetzen von Humanisierung: Forschungsergebnisse aus der Textil- und Bekleidungsindustrie, Toni Pollen, Frankfurt [u.a.]: Campus Verl., 1982

35 Technische Hilfen für industrielle Arbeitsplätze: Entwicklungen, Einsatzfälle, Auswirkungen, Uwe Cardaun, Düsseldorf: VDI-Verl., 1983

36 Menschengerechte Arbeitsgestaltung in der Elektroindustrie: Erfahrungen aus Betriebsprojekten, Klaus-Dieter Heinrich, Frankfurt a.M. [u.a.]: Campus-Verl., 1982

37 Qualitative Arbeitsanalyse: neue Verfahren zur Beurteilung von Tätigkeiten, Eva Dürholt, Frankfurt am Main [u.a.]: Campus-Verl., 1983

38 Staubbekämpfung unter Tage: Ergebnisse der Forschung zur Humanisierung der Arbeit im Steinkohlenbergbau, Institut für Betriebsführung im Bergbau <Bochum> / Projektgruppe HdA-Transfer, Essen: Verl. Glückauf, 1983

39 Innovation im Büro: das Beispiel Textverarbeitung, Friedrich Weltz, Frankfurt [u.a].: Campus-Verl., 1983

40 Neue Arbeitsstrukturen in der Bekleidungsindustrie, Ifo-Institut für Wirtschaftsforschung <München>, Frankfurt/Main [u.a.]: Campus-Verl., 1983

41 Arbeitsplätze in der Verpackungswirtschaft: Belastungsabbau und neue Arbeitsstrukturen, Karl-Heinz Kolodziej, Frankfurt/M. [u.a.]: Campus-Verl., 1983

42 Arbeitsplatz Gericht: Modellversuch zur Humanisierung der Gerichtsorganisation, Volker Bauer, Frankfurt [u.a.]: Campus-Verl., 1983

43 Arbeitsgestaltung in der Bekleidungsindustrie: Handbuch für den betrieblichen Praktiker ; Grundlagen, Wolfgang Castagna, Düsseldorf: VDI-Verl., 1982

44 Computergestützte Produktion: Fallstudien in ausgewählten Industriebetrieben, Karin Benz-Overhage, Frankfurt [u.a.]: Campus-Verl., 1983

45 Handlungsorientierte Bildungsarbeit: Qualifizierung von Industriearbeitern zur Anwendung arbeitswissenschaftlicher Erkenntnisse, Klaus Dera, Frankfurt/Main [u.a.]: Campus-Verl., 1983

46 Seminarprogramm Arbeitswissenschaft: Erfahrungen von Bildungswerken der Wirtschaft ; ein Projekt der Bildungswerke der Wirtschaft in Bayern, Berlin, Hessen, Niedersachsen ..., Rainer Ertel, Frankfurt/Main [u.a.]: Campus-Verlag, 1983

47 Schreibdienstorganisation - human und wirtschaftlich: eine Untersuchung. zur ökonomischen und sozialen Effizienz von Schreibdiensten in obersten Bundesbehörden, Alfred Kieser, Frankfurt/M. [u.a.]: Campus-Verl., 1983

48 Gefahrloses Handhaben von Schadstoffen: Ermittlung aussichtsreicher und noch ungenutzter Erfindungen, Hans Georg Lehner, Düsseldorf: VDI-Verl., 1983

49 Neue Arbeitsstrukturen ... / Teil 1 / Teilefertigung, AEG-Telefunken-Aktiengesellschaft <Berlin, West; Frankfurt, Main>, 1983

50 Neue Arbeitsstrukturen ... / Teil 2 / Montage, AEG-Telefunken-Aktiengesellschaft <Berlin, West; Frankfurt, Main>, 1983

51 Arbeitssitze - wie sie sein sollen: ein Anforderungskatalog für die Praxis, Wolf Müller-Limmroth, Düsseldorf: VDI-Verl., 1983

52 Tarifvertrag zur Verbesserung industrieller Arbeitsbedingungen: Arbeitspolitik am Beispiel des Lohnrahmentarifvertrags II, Helmut Schauer, Frankfurt [u.a.]: Campus Verl., 1984

53 Arbeitsgestaltung in der Serienfertigung: Erfahrungen zur Organisationsentwicklung aus einem Humanisierungsprojekt, Ludwig Wexlberger, Frankfurt/Main [u.a.]: Campus Verl., 1984

54 Industriesoziologie zwischen Theorie und Praxis: Ergebnisse, Erfahrungen und Perspektiven aus einem Projekt zur Verbesserung der Gießereiarbeit, Heinz Hofmann, Frankfurt [u.a.]: Campus-Verlag, 1984

55 Beteiligung im Industriebetrieb: Probleme d. mittleren Managements, Werner Fricke, Frankfurt/Main [u.a.]: Campus-Verl., 1985

56 Arbeitssysteme mit integrierten Handhabungsgeräten: Planung des Einsatzes, Lösungskatalog für das Ordnen und Zuführen von Werkstücken, Ferdinand Altenwerth, Düsseldorf: VDI-Verl., 1984

57 Schichtarbeit: Umsetzung arbeitswiss. Erkenntnisse für Schichtarbeiter u. Interessenvertreter, Ernst Wolf, Frankfurt/Main [u.a.]: Campus-Verl., 1985

58 Entwicklung einer Meßeinrichtung zur laufenden Analyse metallischer Schadstoffe am Arbeitsplatz, Hans Meier, Düsseldorf: VDI-Verl., 1985

59 Büroarbeit und Rheuma: wie Frauen mit Gesundheitsrisiken umgehen, Sybille Ellinger, Frankfurt/Main [u.a.]: Campus-Verl., 1985

60 Computerunterstützte Verwaltung: Auswirkungen d. Reorganisation von Routinearbeiten, Karin Gottschall, Frankfurt/Main [u.a.]: Campus-Verl., 1985

61 Einsatzmöglichkeiten von flexibel automatisierten Montagesystemen in der industriellen Produktion: Montagestudie, Arbeitsgemeinschaft Handhabungssysteme, Düsseldorf: VDI-Verl., 1984

62 Wer weiß denn schon was Kontischicht bedeutet: zum Zusammenhang von Arbeit u. Leben außerhalb d. Werktors: kooperatives Forschen in d. Stahlindustrie, Ingrid Krau, Frankfurt/Main [u.a.]: Campus-Verl., 1986

63 Erlebnisperspektiven und Humanisierungsbarrieren im Industriebetrieb: Empfehlungen u. Anleitungen für d. Praxis, Birgit Volmerg, Frankfurt/Main [u.a.]: Campus-Verl., 1985

64 Untersuchung des Explosions- und Zündverhaltens brennbarer Stäube und hybrider Gemische, Wolfgang Bartknecht, Düsseldorf: VDI-Verl., 1985

65 Entlackung mit Wasserhochdruck, Bernd Bolten, Düsseldorf: VDI-Verl., 1985

66 Handbuch technischer Entwicklungen zum Belastungsabbau, Karl Maisch, Düsseldorf: VDI-Verl., 1985

67 Hitzearbeit: Belastung u. Beanspruchung in d. dt. Eisen- u. Stahlindustrie, Theodor Hettinger, Düsseldorf: VDI-Verl., 1985

68 Flexible Arbeitszeiten: Erfahrungen aus d. Praxis, Harald Bielenski, Frankfurt [u.a.]: Campus-Verl., 1985

69 Lernen und Handeln: zur Verbesserung d. Arbeitsbedingungen im Gastgewerbe, Annette Elbe, Frankfurt/Main: Campus-Verlag, 1986

70 Arbeitsgestaltung in der öffentlichen Verwaltung: Schreibdienste im Kraftfahrt-Bundesamt, Horst Julich, Frankfurt/Main [u.a.]: Campus-Verl., 1986

71 Arbeitsbewertung bei flexiblem Personaleinsatz: d. Beispiel Volkswagen AG, Eva Brumlop, Frankfurt/Main [u.a.]: Campus-Verl., 1986

72 Zünddurchschlagverhalten von Staub-/Luft-Gemischen und hybriden Gemischen, Georg Schuber, Düsseldorf: VDI-Verl., 1988

73 Arbeitnehmerbeteiligung in Westeuropa: Erfahrungen aus Italien, Norwegen u. Schweden, Else Fricke, Frankfurt/Main [u.a.]: Campus-Verl., 1986

74 Ersatzfaser für Asbest: Vermeidung gesundheitsgefährdender Belastungen von Arbeitsplatz u. Umwelt, Dieter Steinbrecher, Düsseldorf: VDI-Verlag, 1986

75 Substitution von Asbest in Filterschichten: Fein- u. Sterilfiltration von Flüssigkeiten, vorzugsweise Lebens- u. Arzneimittel, Hartmut Tesch, Düsseldorf: VDI-Verl., 1986

76 Beteiligung von Arbeitern an betrieblichen Planungs- und Entscheidungsprozessen: das Tübinger Beteiligungs-Modell, Ingrid Girschner-Woldt, Frankfurt/Main [u.a.]: Campus-Verl., 1986

77 Arbeit gestalten - Mitarbeiter beteiligen: Eine Heuristik qualifizierender Arbeitsgestaltung, Werner Duell, Frankfurt/Main [u.a.]: Campus-Verl., 1986

78 Druckentlastung von Staubexplosionen in Großbehältern, Wolfgang Bartknecht, Düsseldorf: VDI-Verl., c 1986

79 Arbeitskräftepool: e. betriebl. Modell zu Innovation, Qualifizierung u. Arbeitsplatzsicherung, Georges Papaspyratos, Düsseldorf: VDI-Verlag, 1987

80 Altersadäquate Arbeitsanforderungen: Leistungswandel älterer Mitarbeiter am Beispiel "Reifenkonfektionäre", Rolf Markmann, Düsseldorf: VDI-Verl., 1988

81 Mischarbeit und elektronische Textverarbeitung: Erprobung in e. Kommunalverwaltung ; Stellungnahmen aus d. Hansestadt Lübeck, Karin Bergdoll, Frankfurt [u.a.]: Campus-Verl., 1987

82 Neue Arbeitsstrukturen in der Elektroindustrie: Ergebnisse sozialwiss. Unters., Hanns P. Euler, Frankfurt/Main: Campus-Verl., 1987

83 Exotherme Zersetzung: Untersuchung der charakteristischen Stoffeigenschaften, Theodor Grewer, 1. Aufl, Düsseldorf: VDI-Verl., 1988

84 EDV-gestützte Transporttechnologien in der Bekleidungsindustrie: Studie im Rahmen des Projekts "Verbesserung der Arbeitsbedingungen in der Bekleidungsindustrie", Hans-Joachim Braczyk, Düsseldorf: VDI-Verl., 1987

85 Zuschneidetechnologien in der Bekleidungsindustrie, Walter Baumgarten, Düsseldorf: VDI-Verlag, 1987

86 Herz-Kreislauf-Krankheiten und industrielle Arbeitsplätze, Franz Friczewski, Frankfurt/Main: Campus-Verl., 1987

87 Betriebliche Humanisierungsforschung in der Bekleidungsindustrie, Arbeitswissenschaftliches Forschungsinstitut <Berlin, West>, Frankfurt, M. [u.a.]: Campus Verl., 1987

88 Arbeitsmittelgestaltung in der Bekleidungsindustrie: Beispielsammlung für d. betriebl. Praktiker, Walter Baumgarten, Düsseldorf: VDI-Verl., 1987

89 Technischer Wandel und Qualifizierung: die neue Synthese, Peter Meyer-Dohm, Frankfurt/Main [u.a.]: Campus-Verl., 1987

90 Zukunftsaufgaben der Humanisierung des Arbeitslebens: eine Studie zu sozialwissenschaftlichen Forschungsperspektiven, Norbert Altmann, Frankfurt/Main [u.a.]: Campus Verlag, 1987

91 Planungsergonomische Gestaltung einer Bearbeitungslinie für Ölfeldrohre, Rüdiger Röbke, Düsseldorf: VDI-Verlag, 1987

92 Arbeit in Gießereien: Probleme u. Gestaltungsvorschläge für d. betriebl. Arbeitskräfteeinsatz, Hans-Joachim Braczyk, Frankfurt/Main [u.a.]: Campus-Verl., 1988

93 CNC-Grundlagenausbildung mit dem Konzept CLAUS: Didaktik und Methoden, Tilmann Krogoll, Frankfurt/Main [u.a.]: Campus-Verl., 1988

94 Produktinseln und Auftragsteam: e. ganzheitl. Organisationsmodell für mittelständ. Betriebe, Horst Braun, Frankfurt [u.a.]: Campus-Verl., 1988

95 Arbeit im Behindertenheim: Situationsanalyse u. Strategien zu ihrer Humanisierung, Johannes Neumann, Frankfurt/Main [u.a.]: Campus-Verl., 1988

96 Forschungsmanagement durch Evaluation: d. Beispiel Arbeitsschwerpunkt Druckindustrie, Erich Staudt, Frankfurt/Main [u.a.]: Campus-Verl., 1988

97 Arbeit und Technik in der Bekleidungsindustrie, Ulrich Adler, Frankfurt (Main): Campus-Verl., 1990

98 Rationalisierte Sachbearbeitung im Bankgewerbe, Dieter Czech, Frankfurt/Main [u.a.]: Campus-Verl., 1988

99 Industrieroboter im Routinebetrieb: arbeits- und sozialwissenschaftliche Analysen in heterogenen Einsatzfeldern, Thomas Lauenstein, Frankfurt [u.a.]: Campus-Verl., 1989

100 Arbeitsgestaltung bei der Verarbeitung faserverstärkter Kunststoffe: Planungsergebnisse eines Humanisierungsprojektes zur Verbesserung der Arbeitsbedingungen, Gert Zülch, Frankfurt/Main [u.a.]: Campus-Verl., 1991

25 Literaturverzeichnis

Bibliographische Materialien

American Electric Railway Accountants' Association (Hrsg.) (1912): Bibliography of Scientific Management: a selected List of books an efficiency and allied subjects, in: Proceedings of the American Electric Railway Accountants' Association, New York, S. 160-180

Ausschuss Für Wirtschaftliche Fertigung Beim Reichskuratorium Für Wirtschaftlichkeit (Hrsg.) (1931):Erfahrungen mit der Fließarbeit, Teil II, Berlin

Cannons, H. (1920): Bibliography of Industrial Efficiency and Factory Management, London

Devinat, P. (1927):Wissenschaftliche Betriebsführung in Europa, Genf

Diemer, H. (1904): A Bibliography of Works Management, Engineering Magazine, Bd. 27, 626-642

Diemer, H. (1914): Bibliography of Works Management, in: Diemer, H: Factory Organisation and Administration, Kapitel 28, New York

Dunlop, J.R., (1915): The Literature of Industrial Management, Engineering Magazine, Bd. 49

Engineering Magazine (Hrsg.) (1904): Index to the Periodical Literature of Industrial Engineering, in: Engineering Magazine, Bd. 27, S. 643-658

Fuchs, H. (1914):Die amerikanische Literatur über "scientific Management" (wissenschaftliche Betriebsführung), in: Rundschau für Technik und Wirtschaft, 7 (1914), S. 265-269, S. 281-287

Greenwood, E. (1904): Classified Guide to Technical and Commercial Books, London, New York

Machinery (Hrsg.) (1916): Books on Scientific Management, Machinery, Bd. 22

Mackbach, F. und Kienzle. 0. (Hrsg.) (1926):Fließarbeit. Beiträge zu ihrer Einführung, Berlin (zum Teil II ihres Literaturberichts S. "Ausschuss ..." (1931))

Meyer, H. (1913): Select List of References an Scientific Management and Efficiency Special Libraries, Vol. 4, S. 72-109, Indianapolis

Minz, W. (1927): Das betriebswirtschaftliche Schrifttum über die deutsche Maschinenindustrie, Leipzig

Reuter, F. (Hrsg.) (1929): Handbuch der Rationalisierung, herausgegeben im Auftrag des Vorstandes des Reichskuratoriums für Wirtschaftlichkeit, Berlin

Tenfelde, K.(1979):Bibliographie zur Arbeiterkultur, in: G. Ritter (Hrsg.): Arbeiterkultur, Königstein

Tenfelde,K. und Ritter, G. (1981): Bibliographie zur Geschichte der deutschen Arbeiterschaft und Arbeiterbewegung 1863 bis 1914, Bonn

Thompson, C. (1914): Bibliography of Scientific Management, in: C. Thompson: Scientific Management, S. 863-878, Cambridge, MasS.

Thompson, C. (1914): Literature of Scientific Management, Quarterly Journal of Economics, Bd. 28, S. 506-557

Wehler, H. (1976): Bibliographie zur modernen deutschen Sozialgeschichte, Göttingen

Literatur

Adam, D.: Fertigungssteuerung, Band I und II, Wiesbaden 1988.
Adamic, L. (1931): Dynamit, deutsche Ausgabe, München 1974.
Adorno, T. (1962): Jene 1920er Jahre, in: Merkur, Januar Heft, S. 46-51.
Alexander, M. (1914): Die praktische Ausbildung von gelernten Arbeitern und technischen Beamten in der mechanischen Industrie der Vereinigten Staaten von Amerika, in: Forschungsberichte auf dem Gebiet des Ingenieurwesens, herausgegeben vom VDI, Heft 148/149, Berlin.
Allgemeiner Deutscher Gewerkschaftsbund (Hrsg.) (1926): Amerika Reise deutscher Gewerkschaftsführer, Berlin.
Altmann, Norbert; Klaus Düll; Burkart Lutz: Zukunftsaufgaben der Humanisierung des Arbeitslebens: eine Studie zu sozialwissenschaftlichen Forschungsperspektiven, Frankfurt/Main [u.a.]: Campus Verlag, 1987.
American Society of Mechanical Engineers (Hrsg.) (1960): Fifty years progress in Management,
1910 - 1960, New York.
Antoni, Conny: Gruppenarbeit in Deutschland – eine Bestandsaufnahme, in: Zink 1995, S. 23-35.
APG: Arbeitsgemeinschaft zur Förderung der Partnerschaft in der Wirtschaft e.V. (Hrsg.): Lean Konzepte in der Entwicklung, Kassel, 1992.
Armytage, W. (1973): The Rise of the Technocratic Class, in: D.O. Edge und J.N. Wolfe (Hrsg.): Meaning and Control, London, S. 66-94.
Arnold, Horace und F.L. Faurote: Ford Methods and the Ford Shops, New York, 1919.
Aubin, H. und Zorn, W. (1972): Handbuch der deutschen Wirtschafts- und Sozialgeschichte, Band 2, Stuttgart.
Backert, E. (1926): Meine Amerikareise, Verband der Lebensmittel- und Getränkearbeiter Deutschlands, Berlin.
Bahrdt, H. (1972): Industriebürokratie, Tübingen, 2. Auflage 1972.
Bahrdt, H.: Industriebürokratie, Stuttgart 1972 (1. Aufl. 1958).
Bahrdt, H.: Industriebürokratie, Tübingen, 2. Auflage, 1972.
Baldwin, Neil: Henry Ford and the Jews, New York 2001.
Barbash, J. (1967): Technology and Labor in the twentieth Century, in: M. Kranzberg.
Baritz, L., (1960): The Servants of Power, Middletown.
Bata, Thomas (Junior) und Sinclair, Sonja: Bata – Shoemaker to the world, Toronto 1990.
Bata, Thomas (Senior): Knowledge in Action, the Bata System of Management, [reflections and speeches], Amsterdam [u.a.], IOS Press, 1992.
Bata, Thomas (Senior): Wort und Tat, bearbeitet von A. Cekota, Zlín 1936.
Bauer, 0. (1931): Rationalisierung und Fehlrationalisierung, Wien.
Bauer, Reinhold: PKW-Bau in der DDR – Zur Innovationschwäche von Zentralverwaltungswirtschaften, Frankfurt 1999.
Baughman, J. (Hrsg.) (1969): The History of American Management, Englewood Cliffs.
Bechmann, Gotthard, Richard Vahrenkamp und Bernd Wingert: Mechanisierung geistiger Arbeit – Eine sozialwissenschaftliche Begleituntersuchung zum Rechnereinsatz in der Konstruktion, Frankfurt 1979.
Becker, Jörg.: CIM-Integrationsmodell, Berlin 1991.

Becker, Jörg; Rosemann, Michael: CIM und Logistik, Berlin 1993.
Berger, Peter und Andreas Resch: Die vielen Gesichter des wirtschaftlichen Wandels: Beiträge zur Innovationsgeschichte, Berlin 2011.
Bernays, M.: Auslese und Anpassung der Arbeiterschaft der geschlossenen Großindustrie, dargestellt nach Verhältnisse der "Gladbacher Spinnerei- und Weberei", Bd. 133, 1910.
Bicheno, John: The New Lean toolbox, Buckingham 2004.
Bienkowski, A. u.a.: Auslese und Anpassung der Arbeiterschaft in der Elektroindustrie, Buchdruckerei, Feinmechanik und Maschinenindustrie, Bd. 134, 1910.
Birnbaum, B. (1927): Die Organisierung der Rationalisierung (Amerika-Deutschland), Berlin.
Black, Edwin: IBM und der Holocaust, München 2001.
Blaich, Fritz: Development of the distribution sector of the German car industry, in: Akio Okochi und Koichi Shimokawa (Hrsg.): Development of Mass Marketing, Tokio 1981, S. 93 - 117.
Blair, J. (1959): Administered Prices: A Phenomen in Search of a Theory, in: American Economic Review, Bd. 49, S. 431 - 450.
Bonazzi, Giuseppe: Geschichte des organisatorischen Denkens, Wiesbaden 2008.
Bönig, Jürgen (1980): Technik und Rationalisierung in Deutschland zur Zeit der Weimarer Republik, in: U. Troitzsch und G. Wohlauf (Hrsg.): Technikgeschichte, Frankfurt, S. 390-419.
Bönig, Jürgen: Die Einführung von Fließbandarbeit in Deutschland bis 1933 – Zur Geschichte einer Sozialinnovation, Frankfurt 1993.
Bonin, Hubert, Yannick Lung, Steven Tolliday (Hrsg.): Ford, 1903 - 2003: The European History, Band 1, Paris 2003.
Born, K. (Hrsg.) (1966): Moderne deutsche Wirtschaftsgeschichte, Köln.
Borscheid, Peter : Die Tempomacher: Die Rationalisierungsbewegung und die Beschleunigung des Lebens in den Weimarer Jahren, in: Zeitschrift für Unternehmensgeschichte, 41. Jahrg., H. 2. (1996), S. 125-138.
Borsdorf, Ulrich (1985): Gewerkschaften, in: Bundesanstalt für Arbeitsschutz, Bd. 2, S. 649-678.
Bosch, R. und Durst, E. (1925): Fließarbeit in Betrieben der Robert Bosch AG, in: Maschinenbau, Bd. 4, S. 1094-1095.
Brady, R. (1933): The Rationalization Movement in German Industry, Berkeley.
Brandt, G. u.a. (1978): Computer und Arbeitsprozess, Frankfurt.
Bräutigam, Petra: Mittelständische Unternehmer im Nationalsozialismus: Wirtschaftliche Entwicklungen und soziale Verhaltensweisen in der Schuh-und Lederindustrie Badens und Württembergs, München 1997.
Braverman, H. (1977): Die Arbeit im modernen Produktionsprozess (1974, dtsch.), Frankfurt.
Brecher, J. (1976): Streiks und Arbeiterrevolten, Frankfurt.
Breithaupt, K. u. a.: Analyse der strukturellen Entwicklung der deutschen Wirtschaft, Kiel 1979.
Briefs, U. (1979): Aspekte der gesellschaftlichen Problematik der Informationstechnologien, in: WSI-Mitteilungen, Bd. 32, S. 414-426.
Briefs, U.: Der Wandel der Büros – Auswirkung von Krise und Arbeitslosigkeit auf die Angestellten und die Büroarbeiter. In: WSI-Mitteilungen 30, 1977, S. 223-231.
Briefs, U.: Krise des Wirtschaftssystems und Rationalisierung. In: Die neue Gesellschaft 25, 1978, S. 264-269.

Bright, James: Automation and Management, Boston, 1958.
Brödner, P. u.a. (1979): Der programmierte Kopf, Berlin.
Brödner, P., Hamke, F.: Automatisierung und Arbeitsplatzstrukturen. In: Mitteilungen aus der Arbeitsmarkt- und Berufsforschung, 1970.
Brödner, P.: Fabrik 2000, Berlin 1985.
Brody, David: The New Deal and the Emergence of Mass Production Unionism, in: Hamby, Alonzo (Hrsg.): The New Deal – Analysis and Interpretation, 2. Aufl., New York 1981, S. 63-96.
Brown, G. (1977): Sabotage – A Study in Industrial Conflict, Nottingham.
Budrass, Lutz: Flugzeugindustrie und Luftrüstung in Deutschland 1918 –1945, Düsseldorf 1998.
Bullinger, H.-J.: CIM bedeutet Integration von Mensch, Organisation und Technik, in: Fachtagung CIM Erst Organisation, dann Technik, Frauenhofer-Institut für Arbeitswirtschaft und Organisation, 8. und 9. November 1990, Stuttgart.
Bundesanstalt für Arbeitsschutz [Hrsg.]: Handbuch zur Humanisierung der Arbeit : mit Beiträgen von 60 Experten aus Wissenschaft und Betriebspraxis; in 2 Bänden, Erich Ott (Projektleitung), Bremerhaven: Wirtschaftsverlag NW, Verl. für Neue Wissenschaft, 1985.
Bundesminister für Forschung und Technologie (Hrsg.): Aktionsprogramm Forschung zur Humanisierung des Arbeitslebens, Pressestelle, Bonn 1974.
Bungard, Walter und Conny Herbert: Gruppenorientierte Interventionstechniken, in: Antoni Schuler, Heinz ; Brandstätter, Hermann (Hrsg.): Lehrbuch Organisationspsychologie, Bern 1995, S. 337-404.
Burchardt, L. (1977): Technischer Fortschritt und sozialer Wandel — das Beispiel der Taylorrezeption, in: W. Treue (Hrsg.): Deutsche Technikgeschichte, Göttingen.
Burger, C.: Dinosaurierhafte CIM-Projekte sind zum Scheitern verurteilt, in: Computerwoche, 8.10.1993, S. 80.
Burgess-Wise, David: Ford at Dagenham: the rise and fall of Detroit in Europe, London 2001.
Burn, D. (1931): American Engineering Competition 1850 - 1870 in: Economic History, S. 292-311.
Cekota, Anton: Bata – Neue Wege, Brünn 1928.
Centralverein (1906 - 1911): Untersuchungen über die Entlöhnungsmethoden in der deutschen Eisen- und Maschinenindustrie, herausgegeben im Namen des Centralvereins für das Wohl der arbeitenden Klassen, von dessen Kommission: G. Schmoller, L. Bernhard, V. Böhnert, E. Franke, Th. Harms, G. Zacher, Berlin, Heft 1: Otto Bosselmann: Die Entlöhnungsmethoden in der Südwestdeutsch-luxemburgischen Eisenindustrie, 1906, Heft 2: Dr. Schulte: Die Entlöhnungsmethoden in der Berliner Maschinenindustrie, 1906, Heft 3: Die Entlöhnungsmethoden in der Hannoverischen Eisenindustrie, von Walter Timmermann, 1906, Heft 4: Die Arbeitsverhältnisse in einem Berliner Großbetrieb der Maschinenindustrie, von Heinrich Reichelt, 1906, Heft 5: Die Entlöhnungsmethoden in der Eisenindustrie Schlesiens und Sachsens, Bruno Simmersbach, 1906, Heft 6: Die Methoden der Arbeiterentlöhnung in der rheinisch-westfälischen Eisenindustrie, Otto Jeidels, 1907, Heft 7: Die Entlöhnungsmethoden in der bayrischen Eisen- und Maschinenindustrie, Ernst Günther, 1908, Heft 8: Die Entlöhnungsmethoden in der Berliner Feinmechanik, von C. Heils, 1909, Heft 9: Die Lohn- und Arbeitsverhältnisse in der Berliner Metallindustrie, von Waldemar Jollos, 1911.

Chandler, A. (1962): Strategy and Structure, Cambridge (Mass.), 10. Auflage 1978.
Chandler, Alfred: The visible hand: the managerial revolution in American business, Harvard UP 1977.
Clarke, Sally: Closing the Deal: GMs marketing dilemma and its franchised dealers, 1921 – 1941, in: Business History, special issue, The emergence of modern marketing, Vol. 45, issue 1, 2003, S. 60-79.
Cochran, T. (1965): The American Business System, Cambridge (Mass.), 3. Auflage.
Cohen, Jean-Louis: „Unser Kunde ist unser Herr“. Le Corbusier trifft Bata, in: Winfried Nerdinger (Hrsg.): Zlín – Modellstadt der Moderne, Architekturmuseum der TU München, München 2009, S. 112-147.
Cooley, M. (1976): CAD: A Trade Union Viewpoint, in: CAD'76 Proceedings.
Cooley, M. (1979): Mensch-Maschine Dialog – Zur Einführung des Taylorismus in die Konstruktionsarbeit, in: "Wechselwirkung", Nr. 2, August (zit. als 1979a).
Cooley, M. (1979): The Designer of the 1980s - The Deskiller DeskillHrsg. Unveröffentl. Ms. 1979 (zit. als 1979b).
Copley, F. (1923): Frederick W. Taylor – The Father of Scientific Management, New York, 2 Bände.
Cronon, William: Nature's Metropolis. Chicago and the Great West, New York 1991.
Cygonkova, Hana: Thomas Bata – Vom Schuster zum tschechischen Ford, Diplomarbeit, Wirtschaftsuniversität Wien 1998 (Im Internet verfügbar).
Dahrendorf, R. (1962): Industrie- und Betriebssoziologie (1962), überarbeitet von W. Burisch, Berlin.
DaimlerChrysler AG: Leitfaden LF 03 „Prozessfähigkeitsuntersuchung von variablen Qualitätsmerkmalen“, Stuttgart 2002.
Daniels, G. (1975): Hauptfragen der amerikanischen Technikgeschichte, in: K. Hausen und R. Rürup (Hrsg.): Moderne Technikgeschichte, Köln.
Dascher, 0. (1974): Probleme der Konzernorganisation, in: H. Mommsen u.a. (Hrsg.), S. 127-135.
Deiters, W. (1927): Die Buchungsmaschine als soziales Problem, in: Der Kaufmann in Recht und Wirtschaft, Bd. 9, S. 159-166.
Deutsch, J.: Auslese und Anpassung in den österreichischen Siemens-Schuckert-Werken in Wien, Bd. 134, 1910.
Deutsche Gesellschaft für Qualität: Audits zur Zertifizierung von Qualitätsmanagementsystemen, Berlin 1993.
Deutscher Metallarbeiter-Verband (1933): Rationalisierung in der Metallindustrie, Berlin.
Devane, Thomas: Integrating Lean Six Sigma and High Performance Organizations, New York 2004.
Devinat, P. (1927): Wissenschaftliche Betriebsführung in Europa, Genf.
Devinat, Paul: Working Conditions in a Rationalised Undertaking: The Bata System and its Social Consequences, in: International Labour Review 1930, Heft 1, S. 45-63 und Heft 2, S. 163-185.
DGB 1978: Angestellte zwischen Leistungsdruck und Arbeitslosigkeit, Ergebnisse einer Untersuchung im Großraum München, München 1978.
Dicke, Thomas: Franchising in America: The Development of a Business Method, 1840-1980, Chapel Hill 1992.
Dickmann, Philipp: Schlanker Materialfluss, Berlin 2007.
Diebold, John: Die automatische Fabrik, Nürnberg 1954.

Dietrich, E. und A. Schulze: Statistische Verfahren zur Maschinen- und Prozessqualifikation, München 2003.
Dodge, J. (1913): Industrielle Betriebsführung, in: Technik und Wirtschaft, Bd. 6.
Dohse, Knuth, Ulrich Jürgens und Thomas Malsch: Reorganisation der Arbeit in der Automobilindustrie – ein Materialbericht, II VG/dp84-220, Wissenschaftszentrum Berlin für Sozialforschung, 1984A.
Dohse, Knuth, Ulrich Jürgens und Thomas Malsch: Vom „Fordismus" zum „Toyotismus". Die Organisation der industriellen Arbeit in der japanischen Automobilindustrie, in: Leviathan, 12 (1984), Nr. 4, S. 448-477.
Doleschal, Reinhard: Ist der Fordismus passe? Neue Tendenzen in der Automobilindustrie, in: Michael Hafemann und Detlef Schlüpen (Hrsg.): Technotopia, Weinheim 1986, S. 31-58.
Doleschal, Reinhard: Wohin läuft VW?, Reinbeck 1982.
Dorpmüller, J. (1928): Die Rationalisierung der Reichsbahn, in: Industrie- und Handelskammer (1928), S. 266-294.
Downs, A. (1972): Up and down with Ecology - The "Issue-Attention Cycle", in: The Public Interest, Bd. 28, S. 38-50.
Dreyfuss, C.: Beruf und Ideologie der Angestellten, München 1933.
Du Boff, R. (1967): The Introduction of Electric Power in American Manufacturing, in: Economic History Review, Bd. 20.
Dubreuil, H. (1930): Arbeiter in USA, Leipzig.
Dulles, F. (1949): Labor in America, New York.
Egger,E.; Wedel, Th.: Sanierung oder Neueinsatz von PPS, Düsseldorf 1991 in: VDI (Hrsg.): Vernetzung von Produktionssteuerung und Logistik, Düsseldorf 1992, S. 75-84 (VDI Berichte 994).
Eifert, Christiane: Antisemit und Autokönig. Henry Fords Autobiographie und ihre deutsche Rezeption in den 1920er Jahren, in: Zeithistorische Forschungen/Studies in Contemporary History, Online-Ausgabe, 6 (2009), H. 2.
Elbracht, D.: Die Fabrik von übermorgen -- mannarm aber expertenreich, in: R. Reichwald (Hrsg.): Marktnahe Produktion, Wiesbaden 1992, S. 303-314.
Eliasberg, W. (1925): Rezension von F. Baumgarten: Arbeitswissenschaften und Psychotechnik in Russland, in: Archiv für Sozialwissenschaften und Sozialpolitik, Bd. 53, S. 545-547.
Elis, Volker: Von Amerika nach Japan – und zurück. Die historischen Wurzeln und Transformationen des Toyotismus, in: Zeithistorische Forschungen/Studies in Contemporary History, Online-Ausgabe, 6 (2009), H. 2.
Elsner, H. (1967): The Technocrats, New York.
Enquete-Ausschuss (1928-1930): Ausschuss zur Untersuchung der Erzeugungs- und Absatzbedingungen der deutschen Wirtschaft, Berlin, Unterausschuss. Für Allgemeine Wirtschaftsstruktur, Arbeitsgruppe 3. Wandlung in d. wirtschaftl. Organisationsformen, Wandlung in d. Rechtsformen d. Einzelunternehmen u. Konzerne. 1928, 2. Entwicklungslinien d. industriellen u. gewerbl. Kartellierung. Abschn. 1 Arbeitsplan, Maschinenbau, 1928, Abschn. 2. Bau u. Baustoffindustrie. 1928, Abschn. 3. Textilindustrie. A. 1929, Abschn. 4. Textilindustrie. B. 1930, 3. Wandlungen in d. aktienrechtl. Gestaltung d. Einzelunternehmen u. Konzerne. Generalbericht. 1930, 4. Kartellpolitik. Abschn. 2. (Vernehmungen.) 1930.
Enquete-Ausschuss (1928-1930): Ausschuss zur Untersuchung der Erzeugungs- und Absatzbedingungen der deutschen Wirtschaft, Berlin Unterausschuss. Für Gewerbe, Handel, Handwerk, Die deutsche Elektrizitätswirtschaft. 2. Aufl. 1930,

Die deutsche chem. Industrie. 1930, Die deutsche eisenerzeugende Industrie. 1930, Die deutsche Kaliindustrie. 1929, Die Rohstoffversorgung der deutschen eisenerzeugenden Industrie. 1928, Sonderveröffentlichung. Die deutsche Kohlenwirtschaft. 1929,.

Enquete-Ausschuss (1928-1930): Ausschuss zur Untersuchung der Erzeugungs- und Absatzbedingungen der deutschen Wirtschaft, Berlin, Unterausschuss für Arbeitsleistung, 2. Die Arbeitsverhältnisse im Steinkohlenbergbau in d. J. 1912 bis 1926. Dargest. auf Grund der d. Arbeitsleistungsausschuss vorliegt. Materialien u. d. Verhandlungsergebnisse. 1928, 3. Die Arbeitsleistung im Braunkohlenbergbau in den Jahren 1913 bis 1926, 4. Arbeitszeit, Arbeitslohn u. Arbeitsleistung im Hochofenbetrieb. 1928, 5. Die Arbeitsleistung im Maurergewerbe. 1930, 6. Die Arbeitsleistung in d. Textilindustrie in d. Jahren 1913 bis 1927, ihre Veränderungen u. deren Ursachen. 1930, 7. Die Arbeitsleistung in Stahl- und Walzwerken u. ihre Abhängigkeit v. Arbeitszeit, Arbeitslohn u.a. Faktoren, dargestellt auf Grund d. d. Arbeitsleistungsausschuss vorliegenden Materialien u. d. Verhandlungsergebnisse. 1930, 8. Die Arbeitsleistung in landwirtschaftlichen Betrieben u. ihre Abhängigkeit v. Arbeitszeit, Arbeitslohn u.a. Faktoren, dargestellt auf Grund der d. Arbeitsleistungsausschuss vorliegenden Materialien u. d. Verhandlungsergebnisse, 1930, 9. Zusammenfassender Bericht über die Ergebnisse der Arbeiten des Arbeitsleistungsausschusses, 1930.

Eversheim,W.; Fuhlbrügge, M.: Kostenbewertung flexibler Fertigungssysteme, in: Adam 1993A, S. 29-54.

Fehse, W. (1924): Grenzen der Wirtschaftlichkeit bei der Vorkalkulation im Maschinenbau, in: Band I der ausgewählten Arbeiten des Lehrstuhls für Betriebswissenschaften in Dresden, Berlin, S. 27-80.

Feiler, A. (1926): Amerika-Europa, Frankfurt.

Feldman, G., (1966): Army, Industry and Labor in Germany 1914-1918, Princeton.

Flik, Reiner: Von Ford lernen? Automobilbau und Motorisierung in Deutschland bis 1933, Köln 2001.

Ford (1925): Ford Motor Company (Hrsg.): The Ford-Industries. Facts about the Ford Motor Company and its Subsidiaries, Detroit.

Ford Motor Co.: Leitfaden Statistische Qualitätskontrolle, Köln 1987.

Ford, Henry mit Crowther, Samuel: Today and tomorrow (being a continuation of 'My Life and work'), Garden City, New York : Doubleday, 1926.

Frey, J. (1919): Die wissenschaftliche Betriebsführung und die Arbeiterschaft. Eine öffentliche Untersuchung der Betriebe mit Taylor-System in den Vereinigten Staaten von Nordamerika, (Dtsch.), Leipzig.

Fridenson, P. (1972): Histoire des usines Renault, Bd. 1, Paris.

Fridenson, P. (1978): The Coming of the Assembly Line to Europe, in: W. Krohn u.a. (Hrsg.): The Dynamics of Science and Technology, S. 159-176.

Fridenson, P. (1979): Die Arbeiter der französischen Automobilindustrie 1890 bis 1914, in: D. Puls (Hrsg.): Wahrnehmungsformen und Protestverhalten, Frankfurt, S. 228-262.

Fridenson, Patrick: French Automobile Marketing 1890 – 1970, in: Okochi, Akio und Koichi Shimokawa (Hrsg.): Development of mass marketing: the automobile and retailing industries, Tokio 1981, S.127-154.

Fridenson, Patrick: Some economic and social effects of motor vehicles in France since 1890, in: Barker, Theo (Hrsg.): The economic and social effects of the

spread of motor vehicles: an international centenary tribute, London 1987, S. 130-147.
Friedrich, A. (1926): Amerika-Reise deutscher Gewerkschaftsführer, in: Die Internationale, Bd. 9.
Friedrichs, G. (Hrsg.): Automation und technischer Fortschritt in Deutschland und den USA, Frankfurt 1963.
Friedrichs, G.: Automation und technischer Fortschritt in Deutschland und in USA, Frankfurt 1963.
Friedrichs, G.: Rationalisierung durch den Einsatz von Mikroprozessoren – Auswirkungen auf Produktion und Verwaltung. Vortrag vor der Arbeitsgemeinschaft für Rationalisierung des Landes Nordrhein-Westfalen am 6.10.1977.
Friedrichs, G.: Rationalisierung durch den Einsatz von Mikroprozessoren – Auswirkungen auf Produktion und Beschäftigung, in: Arbeitsgemeinschaft für Rationalisierung in NRW, Heft 191, 1978.
Friedrichs, G.: Technischer Wandel und Beschäftigung. In: Technologie und Politik, Nr. 10, herausgegeben von F. Duve, Reinbek 1978, S. 6-27.
Frielingsdorf, Volker: Konrad Adenauers Wirtschaftspolitik als Kölner Oberbürgermeister (1917 - 1933), Basel, 2002.
Fuchs, Konrad: Das Kaufhaus Schocken 1901-1953 – Ein Konzern aus Sachsen, Stuttgart 1990.
Garner, S. (1954): The Evolution of Cost Accounting to 1925, University of Alabama.
Geitner, U. (Hrsg.): CIM-Handbuch, 2. Aufl., Braunschweig 1991.
Gerslova, Jana: Der Schuster, der die Welt erobert – Die tschechoslowakische Firma Bata als Paradefall eines innovativen Unternehmens (1894 - 1948), in: Berger und Resch 2011, S. 227-295.
Gerstenberger, W.: Zu viele Rationalisierungsinvestitionen? In: IFO-Schnelldienst 1977, Heft 5, S.7-12.
Gewerkschaftsbund der Angestellten (Hrsg.) (1931): Die wirtschaftliche und soziale Lage der Angestellten, Berlin.
Giedion, S. (1948): Mechanization takes Command, New York.
Gielow, G. (1975): Der Zusammenhang von Veränderung der Arbeitsorganisation und Technischer Innovation bei der Einführung des REFA-Systems Diplomarbeit am soziologischen Seminar der Universität Göttingen.
Giese, F. (1930): Handwörterbuch der Arbeitswissenschaft, 2 Bände, Halle a.S. .
Girschner, Walter und Ingrid Girscher-Woldt: Arbeitsorganisation und -strukturen, in: Bundesanstalt für Arbeitsschutz, 1985, Bremerhaven, Bd. 1, S.133-160.
Gottl-Ottlienfeld, Friedrich von: “Fordismus” und “Fordisation”, Aufsatz für das Handwörterbuch des Kaufmanns (Hamburg 1925), in: derselbe: Fordismus – Über Industrie und Technische Vernunft, 3. Auflage, Jena 1926, S. 59-82.
Gottl-Ottlilienfeld, F. (1923): Wirtschaft und Technik, zweite, neubearbeitete Auflage, Tübingen.
Greenleaf, William: Preface zum Reprint 1968, in: Sward, Keith: The Legend of Henry Ford, New York 1948, Reprint Atheneum 1968, S. I - XV.
Gregory, T.: Rationalization und Technological Unemployment. In: The Economic Journal 40 (1930).
Gressmann, H. (1960): Statement in "Aspekte der Automation", herausgegeben von H. Zimmermann, Basel, S. 360-366.
Grochla, E. (1976): Automatisierung der Automatisierung, in: Grochla, E. (Hrsg.): Organisationstheorie, 2. Teilband, Stuttgart, S. 480-497.

Grochla, E.: Automation und Organisation, Wiesbaden 1966.
Guest, R. (1967): The Rationalization of Management, in: M. Kranzberg und C. Pursell (Hrsg.): Technology in Western Culture, Vol. II, London, S. 52-63.
Gulowsen, J. (1972): A measure of work group autonomy. In: L. Davis & J. Taylor (Hrsg.), Design of jobs. Selected readings (S. 374 - 390), Harmondsworth.
Haber, S. (1964): Efficiency and Uplift, Chicago.
Hachtmann, Rüdiger und Adelheid von Saldern: »Gesellschaft am Fließband«. Fordistische Produktion und Herrschaftspraxis in Deutschland, in: Zeithistorische Forschungen/Studies in Contemporary History, Online-Ausgabe, 6 (2009), H. 2.
Hampton, W. J.; Norman, J. R.: General Motors – What went wrong, in: Business Week, March 16, 1987, S. 45-51.
Hanewinkel, Alfons: Auswertung der Ergebnisse des Forschungsprogramms "Humanisierung des Arbeitslebens", Ministerium für Arbeit, Gesundheit u. Soziales d. Landes Nordrhein-Westfalen, Düsseldorf, 1986.
Hardach, K. (1974): Statement zur Rationalisierung in der Diskussion der Arbeitssitzung I, in: Mommsen, H. u.a. (Hrsg.), S. 171.
Harms, B. (Hrsg.) (1929): Strukturwandlungen der deutschen Wirtschaft, 2 Bände, zweite vermehrte Auflage, Berlin.
Hartwich, H. (1967): Arbeitsmarkt, Verbände und Staat 1918 bis 1933, Berlin.
Hebbeler, M.; Klaas, K.-J.: Rechnergestützte Generierung von Arbeitsplänen, in: Geitner 1991.
Heide, Lars: Punched-Card Systems and the Early Information Explosion, 1880–1945, Johns Hopkins University Press, 2009.
Hermann, K. und Teschner, E. (1979): Taylorisierung geistiger Arbeit? Vortrag auf dem Deutschen Soziologentag, Berlin.
Heßler, Martina: Kulturgeschichte der Technik, 2012, Frankfurt.
Hinrichs, P. und Peter, L. (1976): Industrieller Friede? Arbeitswissenschaft und Rationalisierung in der Weimarer Republik, Köln.
Hoff, A. (1978): Gewerkschaften und Rationalisierung, in: Mehrwert Nr. 15/16, S. 167-208.
Hofmann, Wilhelm: Stadt als Erfahrungsraum der Politik: Beiträge zur kulturellen Konstruktion urbaner Politik, Berlin 2011.
Hollbusch, U. (1974): Der Ruhreisenstreik in gewerkschaftlicher Sicht, in: Mommsen, H. u.a. (Hrsg.), S. 271-289.
Homburg, H. (1978): Die Anfänge des Taylorsystems in Deutschland - Eine Problemskizze unter besonderer Berücksichtigung der Arbeitskämpfe bei Bosch 1913, in: Geschichte und Gesellschaft, Bd. 4, S. 170-194.
Hoover, H. (1921): Federated American Engineering Societies, Commitee an Elimination of Waste in Industry (Hrsg.): Waste in Industry, New York (Deutsch von Irene Witte, unter dem Titel: Verlustquellen in der Industrie, Berlin (1926)).
Hounshell, David. A.: From the American System to Mass Production, 1800-1932: The Development of Manufacturing Technology in the United States, Baltimore, 1984.
Hoxie, R. (1918): Scientific Management and Labor, New York.
HWWA 1979, HWWA-Institut für Wirtschaftsforschung-Hamburg (Hrsg.): Analyse der strukturellen Entwicklung der deutschen Wirtschaft, Zwischenbericht, Hamburg 1979.

Ifo (1970): Rationalisierungskuratorium der Deutschen Wirtschaft (Hrsg.): Wirtschaftliche und soziale Aspekte des technischen Wandels in der Bundesrepublik Deutschland, ökonomischer Untersuchungsteil, Frankfurt, S. 19-126.
IG Metall (Hrsg.): CIM oder die Zukunft der Arbeit, Fachtagung, 8. und 9. Oktober 1986, Frankfurt 1987.
Industrie- Und Handelskammer zu Berlin (Hrsg.) (1928): Die Bedeutung der Rationalisierung für das deutsche Wirtschaftsleben, Berlin.
International Labor Office (Hrsg.) (1937): The Use of Office Machinery and its Influence on Conditions of Work for Staff, in: International Labor Review, Bd. 36, S. 486-516.
ISF (1976): Institut für sozialwissenschaftliche Forschung: Personalstrukturen und Arbeitsorganisation in deutschen und französischen Betrieben, in: ISF (Hrsg.): Betrieb-Arbeitsmarkt-Qualifikation, Frankfurt, S. 95-129.
ISI (1979): Projektgemeinschaft Ifo-Institut München, Frauenhofer-Institut für Systemtechnik und Innovationsforschung, Infratest (Hrsg.): Technischer Fortschritt – Auswirkungen auf Wirtschaft und Arbeitsmarkt, Materialband II, München 1979.
Jaeggi, U. und H. Wiedemann, Der Angestellte im automatisierten Büro, Stuttgart, 2. Auflage, 1966.
Jerome, H. (1934): Mechanization in Industry, New York.
Jullian, Bernhard: Fords distribution Network in Europe, in: Bonin et al. (Hrsg.): Ford, 1903 - 2003, S. 417-442.
Junne, G.: Internationalisierung und Arbeitslosigkeit. In: Leviathan 7 (1979), S. 57-78.
Jürgens, Ulrich, Thomas Malsch und Knut Dose: Moderne Zeiten in der Automobilfabrik, Berlin 1989.
Kakar, S. (1970): Frederick Taylor, Cambridge (Mass.).
Kallai, Paul: Die wirtschaftliche Lage und Entwicklungstendenzen der deutschen Schuhindustrie unter besonderer Berücksichtigung der Bata-Schuhwerke, Diss. Genf 1936.
Kalmbach, P.: Rationalisierung, neue Technologien und Beschäftigung. In: Gewerkschaftl. Monatshefte, 29 (1978), S. 455-465.
Kalveram, W. (1929): Rationalisierung der kaufmännischen Betriebsorganisation, in: Harms (Hrsg.), S. 248-287.
Kammer (1928): Kammer für Arbeiter und Angestellte in Wien (Hrsg.): Rationalisierung, Arbeitswissenschaft und Arbeiterschutz, Wien, zweite erweiterte Auflage.
Kelly, J. (1978): Understanding Taylorism – some comments, in: British Journal of Sociology, Bd. 29, S. 203-207.
Kern, H. (1978): Gewerkschaften und Rationalisierung in der Weimarer Zeit, in: Gewerkschaftliche Monatshefte, Bd. 29, S. 412-419.
Kern, H. und Schumann, M. (1970): Industriearbeit und Arbeiterbewusstsein, 2 Bände, Frankfurt, 3. Auflage 1974.
Kern, Horst ; Schumann, Michael: Das Ende der Arbeitsteilung? Rationalisierung in der industriellen Produktion; München 1984.
Kern, Horst: Neue Formen betrieblicher Arbeitsgestaltung: Darstellung relevanter Veränderungsprojekte in Großbritannien, Italien, Norwegen, Schweden. Göttingen, 1975.
Kienzle, 0. (1928): Rezension von G. Großmann: Sich selber rationalisieren, Stuttgart 1927, in: Der Werksleiter, Bd. 2, S. 249.
Kieser, A. und Kubicek, H. (1977): Organisation, Berlin.
Kieser, A. und Kubicek, H. (1978): Organisationstheorien, Bd. I.

King, Rick, Michael Gildea, Rick L. Edgeman, George Mansfeld, Pavla Macurová, (1999): A window on quality improvement in the Czech Republic, in: The TQM Magazine, Vol. 11, Iss. 1, S. 8 – 11.
Kirsch-Kreiensen, Hartmut: Realisierungsprobleme von Gruppenarbeit, in: Lothar Kamp (Hrsg.): Arbeit in der Fabrik der Zukunft, Marburg 1989, S. 95 - 100.
Klein, C. (1973): The Technocrats – Rückblick auf die Technokratiebewegung in den USA, in: H. Lenk (Hrsg.): Technokratie als Ideologie, Stuttgart.
Kocka, J. (1969): Industrielles Management - Konzeptionen und Modelle vor 1914, in: Vierteljahresschrift für Wirtschaft- und Sozialgeschichte, Bd. 56, S. 332-372.
Kocka, J. (1969a): Unternehmensverwaltung und Angestelltenschaft, Stuttgart.
Kolb, A. (1904): Als Arbeiter in Amerika, Berlin, 4. Auflage.
Koncitikova, Gabriela und Gregar Ales: Corporate Social Responsibility in Bata a.s. from 1894 to 1945 and its Heritage for the Current Business Environment, in: Proceedings of the 1st WSEAS International Conference on Economics, Political and Law Science, Zlín University, 2012, S. 130-136.
Kopper, Christopher: Handel und Verkehr im 20. Jahrhundert, München, 2002.
Köttgen, K. (1925): Das wirtschaftliche Amerika, Berlin.
Küchle, H., Jordan, R.: Investitionsentwicklung und Krise 1974/75. In: WSI-Mitteilungen 30 (1977), S. 737-748.
Kuczynski, J. (1966): Darstellung der Lage der Arbeiter in Deutschland von 1917/18 - 1932/33, Berlin.
Kuhn, Arthur: GM passes Ford, Pennsylvania State University, 1986.
Kühn, M. (1979): Untersuchungen über die Auswirkungen von CAD sowie über die menschengerechte Gestaltung von CAD-Systemen, Diplomarbeit am Fachbereich Informatik der Universität Hamburg.
Lay, Gunter und Elna Schirrmeister: Sackgasse Hochautomatisierung? Praxis des Abbaus von Overengineering in der Produktion, in: Mitteilungen aus der Produktionsinnovationserhebung, Nr. 22, Karlsruhe ISI, 2000.
Layton, E. (1971): The Revolt of the Engineers, Cleveland.
Layton, E. (1975): The Diffusion of Scientific Management and Mass Production from the U.S. in the Twentieth Century, in: Proceedings of the XIV th. International Congress in the History of Science, 19-24 August 1974, Tokyo, Proceedings No. 4, S. 377-387, herausgegeben vom Science Council of Japan.
Littler, C. (1978): Understanding Taylorismus, in: British Journal of Sociology 29, S. 185-200.
Loderer, E.: Strukturelle Arbeitslosigkeit durch technologischen Wandel. In: Gewerkschaftl. Monatshefte, 28 (1977), S. 409-417.
Lünzmann, Friedrich: Montagetechnik in Halle 54, in: Volkswagen AG (Hrsg.): Workshop Produktion im Wandel, Pressestelle 1984.
Luthardt, W. (Hrsg.) (1978): Sozialdemokratische Arbeiterbewegung und Weimarer Republik, Frankfurt, 2 Bände.
Lutz, B. (1975): Krise des Lohnanreizes, Frankfurt 1975.
Lutz, B.: Produktionsprozeß und Berufsqualifikation. In: Spätkapitalismus oder Industriegesellschaft, herausgegeben von T. Adorno, Stuttgart 1969, S. 227-250.
Macgregor, D. (1927): Rationalization of Industry, in: The Economic Journal, S. 521-550.
Mäckback, F. und Kienzle, 0. (Hrsg.) (1926): Fließarbeit – Beiträge zu ihrer Einführung, Berlin.

Maier, C. (1970): Between Taylorism and Technocracy, in: Journal of Contemporary History, Bd. 5, S. 27-61.
Maier, C. (1974a): Statement in der Diskussion der Arbeitssitzung I, in: Mommsen H. u.a. (Hrsg.), S. 171.
Maier, C., (1974b): Coal and Economic Power in the Weimarer Republik: The Effects of the Coal Crisis of 1920, in: Mommsen u.a. (Hrsg.), S. 530-542.
Maier, Helmut : Zweidimensionales Zeichnen und Konstruieren, in: Geitner 1991.
Maier, Norbert: Teilautonome Arbeitsgruppen: Möglichkeiten u. Grenzen eines Modells zur Humanisierung der Arbeit / mit einer Einf. von Fritz Vilmar, Meisenheim an der Glan: Hain, 1977.
Maltese, F., (1975): Notes for a study on the Automobile Industry, in: Edwards u.a. (Hrsg.): Labor Market Segmentation, Lexington, S. 85-93.
Manske, F.: Computergestützte Fertigungssteuerung – ein neuer Weg zur zentralistischen Beherrschung des Produktionsprozesses?, in: IG Metall Fachtagung 1986, S. 83-93.
Mathewson, S. (1931): Restriction of output among unorganized workers, Southern Illionois University Press, 1969.
Matschoss, C. (1914): Die geistigen Mittel des technischen Fortschritts in den Vereinigten Staaten von Amerika, in: Forschungsarbeiten auf dem Gebiet des Ingenieurwesens, herausgegeben vom Verein deutscher Ingenieure, Heft 148/149, Berlin.
Matschoss, C. (1930): Vom Ingenieur, seinem Werden und seiner Arbeit in Deutschland, in: Beiträge zur Geschichte der Technik und der Industrie, Bd. 20.
Matthöfer, Hans: Humanisierung der Arbeit und Produktivität in der Industriegesellschaft, Köln 1977.
Maurice, M., Sorge, A. und Warner, M. (1979): Societal Differences in organizing Manufacturing Units, Wissenschaftszentrum Berlin, IIM-Paper Nr. 15.
Mendner, J. (1975): Technologische Entwicklung und Arbeitsprozess, Frankfurt.
Mendner, J.: Technologische Entwicklung und Arbeitsprozess, Frankfurt 1975.
Mensch, G.: Das technologische Patt, Frankfurt 1975.
Mickler, 0. u.a. (1975): Technik, Arbeitsorganisation und Arbeit, Soziologisches Forschungsinstitut, Göttingen.
Moeller, P. (1904): Aus der amerikanischen Werkstattpraxis, Berlin.
Mommsen, H. (1974): Sozialpolitik im Ruhrbergbau, in: Mommsen u.a. (Hrsg.), S. 303-321.
Mommsen, H., Petzina, D. und Weisbrod, B. (Hrsg.) (1974): Industrielles System und politische Entwicklung in der Weimarer Republik, Düsseldorf.
Monds, J. (1976): Workers' Control and the Historians - a new Economism, in: New Left Review, No. 97.
Montgomery, D. (1974): The "new unionism" and the Transformation of Workers Consciousness in America 1902 bis 1922, in: Journal of Social History.
Moravcikova, Henrietta: Social and Architectural Phenomenon of the Bataism in Slovakia, in: Slovak Sociological Review, 2004, S. 519-543 (Central and Eastern European Online Library).
Morgenstern, M. u.a.: Auslese und Anpassung der Arbeiterschaft in der Lederwaren-, Steinzeug- und Textilindustrie, Bd. 135 (1912).
Möser, Kurt: Geschichte des Autos, Frankfurt 2002.

Mosler, E. (1928): Rationalisierung im Bankwesen und Geldmarkt, in: Die Bedeutung der Rationalisierung für das Deutsche Wirtschaftsleben, herausgegeben von der Industrie- und Handelskammer zu Berlin, Berlin, 228-255.

Moutet, A. (1975): Les origins du System de Taylor en France – Le point de vue patronal, in: Le Mouvement Social, S. 15-49.

Mumford, L. (1977): Mythos der Maschine, Frankfurt.

Muthesius, V. (1943): Ruhrkohle 1893 bis 1943, Essen.

Nadwory, M. (1955): Scientific Management and the Unions, Cambridge (Mass.).

Nagel, B.; Riess u. Theis, G.: Der Lieferant on line – Just-in-Time Produktion und Mitbestimmung in der Automobilindustrie, Baden-Baden 1990.

Naphtali, F. (1928): Wirtschaftsdemokratie, Berlin.

Neef, W. (1979): Ingenieure im Umbruch, in: Wechselwirkung, Nr. 2, S. 8-13.

Nelson, D. (1975): Managers and Workers – Origins of the new Factory System in the United States 1880 - 1920, Madison.

Nerdinger, Winfried (Hrsg.): Zlín – Modellstadt der Moderne, Architekturmuseum der TU München, München 2009.

Nerdinger, Winfried: Zlín – Sozial gelackte Modernität – Architektur und Leben im Gleichschritt, 2009A, in: Nerdinger 2009, S. 16-39.

Nevins, Allan und Frank Hill: Ford: Expansion and Challenge 1915 - 1933, New York 1957.

Nevins, Allan: Ford – the Times, the Man, the Company, New York, 1954.

Noble, D.: America by Design, New York 1977.

Novy, K. (1978): Strategien der Sozialisierung, Frankfurt.

Novy, Klaus und Michael Prinz: Illustrierte Geschichte der Gemeinwirtschaft, Bonn 1985.

Ohno, Taiichi: Das Toyota-Produktionssystem, Frankfurt 1993.

Olk, F. (1926): "Fließarbeit" – ein Nachwort zur Allgemeinen Betriebstechnischen Tagung Leipzig, in: Gewerkschaftszeitung, Berlin Bd. 36, vom 3.4.1926, S. 189-191.

Palmer, B. (1975): Managerial Views of Labor and the Working Class Rebellion 1903 bis 1922, in: Review of Radical Political Economy, Bd. 7.

Pentzlin, K. (1969): Rationalisierung, in: Handwörterbuch der Organisation, herausgegeben von E. Grochla, Stuttgart, Sp.1393 - 1400.

Perls, H. (1907): Eine amerikanische Musterfabrik, in: Werkstatts-Technik, Bd. 1.

Peters, Jan-Henrik: Personalpolitik und Rationalisierungsbestrebungen der Deutschen Reichsbahn-Gesellschaft zwischen 1924 und 1929: Ausgangsbedingungen, hauptsächliche Entwicklungslinien und -tendenzen, Frankfurt a.M. 1996.

Petzina, D. (1977): Die deutsche Wirtschaft in der Zwischenkriegszeit, Wiesbaden.

Philipp, Rudolph: Der unbekannte Diktator Thomas Bata, Wien und Berlin, Agisverlag, 1928.

Philipp, Rudolph: Stiefel der Diktatur, Zürich, 1936.

Pietrykowski, Bruce: (2010): Fordism, in: Barney Warf (Hrsg.): Encyclopedia of Geography, Thousand Oaks, SAGE Publications, S. 1149-1152.

Pietrykowski, Bruce: Fordism at Ford: Spatial Decentralization and Labor Segmentation at the Ford Motor Company, 1920-1950, in: Economic Geography, Vol.71, No.4.(Oct.,1995), S. 383-401.

Pietrykowski, Bruce: Tracing a Path to Henry Ford's Economic policy: Was Ford a Fordist?, in: American Yearbook, Moskau, 1997, S. 190-203.

Pietsch, G. (1919): Das Taylorsystem, in: Die Neue Zeit vom 19.9.1919, S. 589-594.

Piore, M. (1968): The Impact of the Labor Market upon the Selection of Productive Techniques within the Manufacturing Plant, in: The Quarterly Journal of Economics, Bd. 82, S. 602-620.
Piore, Michael und Charles F. Sabel: Das Ende der Massenproduktion, Berlin 1985, das englische Original erschien 1984.
Pirker, T. (1963): Bürotechnik, Stuttgart.
Pirker, T. (1970): Die Rolle des Managements bei der Einführung von NC-Maschinen, in: Pirker, T. u.a.: Die Einführung von numerisch gesteuerten Werkzeugmaschinen, RKW - Projekt A 47, Frankfurt, S. 213-284.
Piwowarski, E. (1927): The Giffin Wheel Company, Detroit, in: Die Gießerei, Bd. 14, S. 929-931 (Streifzüge durch amerikanische Gießereien Nr. 9).
Plapp, C.: Typische Fehler in CIM-Projekten, in: CIM-Management, Heft 6, 1993.
Plum, Gustav: Zur Schließung von Ford-Betrieben, in: Der Motorwagen, 1926, S. 902f.
Pöhl, K.: Wirtschaftliche und soziale Aspekte des technischen Fortschritts in den USA, Göttingen 1967.
Pöhler, Willi (Hrsg.): ....damit die Arbeit menschlicher wird. Fünf Jahre Aktionsprogramm Humanisierung des Arbeitslebens, Bonn 1979.
Pöhler, Willi: Fünf Jahre Humansierungsprogramm im Bereich des Bundesministers für Forschung und Technologie, 1979A, in: Pöhler 1979, S. 9-37.
Pokorny, Rita: Die Rationalisierungsexpertin Irene M. Witte (1894–1976). Biografie einer Grenzgängerin, Diss. TU Berlin 2003.
Pollock, F.: Automation, Frankfurt 1955.
Praetorius, E. (1928): Kupplung von Kraft- und Wärmewirtschaft, in: Der Werksleiter, Bd. 2, S. 335-339.
Preller, L. (1949): Sozialpolitik in der Weimarer Republik, Stuttgart.
Pribersky, Andreas: Die Planstadt als politische Utopie im 20. Jahrhundert, in: Hofmann 2011, S. 133-158.
Prion, W. (1928): Rationalisierung und Kapitalbedarf, in: Der Werksleiter, Bd. 2, S. 155-158.
Projektgruppe Automation und Qualifikation (Hrsg.): Automation in der Bundesrepublik Deutschland, Argument Sonderband 7, Berlin 1975.
Pursell, C. (Hrsg.): Technology in Western Culture, Vol. II, London, 1967, S. 64-76.
Rae, J. (1967): The Rationalization of Production, in: M. Kranzberg und C. Pursell (Hrsg.): Technology in Western Cultury, Vol II, London, S. 37-51.
Reckendrees, Alfdred: Das „Stahltrust"-Projekt. Die Gründung der Vereinigten Stahlwerke A.G. und ihre Unternehmensentwicklung 1926-1933/34, München 2000.
Reese, J.: Just-in-Time-Logistik, in: Zeitschrift für betriebswirtschaftliche Forschung, Ergänzungsheft 2, 1993, S. 139-155.
Reiß, Michael: Organisatorische Entwicklungen, in: Corsten, Hans: Gössinger, Rolf: Dezentrale Produktionsplanungs- und -steuerungs-Systeme, Stuttgart 1998, S. 109-144.
Reiß, Michael; Gassert, H. u. Horvath, P. (Hrsg.): Komplexität meistern – Wettbewerbsfähigkeit sichern, Stuttgart 1993.
Reuter, F. (Hrsg.) (1929): Handbuch der Rationalisierung, herausgegeben im Auftrag des Vorstandes des Reichskuratoriums für Wirtschaftlichkeit, Berlin.
Riha, Cyril: Standardization and exportation of Bata towns in central Europe, in: Centropa 9. 2009, 2, 127-143.

Riley, M.A., B.A. Lilleker, N.P. Tuckett: The English Model T Ford: A Century of the Model T in Britain, London 2008.
Ritter, G. (Hrsg.) (1979): Arbeiterkultur, Königstein.
Rodgers, William: Die IBM Saga, Frankfurt 1973.
Rögner, Herrmanniemann, Dieter: Auf den Millimeter genau in den Fördergehängen, in: Volkswagen AG (Hrsg.): Volkswagen 1938 - 1988 – Das Buch, Wolfsburg 1988, S. 172f.
Rohmert, W. und Weg, F. J. (1976): Organisation teilautonomer Gruppenarbeit. Betriebliche Projekte – Leitregeln zur Gestaltung. In RKW (Hrsg.), Beiträge zur Arbeitswissenschaft, Reihe I, Bd. 1. München: Hanser.
Rosenberg, N. (1976): Perspectives on Technology, New York.
Roth, K. (1974): Die andere Arbeiterbewegung, München.
Rudin, B. (1972): Industrial Betterment and Scientific Management as social control, 1890 bis 1920, in: Berkeley Journal of Sociology, Bd. 17, S. 35-58.
Rummel, A. (1926): Gutachten über die Wärmewirtschaft, in: Die deutsche Kohlenwirtschaft, herausgegeben vom Ausschuss zur Untersuchung der Erzeugungs- und Absatzbedingungen der deutschen Wirtschaft, Berlin 1929, S. 279-284.
Russ, Jonathan: Global Motivations – Honda, Toyota, and the Drive toward American Manufacturing, New York 2009.
Salin, E. (1960): Schlusswort in E. Zimmermann (Hrsg.): Aspekte der Automation, Basel, S. 384-400.
Salin, E.: Vor einer neuen Etappe der Industriellen Revolution, in: Kyklos, Band B, 1955, S. 1 bis 39.
Santos, Javier, Richard A. Wysk, und Jose M. Torres: Improving Production with Lean Thinking, New York 2006.
Saunders, Hilary: Ford at war, London: Hayes, 1946.
Schalldach, E. (1930): Rationalisierungsmaßnahmen der Nachinflationszeit im Urteil der freien deutschen Gewerkschaften, Diss. Jena.
Schaumann, Oliver: Six Sigma: Darstellung und Abgrenzung gegenüber verwandten Ansätzen aus der Sicht des Controllings, Diplomarbeit, Universität Kassel 2006.
Scheer, August-Wilhelm: Computer Integrated Manufacturing, Berlin 1990.
Schelsky, H. (1957): Die sozialen Folgen der Automatisierung, Düsseldorf.
Schmalenbach, Eugen (1928): Die Betriebswirtschaftslehre an der Schwelle eines neuen Zeitalters, in: Zeitschrift für handelswissenschaftliche Forschung, Bd. 32, S. 241–251.
Schmidt, Dorothea: Weder Ford noch Taylor. Zur Rhetorik und Praxis der Rationalisierung in den zwanziger Jahren am Beispiel dreier Siemens-Werke, Bremen 1993.
Schmidt, Günter: Expertensysteme, in: A.-W. Scheer (Hrsg.): Handbuch Informationsmanagement, Wiesbaden 1994, S. 849-867.
Schmidt, Werner: Die General Motors Corporation unter besonderer Berücksichtigung ihrer Absatzmethoden, Diss. Grimma, Sachsen, 1930.
Schmiede, R., Schudlich, E. (1976): Die Entwicklung der Leistungsentlohnung in Deutschland, Frankfurt.
Schock, E. (1977): Arbeitslosigkeit und Rationalisierung, Frankfurt.
Scholz, L. (1977): Technik-Indikatoren, Berlin.
Scholz, L.: Innovationspolitik zur Bewältigung von Beschäftigungs- und Strukturproblemen. In: Gewerkschaftl. Monatshefte, 29 (1978), S. 782-792.

Schütz, Erhard, Wiebke Porombka und Heinz Reif (Hrsg.): Versorgung und Entsorgung der Moderne – Logistiken und Infrastrukturen der 1920er und 1930er Jahre, Frankfurt 2011.
Schulte (1926): Gutachten über die Wärmewirtschaft, in: Die deutsche Kohlenwirtschaft, herausgegeben vom Ausschuss zur Untersuchung der Erzeugungs- und Absatzbedingungen der deutschen Wirtschaft, Berlin 1929, S. 276-278.
Schumann, F. und Sorer, R.: Auslese und Anpassung der Arbeiterschaft in der Automobilindustrie und einer Wiener Maschinenfabrik, Bd. 135, Teil 1 (1911).
Schwartz, Michael und Andrew Fish (1998): Just-in-Time Inventories in Old Detroit, in: Business History, 40:3, S. 48-71.
Sedlakova, Radomira: Zlín – Gottwaldov: Wandel der Architektur in den Jahren 1945 bis 1960, in: Nerdinger 2009, S. 168-197.
Seubert, R. (1914): Aus der Praxis des Taylor-Systems, Berlin.
Siegelbaum, Lewis: Cars for Comrades: The Life of the Soviet Automobile, Ithaca 2008.
Silbermann, Heinz: Aufbau und Arbeitsbedingungen der Schuhfabrik Bata in Zlín sowie die Stellung der Filialleiter nach deutschen Recht, Diss. Leipzig 1934.
Sloan, Alfred: My Years with General Motors, New York 1963.
Sohn-Rethel, A. (1970): Geistige und körperliche Arbeit, Frankfurt.
Sohn-Rethel, A. (1972): Die ökonomische Doppelnatur des Spätkapitalismus, Neuwied .
Sohn-Rethel, A. (1979): Interview mit M. Greffrath, in: M. Greffrath (Hrsg.): Die Zerstörung.
Sombart, W. (1927): Der moderne Kapitalismus, Band 3, Berlin.
Sorensen, Charles E.: My Forty Years with Ford, Wayne St. Univ. Press 2006.
Spiekermann, Uwe: Basis der Konsumgesellschaft. Entstehung und Entwicklung des modernen Kleinhandels in Deutschland 1850-1914, München 1999.
Spur, G. (1979): Chronik des Instituts für Werkzeugmaschinen und Fertigungstechnik der TU Berlin.
Statistisches Bundesamt (Hrsg.): Statistisches Jahrbuch 1978 der Bundesrepublik Deutschland, Stuttgart 1978.
Steger, U.: Unternehmensplanung, technischer Fortschritt, Arbeitsplätze - Eine Problemskizze. In: Die neue Gesellschaft 25 (1978), S. 259-263.
Steinführer, Annett: Stadt und Utopie, in: Bohemia 43 (2002), S. 33 – 73.
Steinmüller, W.: Die zweite Industrielle Revolution hat eben begonnen, in: Kursbuch Nr. 66, Berlin 1981, S. 125 bis 188.
Stephan, C. (1978): Wirtschaftsdemokratie und Umbau der Wirtschaft, in: W. Luthardt (Hrsg.): Sozialdemokratische Arbeiterbewegung und Weimarer Republik, Frankfurt, S. 281-292.
Steven, M.: Just-in-Time und Umweltschutz, Arbeitsbericht des Lehrstuhls für Produktion und Logistik, Universität GH Essen 1993.
Stollberg, G. (1980): Freie Gewerkschaften und Rationalisierung, Habilitationsschrift, TU Hannover, erschienen unter dem Titel "Die Rationalisierungsdebatte von 1908 bis 1933" im Campus Verlag 1981.
Stone, K. (1974): The Origins of Job Structures in the Steel Industry, in: Review of Radical Political Economy, Bd. 6, auch abgedruckt in: Edwards u.a.: Labor Market Segmentation, Lexington 1975.
Streit, Günther: Computer und Information in der Gesellschaft, Frankfurt 1993.

Sturm, Hanspeter: Salamander, in: Tradition: Zeitschrift für Firmengeschichte und Unternehmerbiographie, 12. Jahrg., H. 1. (Januar 1967), S. 309-333.

Sudrow, Anne: Der Schuh im Nationalsozialismus: Eine Produktgeschichte im deutsch-britisch-amerikanischen Vergleich, Göttingen, 2010.

Sward, Keith: The Legend of Henry Ford, New York 1948, Reprint Atheneum 1968.

Sydow, J.: Strategische Netzwerke, Wiesbaden 1992.

Tänzler, E. (1927): Aus dem Arbeitsleben Amerikas, Berlin.

Taylor, F. (1912): Statement in der Diskussion, in: The Presente State of the Art of Industrial Management, in: Transactions of the American Society of Mechanical Engineers 1912, abgedruckt in und zitiert nach: American Society of Mechanical Engineers (Hrsg.): Fifty Years Progress in Management 1920-1960, New York 1960, S. 293-323.

Taylor, F. (1914): Die Betriebsleitung – insbesondere der Werkstätten, Berlin, 3. Auflage.

Taylor, F., (1913): Die Grundsätze wissenschaftlicher Betriebsführung, München 1913 (neu aufgelegt, Weinheim 1977).

Technischen Universität Berlin, in: G. Spur (Hrsg.): Produktionstechnik im Wandel, München, 1979, S. 279-612.

Tedlow, Richard: New and Improved: The Story of Mass Marketing in America, Boston 1996.

Tempelmeier, H.; Kuhn, H.: Flexible Fertigungssysteme, Berlin 1992B.

Thuresson, J.: Zwanzig Jahre Erfahrung mit Gruppenarbeit in der Praxis, in: Zink, Klaus (Hrsg.): Erfolgreiche Konzepte zur Gruppenarbeit, Neuwied, 1995, S. 39-52.

Tolliday, Steven: The rise of Ford in Britain. From Sales agenciy to market leader, 1904 – 1980, in: Bonin et al. 2003, S. 7-57.

Trautwein-Kalms, Gudrun und Gerlach, Gerhard: Gewerkschaften und Humanisierung der Arbeit. Zur Bewertung des HdA-Programms. Wirtschafts- u. Sozialwissenschaftliches Institut d. Deutschen Gewerkschaftsbundes <WSI>. (Hrsg. vom Bundesminister für Forschung u. Technologie), Frankfurt 1980.

Tress, D.W. (1986). Kleine Einheiten in der Produktion. «Wer wachsen will, muß kleiner werden.» Zeitschrift für Organisation, 3, S. 181 - 186.

Trist, E. (1973): A socio-technical critique of Scientific Management, in: D. Edge und J. Wolfe (Hrsg.): Meaning and Control, London.

Ulich, E. (1989): VW-Projekt: Gruppenarbeit in der Motorenmontage. In: S. Greif, H. Holling & N. Nicholson (Hrsg.), Arbeits- und Organisationspsychologie. Internationales Handbuch in Schlüsselbegriffen (S. 527 - 533). München: Psychologie Verlags Union.

Urwick, L. u.a. (1945 ff): Making of Scientific Management, 3 Bände, London.

Vacková, Barbora und Lucie Galčanová: THE PROJECT ZLÍN – Everyday life in a materialized utopia, in: Urban People, Vol. 11, 2009, issue 2, S. 311-337 (Central and Eastern European Online Library).

Vahrenkamp, Richard, (1977): Frederick Winslow Taylor – Ein Denker zwischen Manufaktur und Großindustrie, in: F.W. Taylor: Die Grundsätze wissenschaftlicher Betriebsführung, neu herausgegeben und eingeleitet von Walter Volpert und Richard Vahrenkamp, Weinheim, S. LII – IXC.

Vahrenkamp, Richard, Bechmann, G. u. Wingert, B.: Mechanisierung Geistiger Arbeit – Eine sozialwissenschaftliche Begleituntersuchung zum Rechnereinsatz in der Konstruktion. Zur Einführung von CAD, Campus Verlag, Frankfurt 1979.

Vahrenkamp, Richard: Wirtschaftsdemokratie und Rationalisierung. Zur Technologiepolitik der Arbeiterbewegung in der Weimarer Republik, in: Gewerkschaftliche Monatshefte 34 (1983), S. 722-735.
Vahrenkamp, Richard: Zur Debatte um technischen Fortschritt und Beschäftigung, in: Martin J. Beckmann u.a. (Hrsg.): Mathematische Systeme in der Ökonomie, Festschrift Rudolf Henn zum 60. Geburtstag, Kronberg 1983A, S. 537-561.
Vahrenkamp, Richard: Probleme vernetzter Bürosysteme aus betriebswirtschaftlicher Sicht, in: Paul, M. u.a. (Hrsg.):Computerintegrierter Arbeitsplatz im Büro, Berlin 1987, S. 891-898.
Vahrenkamp, Richard: Botschaften der Industriekultur – Technikdebatten und ihre Wirkungen, in: Technikgeschichte 55 (1988), Nr. 2, S. 111 - 123.
Vahrenkamp, Richard: Internationale Beschaffung und Logistik, in: Internationales Management, herausgegeben von W. Breuer und M. Gürtler, Gabler Verlag, S. 249-288, Wiesbaden 2003.
Vahrenkamp, Richard: Das Aldi-Auto. Ein Ausweg aus der Autokrise?, in: Automobilwoche 7,
29. März 2004.
Vahrenkamp, Richard: Die logistische Revolution – Der Aufstieg der Logistik in der Massenkonsumgesellschaft, Campus Verlag, Beiträge zur historischen Verkehrsforschung des Deutschen Museums, Frankfurt 2011.
Vahrenkamp, Richard: Logistik als Metasystem der Infrastruktur. Die Grenzen der Eisenbahn-Logistik und der Aufstieg der Lastwagen-Logistik 1900 bis 1938, in: Wiebke Porombka, Heinz Reif und Erhard Schütz (Hrsg.): Versorgung und Entsorgung der Moderne – Logistiken und Infrastrukturen der 1920er und 1930er Jahre, Frankfurt 2011, S. 123-152.
Vahrenkamp, Richard und Herbert Kotzab: Logistik – Management und Strategien, 7. Auflage, München, 2012.
Vahrenkamp, Richard: Produktionsmanagement, 3. Auflage, München 1998.
Vahrenkamp, Richard: Produktionsmanagement, 6. Auflage, München 2008.
Vaile, Roland S., E.T Grether und Reavix Cox (Hrsg.): Marketing in the American Economy, 1952, New York.
VDW 1976: Fachgemeinschaft Werkzeugmaschinen im VDMA (Hrsg.): Altersstruktur des industriellen Werkzeugmaschinenparks der Bundesrepublik Deutschland, Frankfurt 1976. VDW 1979: Fachgemeinschaft Werkzeugmaschinen im VDMA (Hrsg.): Produktion numerisch gesteuerter Werkzeugmaschinen, Frankfurt 1979.
Veblen, T. (1921): The Engineer and the Pricesystem, New York.
Verein (1910 - 1915): Schriften des Vereins für Sozialpolitik.
Vernon, R., (1966): International Investment and International Trade with product Cycle, in: Quartely Journal of Economics, Bd. 80, S. 190-207.
Vetter, H. (Hrsg.) (1980): Aus der Geschichte lernen – die Zukunft gestalten. Protokoll der wissenschaftlichen Konferenz zur Geschichte der Gewerkschaften vom 12. und 13. Oktober 1979 in München, Köln.
Vilmar, Fritz: Wirtschaftsdemokratie und Humanisierung der Arbeit, Köln 1978.
Volpert, Walter. (1977): Von der Aktualität des Taylorismus, in: F.W. Taylor: Die Grundsätze wissenschaftlicher Betriebsführung, neu herausgegeben und eingeleitet von W. Volpert und R. Vahrenkamp, Weinheim, S. IX - LI.
Wagner, Friedrich: NC-Programmierung, in: Geitner 1991.
Warnecke G.; Mertens, P.: Expertensysteme im CAM, in: Geitner 1991.

Warnecke, Hans-Jürgen und Manfred Hüser: Revolution der Unternehmenskultur. Das Fraktale Unternehmen, Berlin 2002.
Watterloch, R. und Symp, F.: Auslese und Anpassung der Arbeiterschaft in der Schuhindustrie und einer oberschlesischen Walzwerk, Bd. 153 (1915).
Weber, M. (1908): Methodologische Einleitung für die Erhebung des Vereins für Sozialpolitik über Auslese und Anpassung (Berufswahl und Berufsschicksal) der Arbeiterschaft in der geschlossenen Großindustrie, in: Max Weber: Gesammelte Aufsätze zur Soziologie und Sozialpolitik, Tübingen 1924, S. 1-60.
Wehler, H. (Hrsg.) (1966): Moderne deutsche Sozialgeschichte, Köln.
Wheeler, R. (1974): Zur sozialen Struktur der Arbeiterbewegung am Anfang der Weimarer Republik, in: Mommsen u.a. (1974), S. 179-189.
Wiendahl, H.-P.: Belastungsorientierte Fertigungssteuerung, München 1987.
Wildemann, Horst: Zur Anwendbarkeit des japanischen KANBAN Produktionssteuerungssystems in deutschen Unternehmen, in: Internationalisierung der Unternehmung als Problem der Betriebswirtschaftslehre, hrsg. v. W. Lück et al., München 1982, S. 773-796.
Wildemann, Horst: Die modulare Fabrik, München 1992.
Williams, Karel, Colin Haslam, Sukhdev Johal und John Williams: Cars: Analysis, History, Cases, Providence, RI, 1994.
Williams, Karel, Colin Haslam: The Myth of the Line: Ford's Production of the Model T at Highland Park, 1909-16, Business History, Vol.35 (1993), Nr. 3, S. 66-87.
Williamson, H. (1967): Mass Production for Mass Consumption, in: M. Kranzberg und C. Pursell (Hrsg.): Technology in Western Culture, Vol. I, London, S. 678-691.
Williamson, Oliver: The Economic Institutions of Capitalism, Free Press, 1985.
Winkler, Kurt und Gerd Peter: Bedeutung und Konzeption der Humanisierungsförderung im Steinkohlebergbau, in: Willi Pöhler (Hrsg.): ...damit die Arbeit menschlicher wird. Fünf Jahre Aktionsprogramm Humanisierung des Arbeitslebens, Bonn 1979, S. 56 - 66.
Witte, Irene: Verlustquellen in der Industrie, Berlin 1926.
Wobbe, W. (1976): Das Verhalten der freien Gewerkschaften (ADGB und DMV) zur Rationalisierung der Arbeit in der Weimarer Republik, Diplomarbeit an der Technischen Universität Hannover.
Woldt, R. (1913): Der amerikanische Hetzvogt in Deutschland, in: Der Proletarier, Bd. 22, S. 234.
Woldt, R. (1914): Die Abwehr des Taylorsystems, in: Correspondenzblatt der Generalkommission der Gewerkschaften Deutschland, Bd. 24, S. 325-329.
Woldt, R. (1925): Die heutige Krise in der deutschen Betriebsorganisation, in: Gewerkschaftsarchiv, Bd. 3, S. 186-192.
Womack,.P.; Jones, D.T.; Roos, D.: Die zweite Revolution in der Autoindustrie (M.I.T. Studie), Frankfurt 1991.
Yarnell, Damon: A Question of Scale: Networks, Systems, and Practice, in: IEEE Annals of the History of Computing, Volume 32, Number 4, October-December 2010A, S. 94-96.
Yarnell, Damon: Behind the line: outside supply, mass production, and the question of managerial expertise in the Model T era, Dissertation University of Pennsylvania 2010 (verfügbar auf http://udini.proquest.com).
Zeleny, Milan: Bata Management System: A Built-In Resilience against Crisis at the Level, in: Czech Economic Review, 2010, S. 102-117.
Zich, A.: Integrierte Typen- und Teileoptimierung, Wiesbaden 1996.

Zimmermann, H. (Hrsg.): Aspekte der Automation, Basel 1960.
Zink, Klaus J.: Erfolgreiche Konzepte zur Gruppenarbeit: Aus Erfahrungen lernen, Neuwied [u.a.]: Luchterhand, 1995.